臺灣政經史系列第三輯06 陳天授主編

元華文創

縱使宣傳是「必要之惡」，卻有一善，「一個好的宣傳戰略可能會節省一年的戰爭。這意味著會節省上千萬英鎊，無疑還有上百萬人的生命。」(《泰晤士報》，1918.10.31.)
人類的戰爭若少了宣傳，那所需付出的後果與代價，豈不更難想像！

宣傳與戰爭

從「宣傳戰」到「公關化戰爭」

A Historical Analysis of the Evolution of Western War Propaganda:
From Propaganda Warfare to PR-Driven Warfare

方鵬程 —— 著

自　序

　　美國有一位評論家曾言：「戰爭是殘酷的，無論如何都無法將它掩飾。」雖是如此，戰爭始終存在，戰爭的故事總是有人傳頌，戰爭的小說或電影仍是擁有無數熱情的讀者與觀眾。

　　人類為何有戰爭，這不是本書探討的主題，本書關心的是宣傳與戰爭究竟有何關係、宣傳在戰爭中占著什麼樣的位置，以及宣傳在戰爭中究竟有哪些值得我們注意的演進與變化。而在本書中，可以看到各個不同的歷史階段中，宣傳者以最新的傳播技術與方法，將軍隊凝聚成可戰之師，將平民團結成支援前線的後盾長城，甚至演進到越戰以後，美化戰爭與醜化敵人已是師出有名與克敵致勝不可或缺的策略與作為。

　　古往今來，任何國家對決於戰場，影響勝負的因素不止一端，箇中關鍵絕非僅是軍隊有多麼強大或國家領導人、指揮官有多麼睿智而已，若少了平民的支持與認同，軍隊士氣無以維繫提振，再強大的軍隊終將得不到勝利。然而，軍隊的兵員來自於平民，軍隊的武器物資由平民來供應，那平民的支持與認同又從何而來？拉斯威爾（H. D. Lasswell）如是說：「要將平民團結起來，不能靠人身控制，也不能靠重複的社會運動，只能藉著共同的信念與想法；平民的信念與想法是透過媒體報導，而非軍事訓練，才被統一起來的。」

　　儘管迄今人類社會中的宣傳無所不在，無時無刻不在進行，卻由於歷史經驗的因素，「宣傳」一直是令人不喜歡的字眼，宣傳者更是以不同說法、不同運用的方式，來模糊其與宣傳之間的

關聯。本書嘗試整理相關的學術名詞，藉以梳理人類戰爭宣傳由宣傳戰邁向公關化戰爭的發展歷程。縱使宣傳是「必要之惡」，卻有一善，誠如《泰晤士報》在簽定第一次世界大戰停戰協定前11天的1918年10月31日曾刊載的一個總結：「一個好的宣傳戰略可能會節省一年的戰爭。這意味著會節省上千萬英鎊，無疑還有上百萬人的生命。」試想，人類的戰爭若少了宣傳，那所需付出的後果與代價，豈不更難以想像！

　　大眾傳播研究的理論取向主要有「行政性」與「批判性」兩種。前者是以共識為前提，從機構組織的角度為出發點，著重於如何提升行政效能與有效運作；後者則以政經結構、意識形態、權力宰制等為重點，為前者的替代性典範。在宣傳研究上，除人文主義者反宣傳立場外，又可大致區分經驗學派一貫客觀中立的研究態度、專業主義的宣傳觀、新自由主義對政府和企業的宣傳策略與媒體的壟斷集中進行批判。基本上，作者任教於國防大學政治作戰學院新聞系，基於平日的教學與多年工作經驗，採取行政性研究的理論取向，並將宣傳視為專業主義的作為，亦期許研究成果能對教學或軍隊實務工作有所裨益，並非刻意忽略批判性研究的觀點與啟發。

　　本書是作者從事軍事新聞傳播教育與研究工作一些綜合成果的呈現，其中第三章宣傳戰歷史演進的部分內容（第二、第五及第六節）及第六章公關化戰爭的媒體運用策略分析的部分內容（第二、第四節），曾發表於《復興崗學報》第98期、97期。第四章公關化戰爭發展歷程及第五章公關化戰爭的媒體管理策略分析的精簡內容則曾發表於《復興崗學報》第92期、94期。另，第七章兩次波斯灣戰爭的訊息規劃策略分析的主要內容曾發表於「第四屆軍事新聞學術研討會」（2010年9月8日，國防

部總政治作戰局與國防大學政治作戰學院共同舉辦）；第八章 2003 年巴格達市「推倒海珊銅像」的假事件分析曾發表於「2009 傳播科技與軍事傳播研討會」（2009 年 5 月 21 日，國防大學與世新大學共同舉辦），並刊載於《2009 傳播科技與軍事傳播學術研討會論文集》（2009 年 7 月，國防大學政戰學院出版）。

　　本書共分為四篇、九章節。第壹篇（第一至二章），是本書的研究旨趣、研究問題、研究方法、本書章節架構及本書的理論基礎的陳述。第貳篇（第三及四章）為歷史回溯篇，探討宣傳戰與公關化戰爭的歷史演進。宣傳戰從西方歷史上的主要戰爭中，依序回溯帝國主義時期、革命戰爭與殖民戰爭時期、總體戰爭時期、冷戰時期四個階段的發展情形。公關化戰爭從孕育到成熟，係以越戰為起始點，探論冷戰時期及後冷戰時期兩個階段的發展情形。第參篇（第五至八章）為公關化戰爭篇，是以上一篇歷史分析的研究發現為基礎，進一步檢視美英兩國（以美國為主）在兩次波斯灣戰爭中遂行公關化戰爭的媒體管理、媒體運用、訊息規劃及媒體假事件等重要策略與作為。第肆篇（第九章）為結語篇，係對本書各章的探討與論述做出總結陳述，並提出一些對宣傳與戰爭的研究心得與看法，以及本書的研究限制與對未來研究的建議。

　　本書寫作過程中，多承作者任教系所劉建鷗主任、徐蕙萍主任、樓榕嬌主任、張梅雨主任、謝奇任主任、陳竹梅老師惠賜寶貴意見，時任世新大學胡光夏教授兼主任熱心指教與協助，以及前國防部軍事發言人暨銘傳大學新聞系副教授吳奇為將軍、軍聞社社長田文輝上校、亞太創意技術學院吳冠輝副教授、玄奘大學新聞系主任延英陸、文化大學廣告系陶聖屏副教授、前東森電視

iii

總經理暨副董事長朱宗軻先生、臺灣中小企業聯合輔導基金會董事長馬傑明先生、前台灣新聞報兼台灣新生報社長趙立年先生、前中央社社長汪萬里先生、前中廣公司花蓮台台長吳晶晶女士等多位師長、同仁、友好的勉勵與督促；又有勞劉建鷗教授、謝奇任主任及銘傳大學劉久清主任百忙中抽空閱讀，並給予寶貴建言與指正，均銘感於心。

本書撰寫時間，特別感謝內人廖麗雪提供無後顧之憂的關心與照顧，小女珮璇、沛樺及芊畬幫忙借還書與校對等工作；本書得以出版，承蒙警察大學陳添壽教授推介，以及元華文創主編李欣芳小姐多所協助，併此誌謝，尚祈各方先進對任何疏漏不吝賜教。

謹識
2025年元月

目　次

自　序 ………………………………………………………………… i

第壹篇　導論篇

第一章　緒論 ………………………………………………………… 3
第一節　從「宣傳」說起 ………………………………………… 4
第二節　「宣傳戰」與「公關化戰爭」的定義 ………………… 11
第三節　戰爭型態的演進與本書歷史階段劃分 ………………… 21
第四節　研究旨趣、研究問題與研究方法 ……………………… 27
第五節　本書章節架構 …………………………………………… 35

第二章　宣傳與戰爭研究的理論基礎 ……………………………… 39
第一節　宣傳與戰爭的研究取向 ………………………………… 40
第二節　政治作戰與軍事說服理論 ……………………………… 45
第三節　公共關係與軍隊公共事務 ……………………………… 49
第四節　群眾心理學與民意研究 ………………………………… 53
第五節　新媒介發展與公關化戰爭研究的結合 ………………… 58
第六節　新聞自由與國家安全 …………………………………… 61
第七節　中文文獻檢視與結論 …………………………………… 64

i

第貳篇　歷史回溯篇

第三章　宣傳戰的歷史演進 ……………………………… 73
　第一節　前言 ………………………………………… 73
　第二節　相關文獻檢視 ……………………………… 75
　第三節　帝國主義時期 ……………………………… 85
　第四節　革命戰爭與殖民戰爭時期 ………………… 92
　第五節　總體戰爭時期 ……………………………… 104
　第六節　冷戰時期 …………………………………… 116
　第七節　結論 ………………………………………… 125

第四章　公關化戰爭的發展歷程 ………………………… 131
　第一節　前言 ………………………………………… 131
　第二節　相關文獻檢視 ……………………………… 133
　第三節　孕育公關化戰爭的越戰 …………………… 144
　第四節　冷戰時期的公關化戰爭 …………………… 150
　第五節　後冷戰時期的公關化戰爭 ………………… 157
　第六節　結論 ………………………………………… 168

第參篇　公關化戰爭篇

第五章　公關化戰爭的媒體管理策略分析：
　　　　　以兩次波斯灣戰爭的美軍作為為例 ……… 177
　第一節　前言 ………………………………………… 177
　第二節　相關文獻檢視 ……………………………… 180

第三節　1991年波斯灣戰爭的媒體管理策略分析 ········ 188
第四節　2003年波斯灣戰爭的媒體管理策略分析 ········ 199
第五節　結論 ·· 208

第六章　公關化戰爭的媒體運用策略分析：
以兩次波斯灣戰爭的美軍作為為例 ················ 211

第一節　前言 ·· 211
第二節　相關文獻檢視 ··· 212
第三節　1991年波斯灣戰爭的媒體運用策略分析 ········ 223
第四節　2003年波斯灣戰爭的媒體運用策略分析 ········ 237
第五節　結論 ·· 256

第七章　公關化戰爭的訊息規劃策略分析：
以兩次波斯灣戰爭的美軍作為為例 ················ 259

第一節　前言 ·· 259
第二節　相關文獻檢視 ··· 261
第三節　戰爭正當化的訊息規劃策略分析 ···················· 277
第四節　敵我二元對立的訊息規劃策略分析 ················· 283
第五節　新聞淨化及消除記憶的訊息規劃策略分析 ········ 290
第六節　大後方「支持軍隊」的訊息規劃策略分析 ········ 296
第七節　結論 ·· 304

第八章　2003年巴格達市「推倒海珊銅像」的假事件分析 · 307

第一節　前言 ·· 307
第二節　相關文獻檢視 ··· 312
第三節　推倒海珊銅像事件的敘事分析 ······················· 318

第四節　對宣傳與戰爭中假事件的檢討················331
　　第五節　結論··334

第肆篇　結語篇

第九章　公關化戰爭的過去與未來··············341
　　第一節　本書研究總結··342
　　第二節　對公關化戰爭發展的觀察與思考················350
　　第三節　公關化戰爭的適用性、借鏡與未來研究建議·····367

參考書目···379

第壹篇　導論篇

第一章　緒論

第二章　宣傳與戰爭研究的理論基礎

第一章　緒論

　　早在「宣傳（propaganda）」一詞出現之前，人類就已在從事各種不同方式的宣傳，例如人際傳播中的說服，戰爭上的心靈征服，宗教上的教義傳播等，後來即使有了這個名詞，也仍有其他如今我們很熟悉的競選文宣、行銷、促銷、廣告與公共關係等等，與宣傳屬同一概念（Ellul, 1965；Rogers, 1994；Taylor, 1995；Jowett & O'Donnell, 1999；彭懷恩，2007）。

　　宣傳經常從商業的、政治的、公關的角度被歸類[1]，例如Severin & Tankard（2001: 109）認為宣傳包括廣告（是為廣告主謀利）、政治競選宣傳（使候選人當選）及公關活動（為塑造企業最有利的形象）。日本學者佐藤卓己在《現代傳媒史》，將大眾傳播過程中的宣傳概分為三大類（諸葛蔚東譯，2004: 118-119）：政治方面的宣傳與煽動（propaganda / agitation）、商業方面的廣告（advertisement）及公共方面的公共關係（publicity, public relations）。他指出這些都是第一次大戰期間，如1917年11月的俄國革命、同年4月美國加入一次大戰等事件所帶來的衝擊，使得宣傳成為眾所熟悉的語彙。

　　Jowett & O'Donnell（1999: 1）曾指出，宣傳常從跨學科的觀點（interdisciplinary perspective）被研究，包括歷史、政治科學、社會學、心理學，還有批判理論及民族誌學等不同領域。誠

---

[1] 當然，也還有禁煙、反毒、喝酒不開車之類的宣導運動，一般會將此歸類為「良性宣傳（virtuous propaganda）」（Corner, 2007: 214）。

如法國學者 A. Mattelart（陳衛星譯，2001）所言，宣傳或心理戰對大眾傳播來說，是一個非常重要的實驗室，不同學科的學者[2]都曾於戰時參與，甚至服務於這個領域。

由此可知，宣傳的概念包含各種內容，用途也很廣泛，對其所做研究更須以跨學科方式進行，因此在本書的首章，首先必須對一些不同的見解做出釐清，其次對本書的研究主題，包括宣傳、宣傳戰與公關化戰爭等明確其定義或意涵，並說明本書的研究動機、研究目的、所採用的研究方法及章節架構。

第一節　從「宣傳」說起

如今每當人們一談起「宣傳」，總是帶著一種否定或負面的評價，Hachten（1999: 109-110）指出，正如有人聽起來是音樂，有人當作是噪音一樣，宣傳是混雜異物的名詞，甚至被界定「我不喜歡的說服性陳述」，包括新聞從業人員、廣播人員、作家或從事教育的人都不願被稱為「宣傳家」。其實宣傳的本來意涵不致令人產生惡感，之所以會改觀，其中經過了一些轉折。

一、被賦予負面意義的「宣傳」

宣傳本來是具正面意義的用字，後來轉到其它的用途上，最初是與宗教信仰傳播有關。英文 propaganda 一詞，本來自於拉

---

[2] 這些學者有 Leonard W. Doob、C. I. Hovland、A. Inkeles、M. Janowitz、H. D. Lasswell、D. Lerner、L. Lowenthal、L. W. Pye、W. Schramm 等，另如人類學家 C. K. Kluckhohn、哲學家 H. Marcuse 等都是（陳衛星譯，2001：86）。

丁文的 propagare，是一個中性[3]且與農業生產有關的用語，原意指將植物嫩枝植入土壤內，以長成新植物、開始新生命的工作（張宗棟，1984；Jowett & O'Donnell, 1999）。

為傳播教義，羅馬天主教宗格列高利十五世（Gregory XV）於 1622 年創立「信仰宣傳委員會（The Sacred Congregation for Propagation of the Faith）」，派遣傳教士使用各種語言、符號，導引非教徒加入宗教信仰，至 1627 年教宗烏爾班八世（Urban VIII），又建立一個名為 Collegium Urbanum 的學院，從事研究與訓練宣傳人員（傳教士）（張宗棟，1984；Jowett & O'Donnell, 1999；Rosengren, 2000）。但是，宣傳用於宗教信仰，即已染上負面印象（Rosengren, 2000；Severin & Tankard, 2001；翁秀琪，2002）。

在格列高利十五世時期的伽利略，提出與宗教信仰完全不一致的地球繞日的科學主張，當時天主教為爭取知識主導權，不惜維護錯誤觀點，伽利略被羅馬教會判定有罪。T. H. Qualter 的 1962 年宣傳研究中指出，由於「宣傳」一詞來自於天主教，使得一些歐洲北方的新教國家對該詞認為帶有詐欺性的意涵（Qualter, 1962；轉引自 Jowett & O'Donnell, 1999: 73）。

至於宣傳用在戰爭上，如 Taylor（1995: 19-24）的觀察，戰爭的正名至為重要，經過長期的演進，由奉神之名（in the name of a God to war）改變到以王為名（in the name of the king），然而在埃及，王即是永生神的化身（embodiment of the living God）。而宣傳首次系統性的用於戰爭與人民有關的生活上，則

---

[3] Jowett & O'Donnell（1999: 2）指出，宣傳以比較中性的說法，可解釋為「散佈或推銷特定的觀念（to disseminate or promote particular ideas）」。

是西元前 800 年左右的希臘城邦政治（Taylor, 1995: 20-34）。

　　法國大革命以後，宣傳雖曾為社會菁英運用而成為帶有啟蒙使命的政治用語（諸葛蔚東譯，2004：118），但宣傳一詞的廣泛使用開始於一次世界大戰，在此之前很少使用[4]（張宗棟，1984；Jowett & O'Donnell, 1999）。在第一次世界大戰期間，尤其是大戰結束前，英國等協約國對德國的精密宣傳[5]，有效促使德國士兵士氣瓦解，從此以後，宣傳在軍事衝突中遂為不可或缺的一部分。

　　然而，宣傳之所以會一再被賦予負面意義，又與三個極權統治脫不了關係：希特勒的納粹德國（1933-1945）、史達林的蘇聯共產主義（1949-1976）及毛澤東統治時的中共（1949-1976）。Rosengren（2000）指出，這三人都以正面觀點看待宣傳，並廣泛運用於自己人民與敵國民眾身上。

　　英國曾於一次大戰時一度使用宣傳一詞，但美國政府則盡量避免使用與宣傳有關的字眼，寧可使用較為中性的「公共資訊（public information）」[6]。一次大戰後的美國，曾對戰爭宣傳有一番反省，甚至質疑曾任普林斯頓大學校長的威爾遜（W. Wilson）總統竟然縱容宣傳操縱民意活動，人文主義學者杜威（John Dewey）等對政府操縱民意加以質疑並與李普曼（W.

---

[4] 1913 年版的大英百科全書仍未將「宣傳」列入（Read, 1941；轉引自張宗棟，1984：44）。

[5] 德國元帥興登堡（Paul von Hindenburg）回憶時說：「英國的宣傳是一種嶄新的武器，以前的戰爭都沒有施展過這種武器。」（轉引自 Smith, 1989: 101）

[6] 例如，英國第一個正式的戰爭宣傳機構是 1914 年 10 月成立的戰爭宣傳局（War Propaganda Bureau），但於 1918 年 1 月又改組為資訊部（The Ministry of Information）；美國在 1917 年宣戰後，為因應宣傳需要成立公共資訊委員會（Committee on Public Information，簡稱 CPI），又如 1942 年 6 月設立的戰爭資訊局（The Office of War Information，簡稱 OWI）等，詳參第三章。

Lippmann）展開一場論戰[7]。一直至二次大戰前夕，美國還出現反對宣傳的「宣傳教育（propaganda education）」運動，其中最具影響力的是由學者[8]組成的「宣傳分析委員會（The Institute for Propaganda Analysis）」（Severin & Tankard, 2001），其成員的 Lee & Lee（1939）曾著書揭示七種宣傳手法，是當時十分重要的反宣傳教材。另如心理學者 Pratkains & Greenwald（1991）亦針對美國人過於濫用宣傳，揭示宣傳不過是一種高明的騙術（clever deception）。凡此對宣傳的質疑或思考觀點，均已成如今媒體識讀（media literacy）教育的一部分（劉海龍，2008）。

在此另須一提的，人們對宣傳二字的觀感還牽涉語境的問題，亦即在不同語境中對宣傳有不同的接受程度。上海復旦大學新聞學院沈國麟（2007：3-4）指出，中、西方對宣傳存在不同的語境，在中國大陸對宣傳一詞的使用，不帶有西方虛假與欺騙的意涵，這在研究中國共產黨宣傳策略時甚至是褒義的，無論在該黨革命或建設過程中，宣傳都有很大的貢獻作用。

但從以上探討，大略顯示西方對宣傳的矛盾想法與態度，既肯定其作用，又對其不以為然。以致二次大戰迄今，與宣傳有關的行為與活動幾乎都不再以「宣傳」為名，寧可改換其他不同的稱呼，政治與商業等的宣傳行為如此，軍事與戰爭的宣傳行為更是如此（此部分在下節加以分析）。

---

[7] 杜威是公眾教育的捍衛者，堅拒李普曼主張的技術專家協助民眾判斷公眾事務的想法（相關論戰可參閱 Fallows, 1996；Baran & Davis, 2003）。

[8] 該委員會會長是社會心理學家 Hadley Cantril，另知名傳播學者 Edgar Dale、Leonard W. Doob 等被延攬為顧問。

二、宣傳與說服

要對宣傳一詞有所了解，最佳依據還是傳播學的開宗祖師之一、美國耶魯大學教授 Lasswell。Lasswell（1927: 9）在博士論文對宣傳的定義是：「透過操控意義符號的集體態度管理（the management of collective attitudes by the manipulation of the significant symbols），或是運用故事、謠言、報導、圖畫及其他形式的社會傳播來控制他人的意見。」

十年後他將定義修改為：「就廣義言，宣傳是操控再現系統（the manipulation of representations）影響他人行為的技術。再現系統包括各種口語、文字、影像或音樂形式」（Lasswell, 1937: 521-522）。Lasswell 並明言：「廣告（advertising）與公開宣導（publicity）都包括在宣傳之內」（Lasswell, 1937: 522）。

Severin & Tankard（2001: 109）指出，上述 Lasswell 在 1937 年對宣傳的界定，甚至可將老師對學生的教導包括在內，此與一般人的認知有所不同，實未免過於廣泛。心理學家 Roger Brown（轉引自 Severin & Tankard, 2001: 109）為了解決這個問題，將說服（persuasion）定義為「操控符號使他人產生某種行動」，並認為就技巧言，說服與宣傳並無差別。

另，一個源自美式棒球用語「旋轉劣勢（spin）[9]」於冷戰時期開始與宣傳混在一起使用（並參第七章第二節），來形容西方政府部門或政治人物擅於政治宣傳，爭取輿論主導權。Corner

---

[9] 在棒球比賽中，係指運用技巧投出某種角度的變化球路；轉折用在宣傳領域裡則是指「被刻意引導到某個角度偏向」的表達或論述（Corner, 2007: 218）。

（2007: 214-215）認為，宣傳與旋轉劣勢此二名詞雖無法完全替換使用，但彼此有相似的概念，皆是為了說服，且可能不惜誇大其詞，甚至有時施以假資訊（disinformation）。

傳播學者 Rogers（1994: 214）指出，宣傳與說服都是有意圖的傳播（intentional communication），倘若宣傳的目的有利於宣傳者或說服者，那廣告、公共關係和政治競選活動則都算是宣傳。對 Rogers 而言，區分說服與宣傳並非十分重要，他在《傳播研究史》提出：「宣傳即是大眾說服（propaganda is mass persuasion）」（Rogers, 1994: 214）。

DeVito（1986: 239）強調宣傳是組織式的說服（organized persuasion）；Jowett & O'Donnell（1999: 27-31）則指出，宣傳與說服經常不易分清，宣傳常是閱聽人在不知的情況下被操控與利用，說服則是自發性的改變，閱聽人會同時收到包括反說服（counterpersuasion）等爭議性的論點，說服者與被說服者雙方都將意識到，經由說服的改變是互利的。

總之，宣傳與說服都可以用來建構人際間和大眾媒體的訊息，都是一種有意圖的傳播；在本書來說，對此二者並不加以特別的區分，本書接下來所做探討中將陸續呈現的宣傳與宣傳戰，都是指對大眾進行說服的工作。

三、宣傳研究的不同觀點與發展

上文提到人文主義者反宣傳的立場與運動，旨在喚起民眾具備反思性的思考能力，進而將宣傳的可能效果減到最低。此外，對於宣傳的見解，主要有以下幾種不同的觀點（Rogers, 1994；Fallows, 1996；Baran & Davis, 2003；沈國麟，2007；劉海龍，

2008）。

其一，沿著 Lasswell 的路線，將宣傳當做現代社會普遍存在的客觀現象進行研究。Lasswell（1927）的《世界大戰的宣傳技巧（*Propaganda Techniques in the World War*）》就是本於經驗學派一貫客觀中立的研究態度，以經驗材料對社會現象與行為進行實證研究[10]。

其二，專業主義的宣傳觀，代表性人物是美國現代公關廣告業開創者 Edward L. Bernays 及 Ivy L. Lee，他們認為宣傳是必要的，可以更有效率地整合整個社會。從公關業的發展歷史來看，此一行業在 20 世紀才算正式運作，之前則有新聞代理業（press agentry）、宣傳、媒體諮詢顧問等具備公共關係雛型等型式為現代企業提供服務，而 Bernays 可說是善於掌握社會動態，靈活運用媒體，爭取媒體曝光與發言權的公關人員（孫秀蕙，2009）。

其三，在政治思想上接近左派的新自由主義學者如 Noam Chomsky 及 Edward S. Herman 等，以意識形態角度對政府和企業的宣傳策略與媒體壟斷集中進行批判（Baran & Davis, 2003: 82-85）。

兩次世界大戰的總體戰爭，是為國家與民族生死存亡而動員而宣傳，這是直接訴求的、一時的或短期的動員與宣傳，但戰後

---

[10] Lasswell 選擇有關戰爭宣傳作為博士論文的研究主題，與其老師 Charles E. Merriam 有直接關係。他的老師是當時政治學行為主義學派的代表性人物之一，主張政治學研究重心是政治行為，而非政治思想，亦曾在一次大戰期間為美國宣傳機構公共資訊委員會工作。Lasswell 的博士論文揭示參戰國家所採用的宣傳技術，是屬於質化的研究，15 年後他對二次大戰的宣傳研究，則是運用定量的和統計學的研究方法。二次大戰一開始，他就與 Lazarsfeld、Lewin、Schramm 等傳播學先驅一起在華盛頓為政府效力，Lasswell 的主要任務之一是從事有關同盟國與軸心國戰爭宣傳的內容分析（Rogers, 1994）。

已經不再存在這樣的宣傳條件與環境。換句話說，Lasswell 所研究的那個傳統式的總體性宣傳已然消逝。因而，除以上對宣傳所持見仁見智的觀點外，另有一些學者的研究值得注意。

例如，面對戰後新時代的來臨，法國社會學家 Jacques Ellul 於 1962 年出版《宣傳：態度的形成（*Propaganda: The Formation of Men's Attitudes*）》。Ellul（1965: 75）對宣傳的關注重心擺在宣傳者如何創造一種一致性和服從性的社會體（social body）。Ellul（1965: 61）將宣傳界定為「有組織的團體（an organized group）使用系列的方法，期能透過心理操縱，使大眾中的個體趨於心靈一致（psychologically unified），積極的或消極的融入組織的行動」。英國宣傳研究學者 Taylor（1995: 6）也將宣傳定義為：「經過有意識的、有規律的、有計畫的決策，施展為達特定目標且有利於組織過程的說服技巧。」

Kluver（何道寬譯，2010：95-96）認為，和 Lasswell 的定義、納粹宣傳及戰後的宣傳研究等看法有很大的差別，Ellul 對宣傳的重新界定，不僅視宣傳是一套修辭技巧與整合性的媒體運用，更是「一整套社會科學的洞見與技巧」，而使閱聽眾心甘情願順從地接受。而且，這不僅在改變個體究竟是透過直接或間接的方法、是短期的改變或長期型塑之別而已，而且也道出人類社會和以往總體戰爭時期所曾出現總體性宣傳（total propaganda）截然不同的新型式宣傳已經來臨（劉海龍，2008）。

第二節 「宣傳戰」與「公關化戰爭」的定義

本書開頭已經指出，宣傳被用於人際間互動、宗教傳播、戰

爭宣導及政治競選、商業行銷等行為上，接續上一節的討論，如果我們採用 Lasswell 對於宣傳的狹義定義，那就比較容易來界定「宣傳戰」，或者說，其實 Lasswell 在 1927 年的定義就是宣傳戰的定義。但是，因為學者們的界定分歧，每個國家對「宣傳戰」的名詞使用也不同，在此仍須進一步說明後加以定義。

一、用於戰爭的宣傳是一多變的名詞

從一次大戰、二次大戰或冷戰，甚至冷戰結束至今，用於戰爭的宣傳係以公共外交、心理戰、國際傳播或國際政治傳播、戰略性政治傳播等新的用語與面貌重新登場，以下先舉出幾位學者的說法。

Whaley（1980: 339）指出宣傳有許多講法，例如心理戰、政治作戰、國際政治傳播或公共外交（public diplomacy）。

Chandler（1981: 4）曾言，在不同的時期裡，諸多政治家、將領、廣告人員等均試圖影響、控制或改變人們的心靈意志，俾能推銷一種思想或產品，此一努力被賦予宣傳（propaganda）、心理戰（psychological warfare）、政治作戰（political warfare）及國際政治傳播（international political communications）等名稱。

Hachten（1999: 110）認為國際政治傳播包含了公共外交、海外資訊節目、文化交流，乃致於宣傳活動與政治作戰等。

Krohn（2004: 7-8）指出，宣傳是一種作戰方式，演變至今有各種不同的稱呼，稱之為公共外交、戰略性傳播（strategic communication），或甚至戰略性影響（strategic influence），其實並沒多大差別。

不僅如此，西方國家各有不同稱呼。例如，美國人使用的是「心理戰（psychological warfare）」，英國人則是使用「政治作戰（political warfare）」（Jowett & O'Donnell, 1999: 205；陳衛星譯，2001：86），德國人則稱之為「思想戰」。

英國之習於使用「政治作戰」這個名詞，源自其二次大戰對外資訊處理機構名為「政治作戰部（Political Warfare Executive）」（Balfour, 1979；Smith , 1989）。美國人雖有新聞戰、媒體戰、心理戰、資訊戰、士氣戰等名稱，卻以心理戰（psychological warfare）最為常見（展江，1999：52-53；許如亨，2000）。德國人稱之為「思想戰」，意指敵我之間在思想或精神層面上的智力戰爭（同前引）。

Lasswell（1972b: 261）強調，心理戰雖然是新名詞，卻源自如何成功作戰的老概念，主要還是造成敵人抵抗意識崩潰，並且削弱其戰鬥能力到最低程度。

依據 Mattelart（陳衛星譯，2001：85-86）的看法，宣傳這個詞在二次大戰期間被心理戰取代，雖然英國使用政治作戰，美國使用心理戰，但兩個詞是同義詞，都是依靠思想來影響政治，它處理輿論，和相關人員溝通，正好與軍事鬥爭相反，這是一個透過非暴力手段的勸說行動。

從以上探討可知，用於戰爭的宣傳其實是一多變的名詞，此與前面所指宣傳被賦予負面意義，以及人們對宣傳既矛盾的又複雜的想法與態度不無關係，正因為如此，既不可能對宣傳棄而不用，卻又不願直接與其沾惹上關係，宣傳為一多變名詞自不可免。

二、宣傳戰的界定

前面已指出，宣傳可運用到人際傳播、宗教傳播、政治競選或商業推廣等行為上。佐藤卓己（諸葛蔚東譯，2004：122）指出，當宣傳轉變到國家政策的這個概念與層次時，就是要動員每一個擁有主體性的國民「自願地參加」戰爭。

Lasswell（1927）則揭櫫宣傳有四大目標：（一）動員群眾仇恨敵人，（二）維繫與盟友的友好關係，（三）保持與中立國家的友好關係，並盡可能獲得合作關係，（四）打擊敵方的民心與士氣，並指出宣傳是一種最新且細緻的工具，是影響社會團結的新榔頭（hammer）和鐵砧（anvil），可以凝結數百萬人的意志，可以驅使人們排擠雜音異議，並且集結好戰鬥熱情（Lasswell, 1927: 220-221）。

從上述兩位學者的觀點看，宣傳戰乃是專就國家或擁有武力的組織團體而言。宣傳戰還可以從「教育或教導（education）」[11]這一個角度來看。曾任英國一次大戰對外宣傳機構 Crewe House 副主管的 Campbell Stuart 曾言：

> 宣傳的意義在教育敵人認識協約國所要創造的是什麼樣的世界，好讓他們判斷投降或繼續抵抗下去；另外也要教育協約國的人民支持己方的政策，否則在短時間內很難取得人民普遍的支持（轉引自 Smith, 1989: 102-103）。

綜合以上的說法，本書對宣傳戰一詞的定義是：國家或擁有

---

[11] 此處所指的教育，其意涵自與上單元提到學校的教育不同。

武力的組織團體為凝聚己方團結、力量與戰鬥意志，打擊敵人的民心士氣，從事國家對國家、國家對民眾（包括己方民眾與軍人、盟國民眾、中立國民眾、敵國軍民等）的宣傳、說服與教導的行為。

宣傳戰乃建立在國家層次之上，對一個國家或武力團體來說，為維持其正當性或生存權力，必須盡其所能維繫其國民或民眾的團結與歸屬感，亦須將其意見管理或輿論納入政治過程當中，若此，當需國民或民眾報效時，方能以動員及精神鼓勵的方式遂行同仇敵愾，遠赴戰場殺敵，甚至為國而死。同樣地，宣傳戰的對象也包含盟邦、中立國及敵人，為的是將自己的力量與影響力擴展到最大，相對地將敵人力量與影響力限縮到最小程度，甚至將中立或敵對的力量與影響力轉化為己方致勝的力量與影響力。

然而，必須說明的，本書所使用的「宣傳戰（propaganda warfare）」，主要乃立基於政治作戰的觀點之上。在臺灣曾於1950年代使用「宣傳戰」一詞，1957年以思想戰代之，此後政府與國軍有所謂政治作戰的「六大戰」，即心理戰、組織戰、情報戰、謀略戰、群眾戰及思想戰[12]。在中共方面，早期共產黨進行無產階級革命，就是透過傳單、佈告、宣言等簡單宣傳形式來發動群眾、動員人民，那時稱為「宣傳戰」（朱金平，2005：

---

[12] 1953年，蔣中正先生曾指出現代戰爭的本質是「以武力為中心的思想總體戰」，其作戰手段包括心理戰、情報戰、宣傳戰與組織戰；蔣先生在1957年的〈政治作戰的要領〉講詞中，則揭示政治作戰範圍包含心理戰、組織戰、情報戰、謀略戰、群眾戰，以及對敵人的外交、經濟、社會，以及思想主義鬥爭等工作。依據洪陸訓（2006：24）的說法，蔣中正先生自1961年不再提宣傳戰，而加入了思想戰。此後我國有所謂政治作戰「六大戰」，即心理戰、組織戰、情報戰、謀略戰、群眾戰及思想戰。

12），在 2003 年波斯灣戰爭後又有三戰的說法[13]。

「政治作戰」的思想與作為，自古有之[14]，但在二戰期間才有此名詞。前面有言，英國在 1942 年成立的政治作戰部，將政治作戰區分為心理作戰、道德作戰（morale warfare）、意識形態作戰（ideological warfare）及宣傳等範疇，並將政治作戰描述為「披上戰袍的宣傳」，意指從心理上解除敵人武裝，打擊敵人的精神與意志（洪陸訓，2006：6）。

二戰結束隨即進入冷戰，蘇聯特別重視政治作戰，英國重設二戰時期的政治作戰部，美國亦於 1948 年起開始重視政治作戰[15]。當時美國政治作戰戰略中有兩項主要目標，其一是透過軍事、經濟、政治的援助以重建西歐，另一則是以宣傳來減弱蘇聯對東歐的控制（Smith, 1989: 192）。

因大陸淪陷而政府遷來臺灣地區的中華民國，一方面檢討大陸失敗教訓，另由於身處反共前哨，當時領導全國軍民的蔣中正

---

[13] 波斯灣戰爭後的 2003 年 12 月，當時中共軍委主席江澤民提出修訂《中國人民解放軍政治工作條例》，將包括輿論戰、心理戰及法律戰的「三戰」列為「戰時政治工作」的重點（詳參方鵬程，2007c）。

[14] 一代兵聖孫武所著《孫子兵法》一書即蘊含極其豐富的政戰思想，為東西方所共同推崇，海峽兩岸對歷代相關思想論述的中文著書更不計其數。在西方，Paul A. Smith, Jr.（1989）撰著《論政治戰（On Political War）》則遠溯聖經所記載約書亞（Joshua）、摩西（Mosaic）及大衛王（David），以及古希臘亞里斯多德（Aristotle）、羅馬帝國時期的奧古斯都（Octavian）、君士坦丁一世（Constantine I）、查士丁尼一世（Justinian I）等。

[15] 美國國防部於 1986 年 11 月與國家戰略資訊中心、喬治城大學舉辦有關政治作戰與心戰的研討會，集結該研討會論文及相關討論的成書《政治作戰與心理作戰：重新思考美國的途徑（Political Warfare and Psychological Operations: Rethinking the US Approach）》於 1989 年問世。隨後美國國防大學又出版 Paul A. Smith, Jr（1989）撰著《論政治戰（On Political War）》，隔年 Janos Radvanyi（1990）也主編出版《長期戰略計畫中的心戰與政治作戰（Psychological Operations and Political Warfare in Long-term Strategic Planning）》。

先生亦自 1952 年開始倡導政治作戰理念。在此稍前的 1951 年 7 月 1 日，他已責成蔣經國先生創立政工幹部學校[16]。

雖然對於政治作戰迄今仍無一致看法與界定，但基本上可從兩個面向來看。其一是從一般性或非軍事性的面向，政治作戰可以當作是一種「非暴力性的抗爭行為」；其二是從特殊性或軍事性的面向，政治作戰是一種「非武力性或非戰爭性、非戰鬥性的作戰行動」（洪陸訓，2006：30；黃筱薇，2010：42）。前者的界定適用於軍事行動，也適用於非軍事行動的政治、外交、文化等層面的活動，而後者則特指軍隊或武裝部隊在執行軍事戰鬥任務時所從事的活動。唯有兼顧這兩個面向，方能進行本書後續論述，尤其是第三章有關宣傳戰歷史演進的探討。

三、公關化戰爭的定義

承續 Ellul 的研究成果，有些學者如 Altheide & Snow（1979）、Altheide & Johson（1980）的研究重心，已從國家政策運作層面轉到組織政策運作層面上，後者被稱為「組織宣傳（organizational propaganda）或官僚式宣傳（bureaucratic propaganda）」，所著重的是組織的宣傳者如何採取或運用公關式傳播策略，來維護組織及其活動的正當性（Altheide & Johson, 1980: 11-13）。

Altheide（1995: 179-181）指出，一種新型態的「戰爭戲碼（war programming）」已然誕生，消息來源與媒體在現代戰爭中扮演愈來愈重要角色，政府與軍方領導人學會如何安排舞台

---

[16] 政工幹部學校於 1970 年 10 月 31 日奉核定易名為政治作戰學校，至 2006 年 9 月併入國防大學，現名國防大學政治作戰學院。

（setting the stage），使戰爭在媒體上順利演出，此係由於資訊科技（information technology）、全球傳播、世界領導人及媒體等因素渾然天成的搭配所致。

Hiebert（1993: 29-30）強調，公共關係在現代戰爭中已經被當作武器使用，波斯灣戰爭可以看到新進軍事武器與「文字與意象（words and images）武器」同時並用；「精明炸彈（smart bombs）」被人們認為是成功的轟炸，是由於用了「精明詞彙（smart words）」的關係。

現代由政府發動戰爭的另一特色，是在戰前必先贏得國內民眾支持（to win the minds at home），Hiebert（1993: 30）指出，宣傳一直是戰爭一部分，政府與軍方的新手法是運用公關武器，發揮政治戰略（political strategies）、媒體關係、社區關係、政府（和軍隊）內部成員關係（employee relations）及危機傳播等功能。

上述這些技術與條件的搭配與運用，無疑是以擁有全球媒體影響力與擅長運用公關行銷的強國為主，O'Shaughnessy（2003；轉引自卜正珉，2009）以「符號國家（Symbolic State）」來形容夠得上資格的美、英等國政府，並分析這類符號國家的特質有：政府高度重視敘事（narrative），不厭其煩且鉅細靡遺地向民眾敘述政策方針；慣以「說故事」的方式陳述；決策菁英兼具政治表演特質；精於使用口語符號與視覺符號創造形象與詮釋事實，傳達深入人心的觀念。

國內學者胡光夏（2007: 167-168）曾對「公關化戰爭」下了一個定義：

在發動戰爭之前，經由精心設計，透過一系列公共關係的

作法,包括媒體操作等作為,來影響傳播媒體的再現與框架,達到包裝與美化戰爭,以及醜化與妖魔化敵人,進而呈現出對於國內與國際民意的影響力。

本書採用「公關化戰爭」此一名詞與概念,代表著由傳統式宣傳轉化而來的新興官僚式戰爭宣傳的各種現象。然而,公關化戰爭應再加以說明及突顯的意涵還有:

其一,民意的重要性:政府對戰爭的政策輸出與執行過程,由於屬重大公共政策且影響層面巨大,國內民眾的意見或國際輿論觀感具有舉足輕重的地位,政府乃運用日益複雜的技術,包括民意調查、形象設計,以及製造新聞來吸引受眾的注意,但民意如流水,可以載舟,可以覆舟。

其二,媒體是戰場:民意固屬重要,但多數人無法直接參與戰爭,得經由媒體「接觸戰爭」,且由於傳播科技不斷發達進步,現代戰爭不是只在戰場上開打,也同步在媒體中「作戰」。更精密的媒體管理(參見第五章)與媒體運用(參見第六章)已是政府與軍方人士必修的課程與知識,以確保戰爭不致於在媒體上遭到挫折或失敗,但政府與軍方如何與媒體相處,卻未必有固定可循的公式,而是不斷磨合的過程。

其三,訊息是武器:媒體管理與媒體運用的作用在影響傳播媒體的再現與框架,幫助宣傳者將自己所構思的議題,轉變成為政治上的公共議程(Bennett, 2003)。此有賴政府與軍方各部門有完備整合的訊息規劃策略(參見第七章),甚至會運用一些必要的假資訊或假事件(pseudo-event)(參見第八章),做到「有的放矢」,才能達到醜化敵人,包裝戰爭,進而發揮打擊敵人,以及對國內民意與國際輿論的影響力,但在真假虛實的訊息

施作過程中,對於不同目標對象又須加以區隔,否則弄巧成拙。

其四,公關是一種專業:公關之父 Bernays(1961)明確指出,公共關係為共識製造業[17],這個行業的工程師是宣傳家,而宣傳家的重責大任在於靈敏且有計畫的操縱民眾的學習與意見。依賴傳播、公關及廣告的專業人才已是公關化戰爭的必然趨勢,政府與軍方不外有兩種途徑可行,一是自我改革,培育宣傳人才,另一是借助專業人士或委由外包代籌,但若平時不作準備或加以輕忽,絕無臨陣僥倖之理。

其五,公關化的策略與作為得接受檢驗:過去總體戰爭時期的全民總動員參與戰爭的行為不再,代之而起的是民眾透過公關處理的媒體消費行為「接觸戰爭」,此時宣傳是政府與軍方的一個無形行政手臂,無論戰爭或任何政策「可以像一件好的商品一樣,出售給公眾」(張巨岩,2004:107),然而,正如一般商品在市場上一樣,必須在過程中及事後通過種種考驗。

以上五項意涵尚待本書研究始能進一步確定,倘若能夠成立,那公關化戰爭更精確的定義是:政府與軍隊採用公共關係的策略與做法,包括媒體管理、媒體運用及訊息規劃等作為,遂行共識製造、包裝與美化戰爭,醜化與妖魔化敵人,進而改變傳播媒體的再現與框架,呈現出打擊敵方、提振我方之民心士氣,以及對國際輿論觀瞻的影響力。

綜合來說,上述單元對宣傳戰的界定,比較類似傳統式宣傳,而官僚式宣傳則是本書所指公關化戰爭的運作模式。在戰爭宣傳上,和以往政府直接對媒體與民眾進行傳統式宣傳不同,新

---

[17] Bernays(1961)指出,公共關係源自 20 世紀政治、社會及工業等層面的發展與事實,亦即是對民眾輿論的關注。

興官僚式宣傳在宣傳者與媒體及受眾之間,再多出一層現代公共關係的方法來操作戰爭的進行,將國內外民眾及敵方人民甚至敵軍當作閱聽眾或資訊消費者來對待,讓官方與軍隊所欲呈現的訊息對媒體的再現與框架產生影響,讓官方與軍隊所欲呈現的觀點和各方民眾(更確切說應是接收各種媒體資訊的閱聽眾)的感知更貼近。

第三節　戰爭型態的演進與本書歷史階段劃分

戰爭幾乎未曾在人類社會中斷過[18],有關戰爭的論著更是汗牛充棟。由於本書關注的重點在於戰爭的宣傳面,故對戰爭僅就其型態演進稍做敘述;此外,本節尚對宣傳戰與公關化戰爭的歷史發展階段做一說明。

一、戰爭型態的演進

在戰略專家或學者眼中,對於戰爭型態的演進,常以「波(wave)」、「世代(generation)」或「時代(epoch)」等標示不同的演進階段(Bunker, 1996;莫大華、陳偉華、陳中吉,2009),希望藉以呈現社會進化與戰爭型態的關係,亦蘊含預測未來戰爭型態的可能發展。

以俄羅斯總參軍事學院科研部主任斯里普琴科將軍為代表的軍事理論家,於 2002 年出版《第六代戰爭》(張鐵華譯,

---

[18] 根據統計,在距今 4000 多年的歷史中,只有 300 年左右的和平時期,其餘時間則征戰連連(董子峰,2004:7)。另有一說,從 1945 至 1990 年的 2340 個星期中,全球只有三個星期是真正無戰火的日子(張桂珍,2000:223)。

2004），此書詳細探討人類戰爭歷經冷兵器、火藥、近代火藥、機械化、非接觸性核戰爭和資訊化戰爭等六代的演變，表 1-1 摘錄了該書的重點精華。他們認為，迄今為止戰爭已邁向第六代，亦即資訊化戰爭階段，展現於美國在伊拉克、科索沃和阿富汗等戰爭中。

美國未來學學者托佛勒夫婦（Alvin and Heidi Toffler）在 30 幾年前，就曾提出「第三波理論（the third wave）」（黃明堅譯，1885），在 1993 年著《新戰爭論（War and Anti-War）》將戰爭的演進區分為三個階段：農業文明引發第一波戰爭浪潮，發展到拿破崙時代臻於巔峰；工業文明引發第二波戰爭浪潮，進展到第二次世界大戰為極致；資訊革命引來第三波戰爭浪潮，1991 年波斯灣戰爭展現了第二波與第三波之間的狀態。當時他們曾預測，未來戰爭才是真正的第三波，會在 21 世紀前期出現（Toffler & Toffler, 1993）。

在 1990 年代，美軍內部一些軍官也已積極思考並建構所謂「第四代戰爭理論（the Fourth Generation War or Warfare）」。第四代戰爭理論主要代表人物是美國海軍陸戰隊軍官 William S. Lind 與 Thomas X. Hammes，以及 Robert J. Bunker 等學者，他們特別強調非正規戰爭才是美國軍隊未來面對的戰爭（Sloan, 2008；莫大華等，2009）。

表 1-1：人類戰爭型態的演進

時代劃分	歷代戰爭
核前時代的接觸戰爭	第一代戰爭： 冷冰器、鎧甲，接觸性徒手格鬥，步兵、騎兵分隊和部隊的戰爭。戰爭的主要目的是消滅敵人，奪取其武器和財產。
	第二代戰爭： 火藥、滑膛槍炮武器，步兵分隊、部隊及兵團（在一定距離上）接觸性壕溝式戰爭，海軍在近海區域展開作戰行動。戰爭的主要目的是消滅敵人，奪取其領土和財產。
核時代的非接觸戰爭	第三代戰爭： 射程、精度及射速都大幅提高的多種裝藥線膛武器，在一定距離的諸兵種合同兵團、軍團的塹壕和散兵壕式戰爭，在海洋上展開作戰行動。戰爭的主要目的是粉碎敵人的武器力量，摧毀其經濟和推翻其政權。
	第四代戰爭： 自動武器、火箭武器、陸軍、坦克、空軍、艦隊、運輸工具及通信工具。在一定距離的陸地塹壕式接觸戰爭，對軍隊的空中打擊和在海洋上展開的戰爭。戰爭的主要目的是粉碎敵人的武裝力量，摧毀其經濟潛力和推翻其政權。
	第五代戰爭： 戰略規模的非接觸性核戰爭，這種戰爭不構成任何戰爭目的。首先使用核武器的一方將隨後毀滅。
	第六代戰爭： 不同作戰平台發射的常規高精度的突擊武器和防禦武器，新物理原理武器、信息武器、電子對抗兵力兵器。戰爭的主要目的在任何距離以非接觸方式粉碎任何國家的經濟潛力。

資料來源：整理自張鐵華譯《第六代戰爭》，2004：25-36。

此一理論在 1989 年提出之初，並未立即引起迴響，直到美國 911 事件發生，才成為軍事界與新聞界的流行用語。William S. Lind 等人將敵人描述為擅長於操縱媒體及心理戰，甚至電視新聞已成為比重裝師還要強的武器，並認為人民對政府與戰爭的支持，以及政治決策者的心智才是重要的決勝點（莫大華等，2009）。

Webster（2003）則將現代戰爭區分為 1914 年至 1970 年代的工業戰爭（industrial warfare）與 1970 年代以後的資訊戰爭（information warfare）兩種型態。資訊戰爭的特徵主要有（Webster, 2003；胡光夏，2007）：知識戰士[19]（knowledge warriors）擔負愈來愈重要的角色，處理複雜的與電腦化的武器系統，衝鋒陷陣的戰鬥單位轉變為次要角色；敵我軍事衝突的正面遭遇戰很短暫，往往數日或數周而已；由於徵兵制度消失，不再需要全民動員參與（Ignatieff, 2000），轉而依賴專業的知識戰士；由於民意具發動戰爭的關鍵影響力量，必須著重國內與國際民眾的感知管理（perception management）。

資訊戰爭還有另一個重要面向，就是媒體傳播科技不斷推陳出新，在現代戰爭中扮演愈來愈重要的份量與角色。托佛勒夫婦引用美國前國防部次長 Duane Andrews 資訊戰即是「知識戰（knowledge warfare）」的看法，強調若要影響敵方行動，主要在於操縱情報與資訊的流通（Toffler & Toffler, 1993: 165）；第

---

[19] 托佛勒夫婦指出，隨著第三波戰爭型態出現新的知識戰士（knowledge warriors）不見得一定要著戰服，而是那些深信知識可以打贏戰爭，或是遏止戰爭的知識份子；他們強調知識戰士的任務不只是擊潰敵軍的雷達或癱瘓他們的電腦，而是具備強大槓桿功能，讓資訊與知識形成對我有利的一邊發展（Toffler & Toffler, 1993: 163-179）。

四代戰爭理論的核心論述之一,更在於如何運用媒體與資訊在戰爭中贏得民心,不能為一場戰役得失,失去了整場戰爭的民心向背。

Adams(1998)指出,電報在美國內戰中第一次使用,電腦(Univac 1005 型電腦)在越戰時美軍第 25 步兵師率先使用,這都是想比敵人早先蒐整情報,獲得決策的資訊,但 Adams 認為,越戰之後的戰爭已經截然不同,顯示不只情報對戰爭結果會有影響,在媒體上刊播了什麼,反而更是關鍵。

二、本書歷史階段劃分

有關人類社會的歷史階段劃分,各有不同學者的觀點[20]。Young & Jesser(1997)係以軍隊與媒體關係演進的角度區分為三個時期:帝國主義時期、自克里米亞戰爭(1853-1856)後開展的蓬勃戰爭報導時期及兩次世界大戰的總體戰爭時期。

Taylor(1995)在《心靈武器(*Munitions of the Mind*)》,則將人類宣傳的歷史區分為六個時期:古代世界、中世紀、火藥與平面印刷(gunpowder and printing)時期、革命戰爭時期、總體戰與冷戰時期、資訊戰爭(information wars)時期。

Moskos, Williams & Segal(2000)從軍事組織型態的演變、軍隊和媒體的關係來區分戰爭的發展,而有冷戰前(1900-1945)、冷戰時期(1945-1990)及後冷戰時期(1990 年以後)

---

[20] 例如以傳播科技發展的角度來看,麥克魯漢(McLuhan,1964)在《了解媒體(*Understanding Media*)》將人類的傳播行為與媒體的發展,區分為口語、文字、印刷與電子傳播等四個階段。Schramm(游梓翔、吳韻儀譯,1994)亦區分出四個重要時期的傳播發展:文字誕生、印刷機發明、攝影與電報科技開發及電晶體的發明。

三個階段的劃分[21]。

　　本書綜合以上學者的說法,將有關宣傳戰與公關化戰爭的歷史階段劃分為帝國主義時期、革命戰爭與殖民戰爭時期、總體戰爭時期、冷戰時期及後冷戰時期。帝國主義時期本應從 Taylor 所謂的古代世界談起,但限於資料蒐集與篇幅,實際是以西方歷史上被認為第一個「世界事件」、發生於西元前 480 年的薩拉米斯戰爭開始探討(參見第三章);革命戰爭與殖民戰爭時期即是 Taylor 所指革命戰爭時期,在 Taylor 論著中包含美國獨立革命、法國大革命及 19 世紀的戰爭,其實西方的 18、19 世紀戰爭有許多是由殖民國家之間因軍事、經濟利益等衝突而爆發的;總體戰爭時期涵蓋兩次世界大戰;冷戰時期是自二次大戰後,到 1989 年東歐共產國家發生劇變,1991 年蘇聯解體而告終;後冷戰時期則是 1991 年之後至今。

　　唯基於本書的研究需要,將越戰視為一個孕育公關化的戰爭,是具備公關化戰爭雛型的開路先鋒(見第三章第六節、第四章第三節),因而在第三章探討宣傳戰的帝國主義時期、革命戰爭與殖民戰爭時期、總體戰爭時期、冷戰時期等四個階段,而在第四章對公關化戰爭進行歷史探討時,處理冷戰時期及後冷戰時期兩個階段。

---

[21] 冷戰前的總體戰爭時期,軍隊主要任務在防止敵人大規模入侵,維護國土與國家主權完整;冷戰時期處於美蘇兩強各自擁有強大核子武器和宣傳武器的競爭時代,由被侵略的威脅感轉變成恐懼核子戰爭的「恐怖平衡」狀態,到後冷戰時期,再轉變為防止在自己國家內部遭受恐怖攻擊及生化武器等毀滅性武器的攻擊(Moskos, Williams & Segal, 2000)。

第四節　研究旨趣、研究問題與研究方法

本節所要說明的重點有三：進行本書的動機與目的、研究問題與研究方法，分別敘述如下。

一、研究旨趣

在全球化發展下，人類所發生的任何一場戰爭，即使只是地球一個角落的局部戰爭，所牽動的影響層面可以擴及全球政治、經濟、金融投資等，幾乎任何人都無法置身事外。尤其是傳播科技不斷推陳出新，更將全球濃縮為一個名副其實的地球村，即使閱聽人關機拒聽拒視，亦無法避免人際間的影響。

戰爭資訊的傳播，在媒體尚未發達年代，可能需要幾日、幾周，甚至好幾個月。從報紙誕生，開始逐漸改觀，如今主流媒體或新興媒體更是志在傳送即時新聞。越戰是第一個每日都在進行電視新聞報導的戰爭，1991 年波斯灣戰爭開啟現場連線直播報導，科索沃戰爭首先使用網際網路作為傳播媒介，2003 年波斯灣戰爭時的電視、廣播及網際網路新聞直播更展現前所未有的快速。

以上所談到的戰爭，都是站在「第三者」的立場，去看「他人的戰爭（other people's wars）」，而不是自己來看「自己的戰爭（our wars）」（以上兩個名詞均出自 Carruthers 的用語，參見 Carruthers, 2000: 197）。然而，若當戰爭發生在自己身上，此時被運用到的媒體或資訊傳播，均不再只是閱聽、收視或

收訊的工具，而是名副其實的「戰場」[22]了。

因而，促使研究者研究宣傳與戰爭間關聯的動機乃在於：

首先，上個世紀爆發許多區域戰爭、兩次世界大戰，宣傳在戰爭中扮演的角色有增無減。越戰對美國或其他國家的教訓或影響更是那麼深刻，相關的檢討課題幾無中斷，尤其美國在越戰後進行的每個戰爭，以迄兩次波斯灣戰爭的媒體管理與運用等作為，都可說是力避越戰症候群的產物。關於政府與軍隊在軍事武力作戰之外，如何透過公共關係與軍隊的媒體經營管理等途徑，發揮「爭取人心」或達到「意志競賽」的效益，是研究者平日授課與研究的主要課題。

其次，上文已經提及，兩次世界大戰中的傳統式宣傳在進入冷戰時期後已逐漸蛻變，新興的官僚式宣傳代之而起，政府、軍隊與媒體關係產生各種變化，甚至從軍隊指揮官認為媒體充其量只是必須與之打交道的一個「必要之惡」[23]（Stech, 1994），一再演進成為波斯灣戰爭中以「公關化」模式來處理與媒體互動關係及遂行訊息傳播，是研究者一直關心與研究的課題。

其三，國內或中文世界對於兩次世界大戰、韓戰、越戰，以致兩次波斯灣戰爭等的戰爭宣傳研究（中國大陸稱之為輿論戰）已累積不少成果[24]，但比較缺乏以歷史角度做宏觀系統性探討，

---

[22] 1991年波斯灣戰爭期間擔任美國資訊主管的海軍少將 Brent Baker 可能是第一位將新聞媒體形容為「戰場（battlefield）」的人。他在1991年4月5日陸戰隊指揮參謀學院舉行的軍方與媒體會議上指出：「如果我們對媒體戰場保持緘默的話，那就是棄械投降了。」（轉引自 Offley, 1999: 288）。

[23] 之所以致此，有人認為其中根本問題在於軍隊與媒體的特質差異，以及軍隊和記者在認知上的差異。軍隊的認知在作戰，而記者的認知是在進行報導與溝通，軍隊與記者都不曾認知到作戰的政治影響取決於對作戰的溝通（參閱王彥軍、戴豔麗、白介民等譯，2001：307）。

[24] 有關國內及中國大陸相關研究的論文篇章可參閱下章內容。

本書希望能對以前相關研究有延展與持續的增補功能,並對未來研究有著引路的作用。

基於以上研究動機,本書主要乃立於行政研究[25]（administrative research）立場,期望藉由西方國家,尤其是美、英等國的經驗,爬梳整理其利弊得失,作為提升政府與軍隊公關效能的借鏡與參考。因而本書研究目的有五:

（一）以歷史視野,從宣傳者與宣傳組織的角度,剖析西方社會不同時期戰爭中宣傳戰的演進歷程,以及公關化戰爭為何衍生與其發展的重要歷程。

（二）從政府與軍隊媒體管理面向,對兩次波斯灣戰爭的媒體管理策略進行分析整理。

（三）從政府與軍隊媒體運用面向,對兩次波斯灣戰爭的媒體運用策略進行分析整理。

（四）從政府與軍隊的訊息傳播及媒體假事件的策略運用面向,探究公關化戰爭如何為師出有名建構戰爭合理性,醜化敵人,美化戰爭,並達到影響國內民意與國際輿論觀瞻,以及克敵致勝的目的。

（五）為宣傳與戰爭的研究蓄積一些基礎,尤其是有關公關化戰爭的過去與未來做出檢視與梳理,供作政府與國軍等有關機

---

[25] 行政研究與批判性研究是兩種不同的學術視野。大致而言,前者關心如何提升現有的組織機構效能,後者在質問甚至反對現存制度（參閱 Rogers, 1994；董素蘭等譯,2000）。

Lazarsfeld 在 1941 年的美國《哲學與社會科學研究》雜誌上發表〈對行政的與批判的傳播研究的評論（Remarks on Administrative and Critical Communication Research）〉論文,是為傳播學的行政研究和批判研究兩個術語的濫觴。Miège（陳蘊敏譯,2008）亦指出,傳播思想同時涵蓋科學生產和思辨性反思兩種性質,前者關注國家政策、職業策略、技術應用等,尤其在美國,更多的關注在於直接應用,而在西歐則對這些發展給予批判。

構提升相關效能及後續研究的參考。

二、研究問題

依據以上的研究動機與目的，本書有四項主要研究問題：歷史演進與發展的意義、公關化戰爭的媒體管理、公關化戰爭的媒體運用、公關化戰爭的訊息規劃策略及假事件運用。具體問題如下：

（一）歷史演進與發展的意義

1. 宣傳戰的演進軌跡為何？在不同階段，有哪些新傳播科技與傳播工具被運用於宣傳戰中？運用這些新傳播科技的主體是誰，以及其宣傳組織如何運作及主要作為有哪些？

2. 公關化戰爭的發展為何？受到越戰挫折影響，冷戰時期所發生的公關化戰爭發展如何？後冷戰時期的公關化戰爭發展又是為何？

（二）公關化戰爭的媒體管理

1. 在 1991 年波斯灣戰爭中，美國政府與美軍的媒體管理策略為何及如何進行？

2. 相距 12 年之後的 2003 年波斯灣戰爭又產生哪些媒體管理策略與作為？

（三）公關化戰爭的媒體運用

1. 在 1991 年波斯灣戰爭中，美國政府與美軍如何遂行公共外交、公共事務及心理作戰三大層面的媒體運用？

2. 在 2003 年波斯灣戰爭中，美國政府與美軍如何遂行公共外交、公共事務及心理作戰三大層面的媒體運用？

(四) 公關化戰爭的訊息規劃及假事件運用

1. 美國政府與美軍在兩次波斯灣戰爭中為何及如何以公關化的訊息規劃策略達成戰爭目的？

2. 兩次波斯灣戰爭有哪些假資訊與媒體「假事件」？「推倒海珊銅像」的假事件為何及如何被廣泛運用於 2003 年波斯灣戰爭？

三、研究方法

基於上述的研究目的、研究問題，本書所採用的方法為歷史與文獻分析法及敘事分析法。以下是關於這兩種研究方法在本書上的應用。

(一) 歷史與文獻分析法

基本上，歷史方法是一種質性研究（qualitative research），Babbie（李美華、孔祥明、林嘉娟、王婷玉譯，1998）認為這是個非介入性、非干擾性（unobtrusive）或非反應性（nonreactive）的研究方法。所謂非干擾性研究方法是指研究者在從事社會科學研究時不影響被研究客體的社會生活過程（林萬億，1994：91；李美華等譯，1998）。

大多數質性研究的目的不在「解決」問題，而在於重新「認識」問題，因而質性研究不是一種因果式的推理邏輯，而是歷程式的邏輯，其主要任務在於「把事件的背景交代清楚，把牽涉到的人物與他們所扮演的角色做最詳盡的描述」（蕭瑞麟，2010：56-58），其使命與目標有三：使原來沒注意到的事件被注意到，使原來已被注意到的重新被認識與省思，以及透過故事、文字、語言「使看不見的東西被看見（making invisible thing visible）」（同前引：58-59）。

歷史研究有三個主要途徑，除英國歷史學者 Carr（1961）所提出客觀的（objective）及解釋的（interpretative）兩大途徑，還有歷史主義的（historicist）途徑（林麗雲，2000）。歷史主義途徑者認為歷史定律和自然科學的定律一樣，可以放諸四海而皆準，不僅主宰世界過去的運作，也決定它的未來；客觀主義者強調歷史學應回歸史料，摒棄個人主觀的好惡，「如實的呈現歷史」；解釋主義者則主張解釋架構與史料之間必須要有不斷的對話，賦予過去新的時代意義（同前引）。

此三種歷史研究的途徑亦各有其優缺點，亦有其限制。如歷史主義者應該注意不要變成歷史法則的俘虜，也不要將「法則」硬套在歷史事件上；客觀主義者必須留意自己可能還是有主觀的立場；解釋主義者要小心的是永遠將過去與未來當作「開放的讀本」（同前引）。

人類社會經常變動不拘，因而歷史的意義，必須立足當代去做敘述與詮釋。Berkhofer 在《歷史分析的行為研究途徑（*A Behavioral Approach to Historical Analysis*）》曾指出，歷史家在分析歷史時，不是要去重新捕捉或是重新建構「過去」，而是依據現有的證據、理論和概念架構來詮釋歷史（黃光玉、劉念夏、陳清文譯，2004：144）。

再者，研究歷史難免由於不同的領會、觀察的角度或既持的框架，所解讀出的內容可能呈現「各有取捨」、「各說各話」的情形（方鵬程，2007c）。此時，不容忽視的態度是「儘量客觀」，亦即不作「有意的主觀」，「必先由主觀到客觀，主觀其始，客觀其終」（杜維運，1979）。

由於本書的研究對象，是西方社會的軍事衝突或國際戰爭，

係從「他人的戰爭（other people's wars）」來了解宣傳與戰爭的演進過程，汲取值得參考的借鏡與經驗，如果採用歷史主義者的途徑，委實意義不大，因而解釋的與客觀主義者的途徑比較符合本書需求的研究取向。

運用文獻可以幫助研究節約經費與時間，站在他人研究發現的基礎上，去發展新工作與新任務。所謂文獻係指「曾經有哪些相關研究成果」、「有哪些人已經提出過的解答」與「人類目前的知識進展到了怎樣程度」（王祖龍，2007：51）；蕭瑞麟（2010：200）曾引用史丹佛大學教授艾森哈特（Kathleen Eisenhardt）的說法，強調對文獻熟悉的重要性，首先在找出意見相同的文獻來輔證研究的內部信度（internal validity），再找到意見不一致的文獻，拓展可推論程度（generalisability）。

（二）敘事分析法

Carbtree & Miller（黃惠雯、童琬芬、梁文蓁、林兆衛譯，2003）指出，敘事具有五大重要特質：1. 敘事假設人們喜歡說故事，說故事就是使生命中的種種事件變成有意義的基本方法；2. 敘事具有時間性與情節性的結構性質；3. 有力的敘事形成人類行為的指引，並反映個體的生命歷程；4. 敘事研究重視情境脈絡，敘事不能脫離文化脈絡而存在；5. 敘事研究注重關聯性。

林東泰（2008a）指出，新聞、傳播、戲劇、廣告、行銷等，都在敘說故事，都是在向閱聽人敘說某種「故事」及其「意義」，敘事學（或敘事理論）與新聞傳播關係密切，而且晚近有

許多學者援引敘事理論分析新聞文本[26]。

敘事學（narratology）一詞是由屠德若夫（T. Todorov）在1969年提出，然而現代敘事分析開始於1920年代蘇聯民俗學者卜羅普（V. Propp）對故事結構的研究（蔡琰，2000）。

卜羅普認為，儘管各種不同的傳奇故事，各有不同的傳奇人物，但主要有7種角色：英雄（hero）、假英雄（false hero）、壞人（villain）、協助者（donor）、信差（dispatcher）、救援者（helper）、公主和她的父王。

卜羅普也認為「功能」（所謂功能，即是角色的行動）是敘事體最基本的單位。他分析了100多個民間故事，共歸納出31種功能，以及下列的定律（李天鐸譯，1993：66；孫秀蕙、陳儀芬，2011：35-36）：1. 角色功能是構成故事中不可或缺的要件；2. 傳奇故事中角色功能多寡有其限制；3. 功能的順序永遠相同；4. 所有傳奇故事的結構也都相同。

羅蘭巴特（Roland Barthes，轉引自蔡琰，2000：39）指出，早期敘事研究延續屠德若夫與李維史陀（Levi-Strauss）的形式主義與結構主義的軌跡，隨後發展故事與論述（discourse）兩個主要核心概念。羅蘭巴特曾提議，今後應繼續研究敘事之「功能」（如卜羅普所討論之角色功能）與「動作」（如人物角色所完成的行為）外，還應述明「論述」對敘事的重要性。故事是指「什麼人發生了什麼事」，由情節、角色與場景所構成（Chatman, 1978）；論述即「如何說故事」，包括有參與者、

---

[26] van Dijk 是最早引用敘事理論從事新聞研究的學者（林東泰，2008a）。他於1988年出版 News as Discourse 及 News Analysis 二書，前書是他第一次結合敘事理論與媒體理論的著作，後者是對少數民族及其移民，以及報紙媒體如何報導的案例分析（van Dijk, 1988a, 1988b）。

敘事者類別與時間（李天鐸譯，1993：73-87）。蔡琰、臧國仁（1999：3）亦提出，在新聞敘事的研究上，也是從故事與論述兩個角度來闡釋新聞文本，故事是敘事所描繪的對象，論述則是敘事描繪系列性事件的方法。

敘事是一種溝通行為，當有了故事之後，還要有說故事的人和聽眾，Kozloff（轉引自李天鐸譯，1993）認為參與者包括六種人：真正作者、隱身作者、敘事者、聽講者、隱身讀者、真正讀者。黃新生（2000）則將故事講述活動分成三項構成要素：講故事的人（teller）、故事情節（tale）及聽取故事的人（listener），他另依據 Weaver（1975）、Sperry（1981）「電視新聞含有故事的構成要素」的說法，指出 1. 新聞主播記者等於是說故事的人，2. 電視新聞是英雄的故事，3. 電視新聞以吸引觀眾為主要目的。

戰爭的宣傳攻防中，經常充斥假資訊或所謂的假事件，都是在為軍事作戰塑造「有利於我」的局勢，並達到醜化及打擊敵人的目的。本書將採用敘事分析法之功能與動作兩個取向，來檢視 2003 年波斯灣戰爭中 4 月 9 日發生的「推倒海珊銅像」新聞文本，來探究這個假事件產生的背景、目的與真相為何？故事中的角色如何扮演？情節是如何進行的？動作如何完成？如何被敘述？如何被質疑？並另釐清假事件在戰爭濫用的可能後果，以及合理運用的可行性為何？

第五節　本書章節架構

本書計有九章，依各章的性質區分為四篇。第壹篇為導論

篇，計有兩章，第一章緒論，先從「宣傳」說起，為「宣傳戰」與「公關化戰爭」下定義，說明戰爭型態的演進與本書歷史階段的劃分、研究旨趣、研究問題與研究方法、本書章節架構等。第二章在探討宣傳與戰爭研究的理論基礎。

第貳篇為歷史回溯篇，計有第三及第四兩章，採用歷史與文獻分析法進行分析。第三章宣傳戰的歷史演進，從西方歷史上的主要戰爭中，依序回溯帝國主義時期、革命戰爭與殖民戰爭時期、總體戰爭時期、冷戰時期四個階段宣傳戰的發展情形。第四章公關化戰爭的發展歷程，在標示孕育公關化戰爭的越戰後，探論冷戰時期及後冷戰時期兩個階段中公關化戰爭的作為與發展。

第參篇為公關化戰爭篇，計有第五、第六、第七及第八章，採用文獻分析法、敘事分析法進行分析。本篇是以上篇歷史分析的研究發現為基礎，進一步檢視美英兩國（以美國為主）在兩次波斯灣戰爭中遂行公關化戰爭的具體策略與作為。第五章公關化戰爭的媒體管理策略分析，分別就兩次波斯灣戰爭採取哪些媒體管理策略措施，以應對媒體需求及與媒體維持互動。第六章公關化戰爭的媒體運用分析，分別就兩次波斯灣戰爭在公共外交、公共事務及心理作戰三方面如何運用一般主流媒體、自控媒體及心戰媒體。第七章兩次波斯灣戰爭的訊息規劃策略分析，係就公關化戰爭經常採取的戰爭合理化、敵我二元對立、新聞淨化、消除記憶及爭取大後方支持等進行分析，藉以了解宣傳者為師出有名、區分敵我及爭取多數支持，營造出有利於己的輿論與戰爭取勝必勝氛圍。第八章 2003 年巴格達市「推倒海珊銅像」的假事件分析是第七章的延續，採用文獻分析法與敘事分析法，來檢視兩次波斯灣戰爭曾經運用的假資訊及新聞假事件，以及對 2003 年 4 月 9 日推倒海珊銅像事件進行敘事分析，並對宣傳與戰爭中

的媒體假事件進行檢討。

　　第肆篇為結語篇，僅第九章乙章，主要是針對本書各章的探討與論述做出總結陳述，並提出一些對宣傳與戰爭的研究心得與看法，以及本書的研究限制與對未來研究的建議。

第二章　宣傳與戰爭研究的理論基礎

　　上章已對本書有關的關鍵詞有所界定，也說明本書是採取行政研究的立場。基本上，本研究雖無意忽視其他理論思潮所扮演極其重要角色，但對於宣傳與戰爭的學術性探討，主要仍是立於行政研究的傳統之上的。Lazarsfeld（1941）率先指出行政研究與批判性研究的分野，他認為行政研究不僅在協助組織機構更有效率運作，亦在針對各種社會當務之急現況提供解決之道。

　　其次，在許多研究上，大眾傳播被視為是一種有計畫的組織性活動，而非僅僅是個人對個人或個人對眾人的人際溝通而已。在此面向上，所關注的是誰（Who）透過何種媒介傳播訊息，誰在主導或影響傳播的內容，此即有關傳播研究中的「傳播者研究」問題。

　　以 Jowett & O'Donnell（1992）的觀點來看，由於宣傳具有系統化的本質，需要進行長期性的歷史縱向研究，檢驗宣傳訊息及傳播媒介，以及對整個宣傳過程實施嚴謹監督，其中應該一起考量的問題包括：宣傳的目標是什麼？宣傳發生時的背景脈絡為何？經由哪些媒體，傳播哪些訊息或符號，是否能在閱聽人獲得如何的反應？反宣傳可能以什麼樣式出現？已實施的宣傳究竟達成多少比例的宣傳意圖？

　　本章的目的在於為本書以後各章奠基，主要針對研究的需要，從相關的文獻與研究中，特別是有關行政研究的部分進行檢視，這些理論與文獻包括：宣傳與戰爭的研究取向、政治作戰與軍事說服理論、公共關係與軍隊公共事務、群眾心理學與民意研

究、新媒介發展與公關化戰爭研究的結合，以及新聞自由與國家安全等。

第一節　宣傳與戰爭的研究取向

　　1930 年代期間，大部分宣傳理論學者都受到以下三個理論的影響：行為主義[1]（behaviorism）、佛洛伊德主義[2]（Freudianism）及魔彈理論[3]（magic bullet theory）。Baran & Davis（2003: 78-80）指出，Lasswell 顯然受到前兩種主義的影響，但反對過度簡化的魔彈理論，他認為宣傳是需要時間準備的行動與過程。首先必須創造符號（symbol），民眾必須被漸漸的引導，與特定情緒連結一起，但在這一創造過程中另需一項元素，亦即 Lasswell 所提出的科學技術專家（scientific technocracy）理念，將媒體宣傳的權力交付新的菁英份子，而這些菁英只能為善（for good rather than evil）。

---

[1] 行為主義者經常採用「刺激-反應」的概念，認為媒體的內容與訊息提供外在刺激，驅動了人們的行為。

[2] 宣傳理論學者應用佛洛伊德理論，包括最有效的宣傳應直接訴諸本我，給予刺激與完全征服自我，或經由有效的宣傳使超我將自我導向本我的方向（Baran & Davis, 2003: 76-77）。

[3] 由於戰爭期間展現的宣傳威力，早期的傳播學者認為傳播媒介的力量是萬能的，而且將所傳播訊息視為「子彈」，閱聽大眾則是「彈靶」。那時對大眾社會特徵的認知是一盤散沙，社會成員間缺乏聯繫關係，認為大眾傳播力量很大，威力無邊。雖然在這樣的思考架構下，當時並未曾有哪位學者將相關理念系統陳述，而是後來回顧時賦予了一些名稱，例如 Schramm & Roberts（1971）稱之為「子彈理論（bullet theory）」，Berlo（1960）稱為「皮下注射理論（hypodermic-needle theory）」，De Fleur & Ball-Rokeach（1989）稱為「刺激反應理論（stimulus-response theory）」或「輸送帶理論（transmission belt theory）」，Lowery & De Fleur（王嵩音譯，1993）稱為「魔彈理論（magic bullet theory）」。

在那個面對法西斯政權與戰爭威脅的時代，Lasswell 期許國家、政府與社會科學家站在同一陣線，使他們可以駕馭宣傳的力量。Lasswell 對那個時代的看法與主張與李普曼明顯近似[4]，都懷抱著菁英政治或專家治理的理想，他們的初衷係舊式大眾民主（mass democracy）已不適合現代社會（更明確說是面臨納粹集權主義戰爭威脅的民主國家與社會）。Lasswell「為善宣傳（propaganda-for-good）」的理念成了政府改善民主制度的基礎，包括美國之音（*Voice of America*，簡稱 *VOA*）、美國資訊局（United States Information Agency）等官方機構都是在這樣基礎下設立（Baran & Davis, 2003: 79-80）。

Lasswell 有關第一次世界大戰的宣傳研究，包括對宣傳組織、爭取盟國、激起人們對敵人的仇恨、瓦解敵人戰鬥意志、宣傳條件與方法等進行分析，這項研究的重要性在於這是學術界首次將「工具的管理」納入主流政治學，而且將戰爭宣傳視為政治體系中獨立專屬的領域（Gary, 1999；展江、田青，2003），而非屬內政、外交或其他政府事務的一部分。

行為主義研究講求從經驗事實做客觀觀察與價值中立的學術態度，排除對政治行為上的倫理或道德批判。因而 Lasswell 的研究，旨在交戰國家的宣傳機構之間如何整合與協調一致，如何運用媒介，使用宣傳技巧，盟國如何維繫友誼，以瓦解敵方士氣與鬥志獲致最後勝利。Lasswell 依循他當時信奉的學術規範，要

---

[4] 李普曼（W. Lippmann）於 1922 年出版《民意（*Public Opinion*）》，檢視政府在戰時的新聞審查與資訊管制經驗，認為影響新聞的準確性及民意的形成，同時指出現代文明發展快速，科學等知識愈趨精密，已非尋常百姓所能掌握與理解，必須寄希望於培養一批專家，讓他們管理政府事務與新聞事業，並協助民眾參與並關心國家事情（Lippmann, 1922；Fallows, 1996）。

為人類的這些戰爭宣傳經驗,梳理出一個「誰對誰宣傳奏效」、「究竟如何奏效」的一般性戰略理論（Lasswell, 1927）。

Lasswell 的研究影響深遠：有效的宣傳必須是政府部門、軍方和前線指揮官做到各權力之間的整合,有關戰爭的宣傳工具管理與運用等也備受重視。因而,我們可以從後來者的研究,看到「宣傳」與「戰爭」從兩個各自分開的概念發展為複合名詞使用的傾向[5]。

上章已經指出,Ellul 從組織角度著手,為新型式宣傳開啟了嶄新研究方向。Ellul 曾對宣傳做了一系列分類[6],將宣傳看成是與現代化相伴而生的必然現象。他認為在現代化社會中的每一

---

[5] 例如一次大戰期間因運用傳單、報紙、雜誌及電影、廣播等新舊媒體,而被稱之為「第一場資訊戰爭（the first information war）」（Paddock, 1989；胡光夏,2007）；二次大戰廣泛運用且最引人注意的媒體是廣播,而有廣播戰的說法（McLuhan & Fiore, 1968；Hale, 1975；Solery, 1989）。

又如,Spier（1972: 69-70）在 1945 年討論政治作戰時有「宣傳作戰（Propaganda Campaigns）」的使用,Chandler（1981）對越戰宣傳的研究有「宣傳作戰（Propaganda Campaign）」的使用,Rogers 撰寫《傳播研究史》時有「宣傳戰（propaganda warfare）」一詞的使用（Rogers, 1994: 213）。

[6] Ellul（1965: 62-70）首先區分政治性宣傳（political propaganda）與社會性宣傳（sociological propaganda）。政治性宣傳主要藉助於人際傳播,如中國毛澤東時代的宣傳方式；社會性宣傳則以形之於無形且有計畫的組織傳播,在日常生活中從事潛移默化式的宣傳。它可以經由音樂、電影、流行文化及廣告、公關等營造社會情境,使宣傳者的意識形態悄悄滲透。

其次,Ellul（1965: 70-79）又區分煽動宣傳（propaganda of agitation）和整合宣傳（propaganda of integration）,影響後來尤深。煽動宣傳是短期的激起人們的感情,造成立即的行為,而整合宣傳在 20 世紀以後才出現,是一種製造一致和服從的宣傳,它是一種點滴式的長期工程,要透過教育、消費、通俗文化、日常生活而逐漸形成。

Ellul（1965: 79-84）的另一分類是垂直式宣傳（horizontal propaganda）與水平式宣傳（vertical propaganda）兩種。垂直式宣傳是由領導者透過媒體來接近群眾的宣傳,例如列寧、希特勒、邱吉爾、戴高樂、羅斯福均是,他們的意圖、熱情與活力,主要都運用大眾傳播廣為宣達。水平式宣傳是指一對一的宣傳,憑藉人際傳播和組織傳播進行。

個體或受眾,由於缺乏傳統社會的有機關係,個人時間與精力有限,以及公共事務日趨複雜,難以掌握與理解,不僅政府需要宣傳,個人也需要從宣傳獲得一些意見參考或融入團體的看法。

承續 Ellul 研究方向的 Altheide & Johson（1980: 11-26）曾以目標受眾（target）、媒介（medium）、目的（purpose）及真實性（truth）四項要素,來檢視戰爭上「傳統式宣傳（traditional propaganda）」與「組織宣傳（organizational propaganda）或官僚式宣傳（bureaucratic propaganda）」的區別。

傳統式宣傳的目標受眾為一般大眾或公眾（mass audience）,直接操控媒體和運用大型集會,目的在改變所有民眾有關國家利益的認知、態度與行為,所呈現的真實性在以宣傳者的可信度,藉事實夾雜謊言來獲得受眾的信任；官僚式宣傳的目標受眾則依其屬性與特徵細分為個體、團體或特定分類的人口（specific segment of the population）,比較不以直接方式控制媒體,而是提供組織報告與資料、以新聞記者會等方式向媒體提供消息,成為媒體的消息來源,其宣傳目的不需要說服所有的受眾,在於維持組織的合法性,而且是透過民意調查、統計數字,以及對事實的詮釋來維繫其可信度（Altheide & Johson, 1980）。

依據 Keane（1991: 94）的說法,新興官僚式宣傳是一種「國家的神秘權力（arcane power of state institutions）」的展現[7],亦即指政府人員採用公共關係的方法,為總統與官員設計媒

---

[7] Keane（1991: 95-109）認為,協調與控制的表現方式主要有五種：（一）運用緊急狀態權力（emergency power）,以政治約束技巧威脅媒體,主要有事前約束（prior restraint）與事後審查（post-publication censorship）兩種,特

體形象及準備公開演說,整合協調各部門對外聲明稿,定期精準巧妙的安排新聞記者會,提供媒體無所不便的服務等(Keane, 1991: 102-103)。Keane(1991: 103)觀察,此風在美國政府高漲始自杜魯門時代,在越戰期間經常以技術專家政治的方法(technocratic methods)呈現,使用的是「假科學語言(a pseudo-scientific language)」將迥異的人、事或物混在一起談,有計畫地推銷政府與政策產品。

在 1990 年代,Jowett & O'Donnell(1992: 212-228)為宣傳作戰(Propaganda Campaign)建立了「十步驟(10-step program of propaganda analysis)」的系統分析架構,這些分析要項分別是:宣傳作戰的意識形態與意圖,宣傳發生時的背景脈絡,識別宣傳者(propagandist),宣傳組織(propaganda organization)的組成結構,宣傳的目標對象(target audience),媒體使用技巧,極大化效果的特殊技術,閱聽人對各種技術的反應,反宣傳(counterpropaganda),以及效果與評估。Jowett(1993: 75-85)曾對 1991 年波斯灣戰爭宣傳作戰撰文分析,即是採用此一架構進行,他在該研究指出宣傳被「熟慮計畫化(deliberately planned)」與「高度組織化(highly organized)」。

此外,此一取向較具代表性的研究還有 Linebarger(1954)、Choukas(1965)、Lerner(1972)、Hadanovsky(1972)、Haste(1977)、Balfour(1979)、Chandler

---

別於國家危機時,則兩者合一;(二)以軍事機密(armed secrecy)為由,主動調控新聞發佈;(三)進行政治上的說謊(lying),既製造假象,又讓人們信以為真;(四)以政府提供廣告(state advertising)的做法,使官方訊息合法化,並以抽離廣告資金相要脅;(五)透過社團主義(corporatism)運作,將國家事務委由民間組織執行。

（1981）、Braestrup（1985）、Taylor（1992, 1995）、Bridges（1995）、Cate（1998）、Carruthers（2000）、Ignatieff（2000）、Hiebert（1993, 2003）、Brown（2002, 2003）等。

第二節　政治作戰與軍事說服理論

　　法國學者 Pierre Teilhard de Chardin 認為，不同地區的人們所形成各自知識體系和價值系統是一種「心靈空間（noosphere）[8]」（轉引自趙可金，2007：52），Dertouzos（1977）指出國家間的資訊流動可區分網絡空間（cyberspace）、資訊空間（infosphere）與心靈空間（noosphere）三個層次進行（轉引自趙可金，2007：54）。網絡空間屬於物質領域的基礎設施，著重的是資訊溝通的技術性；資訊空間是指傳遞訊息的載體，如媒體等中介機構；心靈空間則夾雜著意識、情感與信仰等複雜因素，是不同知識體系與價值觀的跨越。

　　上章提及用於戰爭的宣傳是一多變的名詞，曾列舉諸多學者的看法與分類，光這些學術名詞與用語，就可略知人類之間的溝通，最難之處在於上述的心靈空間。De Gouveia & Plumridge（轉引自卜正珉，2009：38）在研究歐盟對歐盟以外第三國的公共外交策略報告中，另以「資訊政治（infopolitik）」一詞涵蓋歐盟所曾涉及運用的概念，計包括公共外交、文化外交、文化關係、軟實力、政治傳播、感知管理（perception management）、

---

[8] "noos"來自希臘語，其意是指「思想、心靈、心智」的意思（趙可金，2007：52）。

宣傳、跨文化對話、文化對話、文明對話、危機管理、媒體管理、媒體關係、公共事務、公共關係、策略性傳播、全球傳播、策略性影響、心理作戰（psychological warfare）、資訊戰（information operations）及媒體戰（media operations）等。

　　資訊政治所指涉或所欲達成的目標，即是心靈空間的跨越或是征服。這個「戰場」不是有形的軍事戰鬥場地，而是人的內在思想、意識與心靈。Harris & Paddock（轉引自 Bernstein, 1989: 145）指出，無論在戰略或戰術上，在戰場上或戰區內，在戰時或平時，心理作戰與政治作戰所對準的是人的心靈（mind），而非軀體（body）。跨越或征服心靈的武器，亦絕非刀槍、彈藥與火炮，而是思想、意識或所謂的「紙彈」。Taylor（1995）探索人類從古至今一些影響重大戰爭與宣傳的著作，即以「心靈武器（*Munitions of the Mind*）」為書名。

　　二次大戰時，負責宣傳的美國戰爭資訊局（The Office of War Information，簡稱 OWI）局長 E. Davis 曾言，若要贏得戰爭，主要還是要靠軍事戰鬥力量，但要使軍事戰鬥贏得容易一些，還有一種力量叫做「心理戰或政治作戰（psychological or political warfare）」（Davis, 1972: 274）。

　　Linebarger（1972: 267-271）指出，心理戰是心理學一支，心理戰也是戰爭一部分；前者係就廣義而言，心理學在戰爭中可用作為戰爭行為的指導，後者是就狹義層面，專指有關非暴力方法的組織說服，通常是與軍事作戰結合對敵展開宣傳。

　　上章已說明本書是立基於政治作戰來探討宣傳與戰爭，我國在政治作戰的研究上累積半世紀成果，已建立有「六戰」完備理論（詳參黃筱薌，2010）。綜合來說，政治作戰具有以下特質與要素（洪陸訓，2006：30-31）：非暴力性、非戰爭和非戰鬥

性;以屈服敵人意志為目的;以己方、敵人、盟邦和中立國人民或政治、社會團體為對象;以人類心理為作戰場域(黃筱薌,2010:43);可獨立作戰,或配合、支持軍事作戰,而且具有「不對稱作戰」的以小搏大、以弱擊強特徵。

至今有關政治作戰(political warfare)或政治戰(political war)的定義並未一致(相關討論參見洪陸訓,2006:6-10),而且學者對兩名詞的界定與說法亦各有不同。Lord(1989: 17)認為,迄今英語仍缺乏適當用語可以涵蓋「心理－政治作戰(psychological-political operations)」的稱呼,但他亦指出,政治作戰應包括政治行動(political action)、強制外交(coercive diplomacy)及隱密的政治作戰(covert political warfare)等活動。Codevilla(1989: 77)闡釋政治作戰是「政府政策強烈性的政治表述」,是一種集合人群的支持或反對,而能在戰爭或與戰爭同樣嚴肅的不流血戰鬥中致勝。

Smith(1989: 3)著《論政治戰(*On Political War*)》,對政治戰(political war)的定義是採取政治手段迫使敵方屈從我方意志,它可以是暴力、經濟壓力、顛覆和外交的混合運用,但主要仍是文字、意象和思想(words, images, and ideas)的使用[9],亦即宣傳與心理戰。

他闡述政治戰特別先以宣傳為重點,並稱它為「宣傳武器(propaganda weapon)」(Smith, 1989: 6),並對宣傳、心理

---

[9] 美國國防大學校長 James A. Baldwin 為 Smith(1989)著書做序,亦提及政治作戰(political warfare)是軍事作戰外的另一種巧妙手段,所運用的是意象(images)、思想(ideas)、演說(speeches)、標語(slogans)、宣傳、經濟壓迫,以及廣告技巧等,藉以影響敵對國家的政治意志(Smith, 1989: xi)。

戰及公共外交三個彼此相關卻脈絡不同的名詞做以下的界定（Smith, 1989: 7-8）：

宣傳是由非戰鬥人員所執行有關國家、意識形態與特定目標的政治作戰，它的主要目標是大眾（mass audiences），通常是對平民，但其訊息不論為真或偽，係由部署訊息者決定。

心理戰（psychological operations）係由軍方人員實施，為達戰略和戰術的軍事目標的政治作戰，其目標對象通常是敵軍，以及中立者與平民。

公共外交（public diplomacy）係透過國際政治的形式，由非戰鬥人員對各種不同公眾進行，但通常協商支援來自於外交管道；它可能與政治作戰相結合運作，卻不是政治作戰的型態。

Cimbala（2002）指出軍事說服（military persuasion）的運作涵蓋五層面：影響敵方的意志，目的與手段間的相互依存，透視敵人的能力，熟悉操控符號與訊息，以及以道德訴求激勵部隊、維持民眾支持。

影響敵方的意志是軍事說服的首要目的，包括影響敵方的政策決策者、戰鬥部隊及一般民眾，使敵方了解一意孤行或持續進行我方所不願意見到的行動，將會導致怎樣的風險與後果（Bernstein, 1989: 146）。

其次，人類大多數的軍事衝突絕非不計代價地非得吃掉另一方，因而戰爭與協商往往雙軌並進。戰爭目的與手段相互依存，視各種內外在因素，調整修正戰爭目標，將意圖加以擴大或縮小。

再者，透視敵人是指洞察敵人的動機與目標，以及其要達成最終目標所依恃的能力來源；這是在克服敵我之間文化與社會背景所存在差異與障礙，深入理解敵人的必要作為。

第四,從事軍事說服時須熟悉操控符號(manipulation of symbol)與訊息的重要性,藉以支撐政治與軍事目的的達成。Cimbala(2002)指出,改變對真實性的認知等於改變客觀的事實,真實性即是民眾認為確有其事的事實,而認知管理即是遂行符號與訊息的操控,期使各個不同層面受眾接受我方所要傳達的真實性。

最後,古今往來沒有任何一個政府或武裝部隊不需要仰賴人民支持的,所謂「道德」即是指戰爭的正當性與合法性,這也是五項層面中最重要的部分,須以「為何而戰」及「為誰而戰」激勵部隊團結,維繫民眾支持,才能使政府與軍隊展開有效的計畫與策略。

第三節　公共關係與軍隊公共事務

上章曾指出,早期傳播學者對於宣傳存在各種不同觀點,被稱為「公關之父」的 Edward Bernays 和另一位公關先驅 Ivy L. Lee,兩人認為宣傳是必要的,可以使社會運作的更有效率。

Bernays 認為「公關學運用在政治上……,就像運用在其他任何專業領域一樣,可以被運用在有建設性的方面,也可以被濫用」(劉體中譯,1999:147)。對於人文主義者的批評,Ivy L. Lee 提倡公關宣傳從業人員必須遵守職業道德,曾發佈一份「原則聲明(Declaration of Principles)」,揭示「在與公眾交涉時秉持公開、正確與誠實」的觀念(Wilcox, Ault & Agee, 1998: 33)。

公共關係理論的研究有多元面向發展。Toth(1992)認為公

關研究的典範有三：系統觀點（system perspective）、批判觀點（critical perspective）及語藝觀點（rhetorical perspective）。國內學者黃懿慧曾於 1997 年 1 月的演講中歸納三種公關理論學派[10]：公關管理學派、修辭語藝學派及行銷學派（參見臧國仁、鍾蔚文，1997），其後再修正為系統論（或管理）學派、語藝／批判學派及整合行銷傳播學派。臧國仁、鍾蔚文（1997）則認為語藝學派忽視新聞媒體對公關工作的必要性，管理學派與行銷學派將公關行為中的媒體運作歸為未具概念基礎的操作性工作，而另承襲社會真實建構學派（social construction of reality）論點，提出以「框架概念」為主的理論架構。

其中公關管理學派的代表作，是 Grunig & Hunt（1984: 21-24）描述公關策略歷史演進與運作方式的公共關係四模式[11]：新聞代理（press agentry）、公共資訊（public information）、雙向不對等（two-way asymmetric）及雙向對等（two-way symmetric）。Grunig & Repper（1992）認為，公共關係所扮演角色與功能，並不只是為組織做宣傳行銷或專業服務的部門職能層次（functional level）、專業層次（business or specialty

---

[10] 黃懿慧的後來研究（黃懿慧，1999，2001）歸納為「西方公關研究三典範」，包括 70 至 80 年代初期主導美國公關學術研究發展的「系統論（或管理）」學派（以馬里蘭大學的 J. Grunig 夫婦為主）、80 年代末期興起的「語藝／批判」學派（以 E. Toth 及 R. Heath 為主），以及 90 年代廣受重視的「整合行銷傳播學派」（以西北大學及科羅拉多州大學傳播學院教授為主）。

[11] Grunig & Hunt 是以溝通的目的與溝通的方向兩個構面，來區分組織與閱聽大眾之間的溝通方式。溝通的方向分為單向的或雙向的，單向溝通只是單方面發出訊息，不顧閱聽大眾的回饋反映；雙向溝通則是閱聽大眾的反應受到組織的重視。溝通的目的分為不對等的與對等的，不對等溝通只是以說服為目的，組織本身不做任何變革，卻只想改變閱聽大眾，雙方的利益是不平衡的；對等溝通則會因外在環境變化，以閱聽大眾的壓力與反應而做內部調整，也會顧及受訊一方利益。

level）而已，它應參與到組織層次（corporate or organizational level）的戰略性規劃與管理，讓組織理解其所處外部環境，不斷透過與戰略性公眾的溝通，對外建立長期的、善意的關係。

公共關係四模式的建構，大都採自美國的經驗，而其標舉的雙向對等模式亦頗具理想性色彩，要確實奉行並不容易，唯所揭櫫的原則與目標，卻能提供一個全新的視野與觀點。其後，Grunig & Grunig（1992）曾將四模式分為技術型公共關係（craft public relations）與專業型公共關係（professional public relations）兩種不同譜系[12]（continua）；後來又撰文討論該四模式，認為過去所發展的理論雖未存在任何如其他研究者所質疑的「錯誤」，但也承認高估了「雙向對等」的理想性，並退而接受「混合動機模式（mixed motive model）」，強調任何有效組織溝通行為，無須排斥其他不對稱的公關模式（Grunig, 2001；臧國仁，2001）。

對軍隊的公共關係，美國國防部與美軍一直採用公共資訊（Public Information）與公共事務（Public Affairs）的說法。Newsom & Scott（1981）認為美軍公共事務與民間企業的公共關係有不同定義，前者是從軍事新聞發展而來，但其功能更為擴大。軍事新聞原指新聞發佈（publicity），但軍隊公共事務的功能則包括對內與對外的公共關係。政府機構與軍隊改採「公共資訊或公共事務」，則應溯自美國眾議員吉列（F. H. Gillett）於

---

[12] Grunig & Grunig（1992: 310-312）在〈公共關係與溝通（Models of Public Relations and Communication）〉一文中指出，技術型公共關係是指新聞代理與公共資訊，其目標在於獲得宣傳，向媒體及其他可能管道發佈訊息；專業型公共關係包括雙向不對等與雙向對等兩模式，在於依賴所具有的知識與技能，為組織創造戰略性價值，對衝突做好管理並與戰略性公眾建立關係。

1913 年對預算案所提修正案[13]（Cutlip, Center & Broom, 1994）。

美軍公共事務官日常主要工作的項目包括：（一）內部資訊（command information / internal information），即提供現役官兵、國民兵及後備官兵、文職人員、眷屬、退役官兵最新的資訊；（二）社區關係（community relations），與駐地附近民眾及社區領袖直接接觸；（三）媒體關係（media relations / public information），是透過媒體向外界發佈軍方消息（唐棣，1994；洪陸訓、莫大華、李金昌、邱啟展，2001；方鵬程，2006a；方鵬程，2007c）。

在戰時，軍隊公共事務則將戰爭看作公共關係的危機管理及危機傳播（Hiebert, 1993: 31-33），透過精選的發言人從事新聞發佈，以及新聞審查、媒體管制與運用、訊息傳播等，使媒體為其所用，以達影響國內外輿論的目的。有些學者（Mercer, Mungham & Williams, 1987；Keane, 1991；McNair, 1999）即認為美國從越戰起就以軍事公關策略展開戰爭的宣導與宣傳（此在第四章將有探論）。對此，Luostarinen（1992，轉引自臧國仁，1999：187）曾以「宣導學（promonalism）」（promotion 與 journalism 兩字的合併）形容之，但如 Scanlon（2007）所言，軍隊公共事務的傳統任務應是告知，與作戰時的欺敵及心戰不

---

[13] 當時國會議員擔心美國政府是否會對民眾進行不當宣傳，因而以法案規定所有政府機構，除非得到國會授權，否則不得將經費運用於宣傳人員的維持費上。該法案在 1972 年再一次獲國會確認，正式被納入 Public Law 92-351 第 608 節第 a 項中，明文禁止美國政府部門，運用公款從事「支持或反對國會法案的宣傳活動」（王文方、邱啟展，2000）。由於該法案內容指涉當時政府機構做法，賦予公共關係負面意義，於是政府機構立即著手研究，如何以其它名稱取代公共關係，並能發揮維繫政府與國會間良好關係的功能，公共事務與公共資訊等名詞遂於1970年代應運而生（唐棣，1996）。

同，不在於影響民眾的認知、態度與行為，而是以透明、誠實與精確的資訊，維持長期的、值得信賴的可信度。

第四節　群眾心理學與民意研究

自 1890 年代，早期學者已開啟對群眾（法文 foule，英文 crowd, mass）的研究，法國學者 Serge Moscovici 認為三個代表性人物是勒邦（Gustave Le Bon）、塔德（G. Tarde）及佛洛伊德，他們三人是群眾心理學（group psychology）創建者（許列民、薛丹雲、李繼紅譯，2006）。生長於拿破崙時代的法國社會學家勒邦的研究重點與發現，主要在於人們融入群體後所產生的情感強化（intensification of emotions）和智商壓抑（inhibition of the intellect）等現象。此一研究向為極權主義宣傳家所喜愛，包括列寧、希特勒及其宣傳部長戈培爾等都曾讀過勒邦如何運用群眾心理的著作（Smith, 1989: 95-99）。

德國社會心理學家弗洛姆（Erich Fromm）在 1950 年代指陳，內在信念堅定的「生產型人格（productive personality）」，逐漸被為迎合外界而包裝自己的「行銷型人格（marketing personality）」所取代（蔡伸章譯，1973）。Riseman, Glazer & Deney（1950）則以人口統計學為基礎，將群眾分成「傳統引導型、內在引導型、他人引導型」三種類型，並指出他人引導型性格即是「美國人與當代人」的性格（Riseman, Glazer & Deney, 1950: 35）。此種性格係工業主義的特徵，其社會內部存有許多歧異和例外，各有不同行為模式，但引導個人行為是以同儕好惡為標準，和傳統引導型依賴家庭、親族組織與比較牢固價值觀，

以及內在引導型是由長輩為他種下人格價值，有著截然不同的差異。

群眾心理之所以能被運用於戰爭，和集體想像（collective imagination）有密切關係。Anderson（1991）在《想像的共同體（*Imagined Communities*）》指出，民族（nation）是被想像出來的社群，由於這一社群內的人不可能認識所有的成員，所以必須先假設他們彼此有著共同點，這是民族形成及民族和民族之間有邊界的原因所在。

Anderson（1991）分析民族國家的重大特徵有二，一是被人們想像成有限的（limited）共同體，另一是被想像成擁有主權的共同體。沒有任何一個民族，即使人口再眾多甚至擁有人口最多的民族，都絕不會把自己想像成等同全人類，而且每一民族都將自己夢想成不受他者控制的群體，它可能會在宗教信仰下接受上帝的約束，但絕對不願意受到其他民族的約束、管轄或統治。

曾任美軍臨床心理醫師的心理學者雷山（L. LeShan）對戰爭如何被激起做出整理（劉麗真譯，2000：18）：佛洛依德將戰爭歸因於人類基本天性，進一步發展建立「心理」理論；勒邦將戰爭導因於人類群居功能，發揚光大為「社會群體」的概念；而列寧與盧森堡（Rosa Luxemburg）則主張「經濟」因素才是導致戰爭的根本理由。

匈牙利小說家、新聞記者與評論家凱斯特勒（A. Koestler）在《兩面人（*Janus*）》，將人形容為羅馬門神 Janus（臉朝著兩個不同方向的兩面人），從而巧妙地將戰爭的「心理」及「社會群體」理論與原因結合在一起。他以為人皆具有兩種基本驅力：一是尋求獨立，不受干擾，另一是希望成為群體中的一份子。大多數人會在這兩種驅力之間游移，人捲入戰爭是為了獲得群體認

同，爭取群體對自己忠誠度的信賴，因而一個群體往往可以利用一個外在共同敵人，來鞏固團結該群體的力量（同前引：19、41）。

民意研究可推溯到古希臘的柏拉圖、亞里斯多德及盧梭，開現代民意研究風氣之先的是勞威爾（Lawrence Lowell）及李普曼（詳參彭芸，1986：68-71）。然而，民意（public opinion）的定義分歧不一，王石番（1995：9）指出係因不同學門學者從不同角度、依據不完全相同的事實來解析民意現象。民意研究是跨學門的學術活動，包括政治學、歷史學、心理學、社會學、公共政策、公共行政與大眾傳播等學科學者，都有加入民意研究的行列（王石番，1995；余致力，2002）。因而，對民意一向有著不同學科的理解[14]。

王石番（1995：32）將民意研究的歷史分為三期：1934年以前的萌芽期、1935至1950年代的成長期和1960年代迄今的成熟期。萌芽期的民意研究與宣傳活動相結合，一次大戰的激勵軍民士氣、領導統馭心理學及官兵關係等都是研究範疇，那時蘇聯新政府正在成形，民意學者了解宣傳不只是戰爭和外交政策的武器，而且是內部控制的工具（王石番，1995：43-44）。Lasswell（1972: 26-27）曾指出，蘇聯宣傳的策略性計畫及最大特色是透過政治權力極大化，遂行其對國內與海外的個人與團體

---

[14] 以盧梭為代表的政治哲學觀點，民意即是「公意」，是共同體的最高意志；在社會學的「有機體」概念中，民意不是個人意見的集合，而是社會互動的有機體；社會心理學觀點是把民意看作社會控制機制，認為民意未必是事實上的多數意見，但至少是人們感覺中的多數或優勢意見，它透過人們的從眾心理來制約個人行為，因而有著社會控制的作用；行為科學的觀點將民意當作是個人意見的加總，多數意見便被看作是民意，這種觀點經常體現在現代輿論調查或民意測驗之中（郭慶光，1999：221-222）。

上的統治。

　　Rogers（1994）指出，Lasswell 的研究結論表明宣傳具有強大效果，宣傳是現代世界強而有力的工具之一，在總體戰爭的時代，戰爭關係到所有人民，無人能置身事外，戰爭不僅是將領或軍隊的事情而已，民意有著舉足輕重地位。

　　不過對於戰爭，民眾是否親身經歷也很重要。例如，1939年3月德國進攻捷克是一個事實，但這只是對上戰場的德軍和被侵略的捷克軍民而言，才是親身經歷的事實，因而 Elull 認為民意形成不是根據親歷其境的經驗，對不在戰場上的其他人而言，他們無法親身經歷，而是根據抽象的形象，經過傳播媒體報導後，在間接獲知此事的社會大眾中形成的（祝基瀅，1986：67）。

　　戰爭與民意研究的一個典型例子是 Mueller（1973，轉引自胡光夏，2007）對越戰與韓戰的研究。Mueller 提出「集會效應（rally effect）」的概念，認為民意對戰爭支持是愛國主義的表現，美軍在越戰與韓戰的初期都獲得高度支持，但隨著傷亡人數不斷增加，民意的支持度就開始下降。

　　早期民意的表達，通常是藉由沙龍、咖啡屋或街頭抗爭等傳統方式，因民意測驗的實施更為結構化（徐美苓、夏春祥，1997）。民意測驗的興起源自選舉需要[15]，由於美國政治非常複雜，學者專家盡力設法改進研究方式，以便發覺美國政治的真相[16]，民意測驗就是用來發掘真相，避免用常識探求輿情的缺點，

---

[15] 主要是從新聞事業、市場研究與社會調查等三方面發展而成，最早是由美國新聞界發起的，起初稱為模擬投票（straw vote），藉以了解選民對總統候選人的聲望評價與投票意向（王石番，1995：31；徐美苓、夏春祥，1997）。

[16] 美國政府制定政策的確顧慮公眾意見，通常設法探求公眾態度，但他們所關

其中最有名的是蓋洛普（Gallup）與哈里斯（Harris）兩家公司。

還有，民意測驗自 1935 年以後逐漸開展，美國羅斯福總統（Franklin D. Roosevelt）就積極運用以探知民眾對戰爭事務的各種看法。Gawiser & Witt（胡幼偉譯，2001：29）指出，二次大戰期間美國在國內外的政府機構，例如作戰情報室及美國陸軍研究部均曾聘請以調查法蒐集資料的研究人員執行研究計畫。

二次大戰後，民意測驗仍然繼續增長，美國國務院指派公共事務小組（Division of Public Affairs）追蹤非政府民意調查的結果（王石番，1995：63）。Wilson 亦指出（轉引自王石番，1995：63），戰後在歐洲、日本、拉丁美洲，尤其是西德，對民意研究迅速增加。以法國為例，每年法國武裝力量公共關係部門（Service D'Information et de Relations Publiques des Armees，簡稱 SIRPA）都會針對法國民眾對國防政策的看法及對法國武裝部隊觀感這兩項議題實施問卷調查（Mandeville, Combelles & Rich, 1966）。

Qualter 指出，二次大戰後的民意研究大致朝兩個方向發展：一是探討民意的影響、民意與政策的關係、民意在民主過程中實際與潛在扮演的角色；二是發掘、測量民意的現象，研究民意如何形成、如何控制與改變，亦即前者研究民意如何影響系統，後者則是研究系統如何影響民意（轉引自彭芸，1986：71）。

對於後者，Bennett（2003）強調，運用民意測驗與市場研

切的亦僅是公眾反應而已，美國政府官員無從就民意測驗中得知他們究竟該遵循什麼政策。可是，通常他知道，如果他不處理某些問題，在下屆選舉時，他可能會遇到什麼樣的後果（宋楚瑜，1978）。

究等方法來形成政府部門的資訊設計,是戰略性傳播(strategic communications)過程的重要一環,它比較可以確保資訊到達閱聽眾身上,而且能夠達到預期目標。他稱這類研究為「戰略民意測驗」,並認為現在的政府領導者很少用來作為他們政策決策的依據,反而是以民意測驗的結果來尋找恰當解釋,向公眾推銷早已既定的決策方針。Steinberg(1980)與 Crossen(張美惠譯,1996:65)指出,美國總統詹森經常隨身攜帶有利於他的民調報告,此後的美國總統都成為民調操縱專家。

即使民意或民調可能被操縱[17],但在本書中,從群眾心理學與民意研究的觀點,可以理解民意在戰爭的發動與進行時有著關鍵影響的力量,以及感知管理與訊息規劃策略為何能喚起民眾的同體感(consubstantiality),甚至戰爭修飾語能發揮對內消除雜音、餵養恨意的功能,以及媒體在從事戰爭報導時會對政府與軍隊的需求或要求有所「呼應」。

第五節　新媒介發展與公關化戰爭研究的結合

麥克魯漢(M. McLuhan)在 1960 年代撰寫《認識媒體》,那時還未能看到網際網路的發展,如今一般研究宣傳與戰爭、媒體與戰爭相關歷史時,均已將網際網路發展列入重要劃分階段,例如楊民青(2003 年 9 月)分為印刷媒介階段、廣播媒介階

---

[17] 例如 1972 年 5 月,美國總統尼克森下令轟炸北越港口,事後聲稱民眾打到白宮的電話,贊成與反對的比例是 5:1,然而實際上的執行情形是,來電支持者立刻被記錄下來,反對者則要等 20 分鐘才有人來記錄,很多人不願等就掛斷了(張美惠譯,1996:65-66)。

段、電視媒介階段、網路媒介階段；胡光夏（2004b）歸納出：第二次世界大戰以前的「平面媒體戰爭」、第二次世界大戰的「廣播戰爭」、越戰的「電視戰爭」、1991 年波斯灣戰爭的「衛星與有線電視戰爭」、2003 年波斯灣戰爭的「電視直播戰爭」與「網際網路戰爭」；方鵬程（2007a，2007c）劃分為平面媒體戰爭、廣播戰爭、無線電視戰爭、衛星與有線電視戰爭，以及電視直播戰爭與網際網路戰爭等五個階段。

林東泰（2008b：616）指出，自從網際網路發明之後，人類一切生活方式都改變了，包括商業機制，甚至國家統治等。Oates（2008）則認為，網路雖沒有徹底改變統治者與民眾之間的基本關係，但提供具特定政治動機者動員群眾更有效的工具。

新媒介科技影響戰爭朝向資訊化發展，主要展現在四個方面（Louw, 2001: 182-183；轉引自胡光夏，2007：79）：首先，新媒介科技產製出可以迅速終結戰爭的「聰明」殺人武器（smart killing machines）的資訊，此一科技是資訊化的，使戰爭看起來毫無血腥，使戰爭看起來像電玩遊戲戰（video-game warfare），完全符合戰爭公關化的需求。其次，就如同經濟已資訊化一般，戰爭也已資訊化，由於能透過數位科技蒐集大量資訊與情報，有利政府與軍隊指揮官對於戰爭目標的決策作為，這也是促使戰爭迅速結束的原因之一。再者，全球資訊網絡可以作為散佈假資訊與心理戰來擾亂敵人的有效管道，且可以即時傳送外交訊息。最後，有能力發動資訊戰的已開發國家的人民已高度的「媒介化」，深深地會被媒體影像所影響。

但另方面，Owen Gibson 在《衛報（*Guardian*）》指出，「在極短時間內，來自全球各地數百萬個見解可以同時呈現在網路世界，政府或軍隊想要打贏戰爭宣傳勢必難上加難。」

（Gibson, 2003, February 17，轉引自 Seib, 2004: 95）。而且，網路充斥各種混雜聲音與言論，提供過於多元化的資訊選擇，無疑會稀釋或分享政府與軍隊的「官方消息」影響力，甚至妨礙政府與軍隊宣傳攻勢的流通效能（Seib, 2004: 95）。Thussu（2000）亦認為，網際網路影響傳播的速度，使得政府對訊息的封鎖變得困難重重。

Ignatieff（2000）在《虛擬戰爭（*Virtual War*）》指出，戰爭變得很虛幻，不僅因為戰爭在螢幕上發生，更因為戰爭不再像過去總體戰爭般是關係民族存亡的大戰，民眾已不再以參戰者被徵召來加入戰爭，而是以另一種戰爭觀看者（spectators of war）身分被動員。由於民眾所扮演角色不斷改變，同時當傳播速度愈趨快捷，傳播方式愈來愈多樣化，現代戰爭與傳播媒介的關係愈來愈緊密，平民百姓也可以因最新傳播科技的使用，幾乎零時差地融入戰場之中，成為戰爭參與者，軍民毫無界線之分（方鵬程，2005；沈中愷，2009b）。

胡光夏等（2009）指出，網際網路出現後，最值得注意的是出現了網路新聞學（online, internet, or cyber journalism）與公民新聞學（citizen journalism）；與軍事新聞研究有關的是戰爭部落格（warblogs）的出現，並主張在數位化潮流趨勢下，軍事傳播研究的研究主題可以包括：軍事新聞網站與部落格、數位整合的媒體平台建構與內容研究、軍事網路的網路病毒與駭客攻擊的研究、網際網路與宣傳戰、網際網路與心理戰、網際網路與軍事危機處理等。

從以上所分析的傳播科技及相關研究的發展與趨勢，不僅提醒傳播者重新認知傳播場域已與以往有別，而且亦在說明網際網路等媒介的運用及各種知識，對於有關宣傳與戰爭、公關化戰爭

第六節　新聞自由與國家安全

自從 1440 年古騰堡（Johann Gutenberg）發明活版印刷以來，新聞自由即成為備受爭議的問題（黃新生，2000：201）。即使至今仍然缺乏共識，這是由於二次大戰及冷戰期間國際社會在意識形態上的對立，因此在聯合國經過長達半世紀的爭辯後還是如此（賴祥蔚，2005：131）。

新聞自由與國家安全何者較為重要，何者應較優先，抑或如何平衡，迄今為止亦是爭議待決的課題[18]，但包括美國在內任何國家都認為新聞自由並不是一種絕對的權利（蘇蘅，1996；林子儀，2000）。馬驥伸（1997：185）也指出，一般對新聞自由的看法在不可不顧及國家安全這一前提上較少爭議，而且聚焦在「如何判定對國家安全有損」上，例如 1919 年美國何姆斯（Oliver W. Holmes）法官提出除非國家遭受「明顯而立即的危險（clear and present danger）」，否則不能加以限制，此是非常重要的判例原則。

---

[18] 在美國，曾於 1971 年發生新聞自由與國家安全的嚴重衝突，當時一份由國防部長麥克納馬拉（Robert McNamara）聘請 36 位專家學者組成專門委員會研究美國如何捲入越戰的「越戰報告書（The Pentagon Papers）」，被摘要刊載在《紐約時報》上，該報認為文件大部分內容都已成歷史，不致危害美軍安全。《紐約時報》經與政府展開為期 15 天的艱苦訴訟，最終獲得美國最高法院有利的終審判決，也使新聞自由與國家安全孰重的議題獲得全新詮釋。大致來說，美國行政部門、司法部門及新聞界對於國家安全還是有相當大共識，諸如國家安全計畫、部隊移防與部署、其他會明顯傷害美軍的消息，新聞界都不應報導（張梅雨，2005）。有關該案例另可參尤英夫（2008：15-17）及馬驥伸（1997：179-183）。

尤英夫（2008：17-18）論及，各國無論在平時或戰時，均以法令規定可能危害國家安全的行為，在戰時「取締更屬嚴密，處罰也更嚴厲，禁止的範圍也更多」。以美國為例，一次大戰期間是以偵查間諜法案（Espionage Act）、與敵國貿易法案（Trading with the Enemy Act）及煽動言論法案（Sedition Act）限制言論自由與新聞自由，並由郵政局（post office）與新聞檢查委員會（Sensorship Board）實施郵檢、管制通訊，干涉新聞採訪報導活動（Emery & Edwin, 1984；黃新生，2000：203；Goman & Mclean, 2003）；二戰時在珍珠港事件發生後兩周內，美國國會通過「第一戰爭權力法（The First War Power Act）」，賦予總統權力檢查各項新聞與郵電內容（黃新生，2000：203）。

從宣傳的面向看，無論國家體制為何，國家機關均會以不同的制度或方法，透過媒體系統來維護政權或統治權的運作與人民對政府的支持。Siebert, Peterson & Schramm（1956）曾對全世界媒體歸納出四種運作模式：威權主義、自由主義、共產主義及社會責任論[19]。Corner（2007: 212）分析，像蘇聯、中共與北韓等極權國家經常是公開的操作媒體，而民主國家政府則以比較不明顯或是遮遮掩掩的方式，來確保媒體產出於己有利的內容。

冷戰結束以前，蘇聯及其共黨國家信仰馬列主義的媒介理

---

[19] 在四運作模式之後，又有了一些的修正理論（參閱 Merrill & Lowenstein, 1971；McQuail, 1983；Altschull, 1995；Hachten, 1999；彭家發，1994；彭懷恩，1997），例如 Merrill & Lowenstein（1971: 175）認為媒體可能常受控於政治系統（如威權主義），也可能是處於自由的、開放的、無限制的政治系統中（如自由主義）。媒體與政府的關係，比較像是一種光譜的漸層系統，而非二分法的絕對兩極化。無論記者、媒體工作者或媒體組織，在每一個政治體系裡，都會遭遇或體驗不同等級的自主性或限制。

論，根據馬克思的說法，「報紙是階級鬥爭的工具」，共產國家的媒體負有宣傳、煽動和組織的任務（Martin & Chaudhary, 1983；黃新生，2000：207）。中國大陸一直承襲馬克思主義的「工具論」，經過毛澤東、鄧小平的詮釋，成為「喉舌論」（徐蕙萍、張梅雨、方鵬程，2007）。

西方民主國家的新聞自由具有兩大特色（黃新生，2000）：（一）政府不得以新聞檢查或類似的出版前的限制，來干涉新聞媒介的採訪報導活動；（二）法院對於新聞自由的限制有最後的裁決權。根據自由報業理論，政府不應控制報業，也不應干涉新聞從業人員採訪報導的活動，新聞媒介是「觀念與意見的自由市場（free marketplace of ideas and opinions）」，擔負大眾監督政府的功能，被稱為「第四階級（the fourth estate）」、「第四種力量（the fourth power）」或「政府的第四部門（the four branch of government）」（黃新生，2000：202）。

美國史丹佛大學教授 Rivers（1970, 1982）主張媒體是政府的天生敵對者，而且媒體有自己的力量基礎，足以與政府相對立；Gieber & Johnson（1961）將消息來源與媒體的互動模式，區分為對立、共生、同化三種類型。吳恕（1992）認為政府與新聞界存在四種關係：盟友、友好、對立、敵人；祝基瀅（1986）認為媒介是公共政策決策過程的積極參與者，主要有四種參與方式：作為社會大眾的代表、作為政策的批判者、作為政策的主張者、作為政策的設計者。F. S. Siebert（轉引自朱立，1981）分析政府與大眾傳播的關係有四：限制、管理、協助及參與。

在新聞自由及新聞自由與國家安全之間關係等概念不確定狀態下，各國政府在戰爭時期幾乎都要求媒體基於軍隊作戰安全（operational security）和保護軍方敏感訊息，為戰爭效力。尤

其在高舉國家利益（national interest）旗幟下，宣揚愛國主義通常是管理媒體與媒體運用的一種方法，甚至對戰爭持批判態度會被視為對國家「不忠」的行為（Carruthers, 2000: 9）。因而，政府與軍方除以法令限制媒體外，另以細膩手法操作媒體關係，使之成為戰爭宣傳的助力，也是本書觀察新聞自由與國家安全相關課題的重點所在。

在本書中，越戰被視為政府（及軍隊）與媒體關係的一個關鍵轉折點（參見第三、四章），學者的研究顯示，越戰及其後主要戰爭出現以下戰爭新聞報導模式的轉變：越戰時期，軍方給予戰地記者相當充分的自由，媒體由初期的愛國到最後變成批判戰爭；1982 年福克蘭戰役，記者為軍方所控制；1991 年波斯灣戰爭，軍方以聯合採訪制控制記者；2003 年波斯灣戰爭，由於隨軍採訪制的實施，記者成為軍方資訊體系的一部分（Oates, 2008: 130）。

第七節　中文文獻檢視與結論

臺灣或中文世界的文獻與研究中，與行政研究相關者為數眾多，主要重點有：戰爭宣傳的歷史演進（例如許如亨，2000；康力平，2005；方鵬程，2005；程曼麗，2006；方鵬程，2007a；習賢德，2009）、軍事新聞報導（例如張志雄，1997；鄒中慧，1997；鄒中慧，1998；徐蕙萍，2005b）、軍隊公共關係或公共事務（如唐棣，1994；唐棣，1996；習賢德，1996；李炳友，1999；邱啟展，2000；胡光夏，2000；胡光夏，2001；洪陸訓、莫大華、李金昌、邱啟展，2001；楊富義，2001；方鵬程，

2004；胡光夏，2005a；方鵬程，2006b；方鵬程，2007b；樓榕嬌、張定瑜，2009；李智偉、樓榕嬌，2009；蔡政廷、吳冠輝，2009；林宏安，2009；金苗，2009；李智偉，2011），以及軍隊危機管理與危機傳播（如朱延智，1999；歐振文，2002；林立才，2004；喬福駿，2004；樓榕嬌等，2004；徐蕙萍，2005a；傅文成，2006；方鵬程、延英陸、傅文成，2006；徐蕙萍，2007）等。

若以 1991 年波斯灣戰爭為例，臺灣的研究重點有：新聞管制（陳錫卿，1999）、政府與新聞媒體關係（呂志翔，1993）、民意與戰爭（如王榮霖，1991；張茂柏，1991；胡光夏，2002）、國際新聞產製（李佩味，2002）、心理戰（陳耀宗，1997）等。

自 911 恐怖攻擊事件以致 2003 年波斯灣戰爭，臺灣對宣傳與戰爭研究明顯增加，例如有對 911 恐怖攻擊事件（如張秋康，2003）、HAMAS 的媒體宣傳（如 Cheng, 2009）等。

至於 2003 年波斯灣戰爭的相關研究，有從政治作戰角度著手（如許如亨，2003；謝奕旭，2003；李智雄，2003；蔡政廷，2003；余一鳴，2003；聞振國，2003；沈明室，2003；藍天虹，2003；謝鴻進、賀力行，2005），有從新聞管理與媒體策略運用（周茂林，2003；陶聖屏，2003；胡光夏，2003；林博文，2003；吳建德、鄭坤裕，2003；張梅雨，2003a；張梅雨，2003b；劉振興，2003；胡光夏，2003；胡光夏，2004a；胡光夏，2005；許藝瀞，2005；方鵬程，2006c；程益群，2007），有從事戰爭語言建構（孫吉勝，2009），以及美軍心戰傳單（如王俊傑，2004；王俊傑，2005；王俊傑，2006 年 12 月 27 日）等角度加以分析。

以碩士論文來看，有探討 1991 年波斯灣戰爭（如張耀昇，1992；陳淑娟，1993；許瑞翔，1994；張哲綱，1997；梁國輝，1997；王志堅，2003），也有探討 2003 年戰爭（如黃介正，2004；周俊雄，2004；張育君，2004；宋長熾，2004；王俊傑，2004；楊進雄，2005）。

在結合軍事作戰或戰爭宣傳探論數位匯流、網路傳播上，臺灣已逐漸開展，例如探討戰爭宣傳或網路新聞報導的有胡光夏（2004b、2009），探討軍事傳播及軍事媒體整合與發展的有沈中愷（2009a、2009b、2009c），探討軍隊人才招募的有黎健文（2004）、謝奇任（2009a、2009b）等。

另不容忽視的，中國大陸一向十分重視對宣傳與戰爭的研究，近 20 年來關於心理戰的著作頗豐，如楊旭華、郝玉慶（1986）、蔣傑（1998）、溫金權（1990）、王駿等（1992）、杜波等（2001）、王振興等（2001）、郭炎華（2002）、劉志富（2003）、韓秋鳳等編（2003）、金海龍（2004）；2003 年底中共官方提出三戰（輿論戰、心理戰及法律戰）之後的著述有，胡鳳偉等（2004）、杜波等（2004）、韓秋鳳等（2004）、郝唯學（2004）、魯杰（2004）、楊旭華（2004）、謝作炎編（2004）、周永才等編（2004）、郭炎華編（2005）、郝唯學等（2006）。

1999 年解放軍兩位空軍大校喬良、王湘穗（2004）撰著《超限戰》，論及戰爭的 24 個戰法，內容論及「媒體戰」與其它戰法如何搭配。2003 年波斯灣戰爭期間的媒體戰現象，是中國大陸官方、學界與新聞界的觀測重點，唯當時使用的術語紛雜不一，常見的有「戰時新聞傳播」、「新聞戰」、「媒體戰」、「傳媒戰」、「新聞宣傳」、「心戰宣傳」、「軍事新聞傳播」

等（如展江，1999；沈偉光，2000；王冬梅，2000；王玉東，2003；周偉業，2003；洪和平，2003 年 8 月 26 日；鄭瑜、王傳寶，2003 年 12 月 16 日）。

自 2003 年底中國大陸官方提出三戰之輿論戰後有關輿論戰的著述有胡全良與賈建林（2004）、徐周文（2004）、劉雪梅（2004 年 2 月 10 日）、郝玉慶等（2004 年 5 月 17 日）、孔英（2004 年 6 月 1 日）、王林與王貴濱（2004 年 6 月 8 日）、朱金平（2005）、盛沛林等編（2005）、張曉天、吳寒月（2006）、劉燕與陳歡（2007）、劉建明、紀忠慧與王莉麗（2009）等。

以上著述對世界各個重要戰爭中的公關戰、宣傳戰或心理戰加以研析，從中理出利弊得失的知識與經驗，提供作為政府或軍隊進行相關工作事務或戰爭宣傳的參考，其中有許多站在「我們」或「非西方」的立場來理解「他人的戰爭（other people's wars）」，自有其值得珍惜的價值，其中有些內容將為本書各章參酌引用。

此外，陳正杰、郭傳信（2003）的《媒體與戰爭》是記者採訪 2003 年波斯灣戰爭的實錄，施順冰（2005）的《媒體解碼》是對 2003 年波斯灣戰爭媒體新聞產製探索的著作，張巨岩（2004）的《權力的聲音》論述美國媒體與權力之間的關係，學者胡光夏（2007）的《媒體與戰爭》是臺灣近年來的重要著作。以上研究的涉獵範疇，與本研究著重於行政研究顯然不同，其中胡光夏的研究兼具行政研究與批判研究色彩，其所依據的理論有媒體與戰爭的研究取向、媒介框架論、國際新聞的產製與流通外，還有批判性傳播政治經濟學、後現代主義等。

在傳播理論的傳承上，Griffin 曾對 Craig 的描繪加以整理區

分為七大傳統（陳柏安、林宜蓁、陳蓉萱譯，2006）：社會-心理學傳統（傳播為人際影響）、模控學傳統（傳播為資訊傳處理）、修辭傳統（傳播為有技巧的公共演說）、符號學傳統（傳播為透過符號分享意義的過程）、社會-文化傳統（傳播為製造與建構社會真實）、批判傳統（傳播為不公不義論述的反思性挑戰）、現象學傳統（傳播為自我與他人透過對話的經驗）。

Miège（陳蘊敏譯，2008）則以三個時期的劃分，來說明現代傳播思想的發展過程：奠基期（1940至1960年代）、研究問題的拓展期（1970與1980年代），以及當代的爭議期。

Miège檢視奠基期理論主要包括：控制論模式、大眾傳播媒介的功能主義取向、結構主義方法在語言學的應用。控制論代表學者是Weaver & Shannon的傳播數學理論等；大眾傳播媒介的功能主義取向代表人物是Lasswell、Lazarsfeld、Hovland等，主要理論包括宣傳與說服、兩級傳播、民意、議題設定、沉默螺旋、涵化理論等；後者的知名學者有史特勞斯（Claude Lèvi-Strauss）、福柯（Michel Foucault）及羅蘭巴特（Roland Barthes）。

研究問題的拓展期主要的理論思潮包括：批判性傳播政治經濟學、語用學（Pragmatique）、傳播的民族誌、技術（科技）與中介社會學、訊息的接受與媒介使用的形成、傳播哲學、文化研究、女性主義、後現代主義、後殖民主義等。

至於當前的爭議期，主要是有關美國在柯林頓政府時期推動網際網路的出現，以及它作為一種新興媒介，人們分享資訊，彼此連結所引發資訊革命等的相關傳播議題。

很明顯的，無論如上述Craig（或Griffin）或Miège的分類，本研究因立基於行政研究的路徑，所依據的理論基礎是有所

偏倚的。但如第一章所言，本研究主要在於梳理宣傳與戰爭的相關理論、知識的發展，以及曾經走過的策略作為與經驗，必須比較借重實用的理論與知識這個層面上。

第貳篇　歷史回溯篇

第三章　宣傳戰的歷史演進

第四章　公關化戰爭的發展歷程

第三章　宣傳戰的歷史演進

第一節　前言

　　Lasswell（1927）曾指出，現代戰爭要對抗敵人的戰場主要有三個：軍事戰場、經濟戰場及宣傳戰場。Lasswell（1927: 14）還認為「在戰爭期間，僅僅進行人力動員是不夠的，還要有輿論上的動員，而且支配動員的權力高於輿論，如同高於生命和財富，最終必須掌握在政府的手裡。」

　　英國現實主義政治家卡爾（E. H. Carr）亦將一個國家的國際實力劃分成三種：軍事力量、經濟力量及影響輿論的力量（轉引自于朝暉，2008：25）；國際政治學者 Morgenthau 更認為政府是民意的領導者，而非民意的奴隸，政府領導人必須認清民意瞬息萬變，有待不斷的領導與創造（Morgenthau, 1967: 142），而且這不僅是軍事優勢與政治控制的鬥爭，亦是「爭取人民心靈的鬥爭（a struggle for the minds of men）」（Ibid.: 143）。

　　加拿大學者 Innis（1972: 9）在《帝國與傳播（*Empire and Communication*）》也這麼說：「帝國的疆土範圍可以看作是一個衡量傳播效果的指標」，其實這樣的說法亦適用於帝國主義時期之後的各個戰爭或現代戰爭。

　　對絕大多數人而言，戰爭絕對是有害無益，造成大量的軍民傷亡與家庭離散。以第一次世界大戰為例，共有 1,000 萬人死亡，2,000 萬人傷殘，900 萬兒童淪為孤兒，500 萬婦女失去丈夫，這也只是粗估而已；二次大戰更無法估算，保守估計有

5,500 萬人傷亡，約 2,000 萬蘇聯人死於戰火，600 萬猶太人在集中營遭到屠殺，中國對日八年作戰則損失 1,500 萬人（Dower, 1986: 295；Carruthers, 2000: 1）；冷戰期間的戰爭死亡人數也約有二次大戰的十分之一弱（Dunnigan, 1996: 24）。

在第一章已指出，宣傳被賦予負面的意義，戰後更興起人文主義學者對宣傳的質疑與反省，人們顯現對宣傳矛盾的、複雜的想法與態度。然而，也有學者指出，戰場上實施的廣播心理戰，具有拯救敵人與我方戰士的目的與功能（Lord, 1989: 23）。在簽定第一次世界大戰停戰協定前 11 天的 1918 年 10 月 31 日，《泰晤士報》曾刊載了一個總結：「一個好的宣傳戰略可能會節省一年的戰爭。這意味著會節省上千萬英鎊，無疑還有上百萬人的生命。」法國巴黎第八大學資訊傳播學教授 Mattelart 對此曾給予這樣的評論（陳衛星譯，2005：56-57）：

> 不必把這看作是在第一次世界性軍事衝突中設立的官方說服機制的多餘的宣言。這個結論在所有協約國被民眾和軍人所分享，甚至被他們的敵人所承認，雪片般散佈在他們陣地後方的傳單使得前線戰壕的士兵開小差。

正因為人民或媒體對宣傳既矛盾的又複雜的想法與態度，這已經構成必須對宣傳與宣傳戰的歷史加以重視的理由。有關的宣傳戰定義已於第一章界定，並將宣傳戰的歷史階段劃分為帝國主義時期、革命戰爭與殖民戰爭時期、總體戰爭時期及冷戰時期。在此須先做說明的，冷戰時期所發生的戰爭，有非軍事的宣傳戰，也有武力衝突的韓戰與越戰等，而越戰又是孕育公關化戰爭的關鍵轉折點，因而在本章的歷史探討，擬以越戰的宣傳戰做結

束，再銜接下章以越戰為探討公關化戰爭的起頭。

基於宣傳戰運用的主體大都是國家或政府與軍隊，本章要探討宣傳戰的演進軌跡，主要的研究問題有兩個：第一，在不同階段，有哪些新傳播科技與傳播工具被運用於國際政治與軍事衝突的宣傳或宣傳戰中？第二，哪些國家是運用這些新傳播科技的主體，以及其宣傳機制如何運作及主要作為有哪些？

本章計分七節，第一節前言；第二節相關文獻檢視；第三節帝國主義時期的宣傳戰；第四節革命戰爭與殖民戰爭時期的宣傳戰；第五節總體戰爭時期的宣傳戰，第六節冷戰時期的宣傳戰，第七節結論。

第二節　相關文獻檢視

如前言所指，宣傳戰運用的主體大都是國家或政府與軍隊，但有時不見得容易辨識。Doob（1966）區分宣傳為有意圖的宣傳與無意圖的宣傳、隱蔽的宣傳與顯明的宣傳[1]，Jowett & O'Donnell（1999: 283）亦指出有時宣傳的組織身份是對外公開的，有時則非如此，是以隱藏的方式來達成宣傳目標，例如，仍有許多二次大戰的秘密組織至今尚未被揭露。

雖是如此，宣傳戰卻有其不變的本質或特徵可供追溯，以下針對一些重要的概念加以探討，以作為本章並延續到下章探討的

---

[1] 例如企業主或廣告商推銷自己的產品，是有意圖的宣傳；產品愛用者的口碑，是無意圖的宣傳。又如美國總統在電視發表談話，在記者會上運用言詞技巧，做有利於政府的政策聲明，卻不透露宣傳的企圖，此為隱蔽的宣傳；而候選人在政見發表會爭取選民支持，呼籲投給他神聖選票，則為顯明的宣傳。

架構。

一、宣傳戰與民意

　　Cimbala（2002）強調，證諸古往今來的任何歷史，所有的武裝部隊與所有的政府，都要廣得民心，都得仰賴人民的支持。美國軍事評論家 Dunnigan（1996）還認為，民意一直是美國政府考量能否將子弟派到海外冒險的決定性因素。他指出自從媒體誘發美西戰爭（the Spanish-American War）以來，媒體引導民意支持戰爭的爭論未曾中斷，而且「媒體都傾向對派有自己子弟（our boys）參戰的戰爭做點滴不漏的報導。」（Dunnigan, 1996: 245）

　　在成熟的民主國家，對於民意與輿論的觀察與掌握，早已是政府與軍隊人員日日必修的課題。民眾的意見有時是潛隱的（latent），但當明確顯現出來（manifested）的時候，可以使公司倒閉、政府垮臺、戰爭結束（Haywood, 1994）。1920 年曾有一篇有關一次大戰的報導分析：

> 宣傳是創造與引導民意的工作，在其他的戰爭中尚未被政府使用……，但是在這次戰爭中，不只軍隊，還有國家，甚至全世界所有人，都無法遠離宣傳的影響。由於戰爭的力量就是所有參戰國的總和，所以民意就像艦隊和軍隊一樣的重要（轉引自 Smith, 1989: 102）。

　　另民意測驗自 1935 年後逐漸開展，立即被運用於與戰爭有關的民意了解上，羅斯福是第一位定期運用民意調查資料的總統

[2]。王石番（1995：57）指出，聯軍最高總部心理作戰中心（Psychological Warfare Division of the Supreme Headquarters of the Allied Expeditionary Forces, SHAEF）在挪威、法國、西西里和德軍戰俘、德國人做意見調查；那時研究民意、公共關係和宣傳分析的學者紛紛動員，投入政府與宣傳單位，研究重心在於報紙、廣播、電影、書籍等通路的內容分析，而且各國政府運用宣傳進行心戰，編列鉅額預算支付費用，可謂史無前例。

二、宣傳戰的要素

以下分就宣傳戰的要素，包括宣傳者與宣傳機構、宣傳戰的主客體、宣傳戰的類型、策略與工具等加以探討。

（一）宣傳者與宣傳機構

Jowett & O'Donnell（1999: 283-284）指出，宣傳的來源可能是一個機構或組織，而其領導者或代理人即是宣傳者（propagandist），各種宣傳的催生者都有宣傳者領導，以及負責執行的機構或組織；成功的宣傳源自一個領導核心化的組織結

---

[2] 羅斯福運用民意調查資料的重要事項有（王石番，1995：58-60）：（一）以爐邊談話（fireside chats）隨時告知大政方針，又以民意測驗了解人民的心聲；（二）他認為民意調查報告有如將領研擬戰略時情報人員送來的情報，特邀請普林斯頓大學心理系教授肯特利（Hadley Cantril）檢視歐戰的民意趨勢；（三）1940 年審慎研究美國民眾對援助英國的態度，包括中立法案（The Neu-trality Law）是否可變通，以允許美國船隻運送補給品到英國，以及是否可基於租界法案（Lend-lease Bill）借戰爭物質給英國。二次大戰期間，肯特利是戰爭部長和戰爭資訊部門的顧問，曾於 1940 至 1945 年間為羅斯福總統主持有關戰爭的民意調查，另撰著《火星人入侵記（*The Invasion from Mars*）》、《探求民意（*Gauging Public Opinion*）》、《美國人的政治信念（*The Political Beliefs of Americans*）》等書，都是民意研究與宣傳的重要研究。

構，可以辨識的領導者未必是真正的領導者，但前者卻是忠實擁護後者的意識形態，其他的因素還包括特定目標（specific goals）與方法（means）的連結、散佈訊息時的媒體選擇等。

李普曼（Lippmann, 1922）出版《民意（*Public Opinion*）》時早已指出專為符合雇主利益而職司篩選過濾訊息的新聞代理人（press agent）此一角色；Jowett & O'Donnell（1999: 374）分析，「宣傳代理人（propaganda agents）」可能是具有權力或魅力特質的人，而有的是行事低調的官僚訊息傳播者，以持續方式施放訊息，加諸目標閱聽眾，他們亦可能是一連串下達指令的階層組織，以確保訊息的連貫性與同質性。

宣傳戰的組織或機構可能有不同的組成方式，Lasswell（1927）分析一次大戰主要有三種形式：其一是掌握在一個主管手中，例如美國；其二是設置宣傳委員會，例如英國；第三是各個政府部門共同組成召開記者招待會，德國為第三種。

Mowlana（1997）區分國際傳播的宣傳者角色有三：政府部門、國際組織與私人組織。政府同時扮演兩種角色，既是管制者，也為國家利益從事國際傳播；國際組織扮演著與政府相類似的角色，但在程度上有些不同；私人組織是指宗教、非官方的政治、商業、教育等。

Bennett（2003: 174）指出，由於爭取並保持記者與閱聽眾的注意力愈來愈難，宣傳者除了廣泛運用民意調查等更為精密技術，來了解公眾的心態外，同時還須經由幕後運作的傳播專業人才管理資訊。

（二）宣傳戰的主客體

關於宣傳戰的主客體關係，最具代表性的說法仍是第一章提

及 Lasswell（1927）所揭櫫的四項：

1. 動員群眾仇恨敵人；
2. 維繫與盟友的友好關係；
3. 保持與中立國家的友好關係，並盡可能獲得合作關係；
4. 打擊敵方的民心與士氣。

其後類似的觀點有李凱（R. Leckie）在《論戰爭（*Warfare*）》（陳希平譯，1973）中指出：統一自己人民的意志、顛覆敵人與爭取中立者的支援。Fuller（1961）強調：在我方國內戰線上激勵群眾的心靈、在中立國家中爭取其群眾心靈的擁護，以及在敵方國內戰線上破壞其群眾心靈。依據劉繼南、周積華、段鵬（2002：103-104）的說法是：對民傳播，旨在贏得國內民眾支持；對兵傳播，旨在激發參戰人員鬥志；對敵傳播，旨在孤立瓦解動搖敵方軍心；對外傳播，旨在爭取盟國支援。

一般將軍事衝突中的宣傳戰概分為戰略性宣傳、戰術性宣傳及技術面宣傳三種類型。Choukas（1965）指出，戰略性宣傳訴諸的是戰爭的最後目標，可能是戰勝敵人或摧毀敵人的政治體系，有時也從國際關係著眼未來國際間聯盟的可能性；戰術性宣傳主要的作用是給敵人相信宣傳內容不一定都是歪曲的，又可分為「準備性宣傳」與「工作性宣傳」，前者主要在建立一種意識形態，例如納粹德國在學校裡就灌輸學生對於希特勒的效忠及日耳曼民族的優越感，工作性宣傳以俄國人的術語說，就是「煽惑者（agitator）」；技術面宣傳主要是隨著傳播科技而不斷推陳出新，另方面亦與傳統媒體結合運用，其目的在以各式媒體對各種不同的目標閱聽眾做到普遍或滲入的宣傳。

（三）宣傳戰的類型、策略與工具

1. 宣傳戰的類型

國際政治宣傳通常區分為三種類型：黑色宣傳（black propaganda）、白色宣傳（white propaganda）與灰色宣傳（gray propaganda）（Codevilla, 1989；Fortner, 1993；Jowett & O'Donnell, 1999；胡光夏，2005b，方鵬程，2007c）。

黑色宣傳的消息來源是偽造的，而且訊息是大量的謊言、捏造與詐欺，以誇大不實的方式「道盡對手的壞處」。例如設在他國境內的地下秘密電台（clandestine radio），通常是由異議份子所主持，其所播送的內容則被稱為黑色政治宣傳。二次大戰時，同盟國與軸心國雙方都積極發展地下電台，分別設在英國與德國領域內，或在佔領區內，撤換所佔領的電台節目，加強發射訊號（Fortner, 1993）。

白色宣傳是指宣傳的消息來源可以明白辨識，而且訊息幾近正確，企圖在閱聽眾心目中建立可信度。白色宣傳出現在戰時或對抗性時期，譬如戰時、冷戰時期的莫斯科電台（*Radio Moscow*）與美國之音（*VOA*）及英國廣播公司（*BBC*），都是顯例。

Ellul（1965: 16）指出，白色宣傳通常會公開宣傳訊息的來源、手段與目標，卻交互運用來掩蓋黑色宣傳，稀釋閱聽眾的反感與抵抗，轉移社會大眾的視線，另方面亦可以此為憑藉，將輿論引導到相反的方向，甚至利用公開宣傳的逆反心理而實施一場宣傳。

灰色宣傳介於白色與黑色宣傳之間，消息來源不一定能正確辨識，而訊息也是不確定。Soley & Nichols（1987: 11）指出，灰色政治宣傳的目的很清楚，但傳送的位置卻極為隱密，或是傳

播的來源與目的非常清楚，而由異議組織所主持。

Codevilla（1989: 79-85）認為，政治作戰是一種包括公開與秘密行動的廣泛概念，都會對以上三種宣傳的類型加以使用，但無論公開的或秘密的進行，都必須提供確實具體的理由，說明為何要站在「我們這邊（our side）」，以加強我方的機會。

假資訊（disinformation）亦是宣傳戰的一種重要類型，這是宣傳者運用秘密、滲透的或控制外國媒體的手段，向目標的個人、團體或國家散佈、傳遞誤導的、不完整或錯誤的資訊（Shultz & Godson, 1984: 2, 41-42）。這個字源自俄文dezinformatsia，是一個由蘇維埃國家安全局（KGB）中獨立出來專門從事黑色宣傳的部門（Jowett & O'Donnell, 1999: 18）。據稱在莫斯科曾有大約 15,000 多人在從事這項工作（Hachten, 1992: 115）。

假資訊、骯髒技倆（dirty tricks）和共謀的新聞記者（co-opting journalists）等字眼，常被用來描繪與黑色宣傳相同的宣傳手法。其實，不只蘇聯的 KGB，美國中央情報局（CIA）一樣，均曾「深入」外國的各種媒體，從事非法行為。包括控制外國的報紙、偽造文書、黑函、利用謠言與暗示、改變事實、說謊，以及收買一國的學術、財經界人士，以及具影響力的媒體從業人員，作為影響政策的內應（Ibid.）。

2. 宣傳戰的策略

在第一章提及 Lee & Lee 在 1939 年合撰的《宣傳的藝術（*The Fine Art of Propaganda*）》是名震一時的反宣傳教材，這亦是洞悉宣傳策略的教材。該書舉出的七種宣傳手法是：命名法（name calling）、裝飾法（glittering generality）、移轉法（transfer）、見證法（testimonial）、平易法（plain folks）、

堆卡法（card stacking）和樂隊車法（band wagon）。

命名法是對敵對的個人或團體，以賦予名稱、貼標籤[3]、扣帽子的方式，突顯被醜化對象的特徵。裝飾法是以響亮的名稱、好的字眼，對贊同的人事物予以擁護、歌頌。移轉法是引導閱聽大眾透過聯想得到認同（admiration by association），將某種受人尊敬推崇的對象，移轉銜接到所要宣傳的事物上；宣傳者也可將某個嫌惡的對象移轉到所欲醜化的對象上，以刺激產生嫌惡之感。見證法是引用受閱聽眾尊敬或嫌惡的人，來談論某一事件或產品的好或壞。平易法是為了拉近與閱聽眾的關係，特別強調宣傳者與平民百姓是相同的。堆卡法則是透過選擇和舉證連串事實，或不斷引用誤導資訊，以使宣傳對象持續向極好或極壞的情形累積。樂隊車法是宣傳者刻意營造主流氛圍或創造流行趨勢，試圖使個人加入群體（大多數），一起「跳上花車」，以免陷入孤立（Lee & Lee, 1972；Holsti, 1983；張宗棟，1984；Jowett & O'Donnell, 1999；Frederick, 1993；翁秀琪，2002；Severin & Tankard, 2001；方鵬程，2007c；彭懷恩，2007；胡光夏，2007；孫秀蕙，2009）。

3. 傳播科技與宣傳戰的工具

Williams（1974）、Taylor & Willis（1999）等強調，新科技的發展與整個社會變革，尤其與社會主導階層的需求相關連，而且，一些重要的科技創新是為了工業與軍事的需要才發展出來的。Mattelart（陳衛星譯，2001）也有類似的觀點，他認為國際

---

[3] 「貼標籤」不一定全用於敵我雙方的敵對立場，有時媒體也用以揶揄政治人物（Strentz, 1989）。如在不同的時間裡，尼克森總統曾被叫作「奸詐老迪（Tricky Dick）」、「舊尼克森（the old Nixon）」、「新尼克森（the new Nixon）」。

第三章 宣傳戰的歷史演進

　　傳播不斷相互交錯著戰爭、進步與文化三者的軌跡，傳播首先是為了用來進行戰爭，即使在和平時期的傳播研究，其成果也常用於軍事服務。

　　在現代傳播媒介出現之前，人類的溝通傳播或軍事傳遞行為，早就透過非語文的溝通系統進行，包括聽覺、視覺或觸覺、嗅覺，亦即聲音、圖像、表情、手勢或動作與信號，來傳達符號與意義。Thussu（2000：11）指出一國的經濟、軍事與政治權力的力量融合，有賴成熟的傳播系統來實現，例如，從人類最初的旗幟、聲音、烽火、信使，到後來的電報和今天的衛星傳播。

　　就宣傳戰運用的工具而言，經常橫跨不同媒介的訊息所組成，這些訊息在各種媒介中，各具不同層面的傳達效果。Ellul（1965：9）認為，「宣傳必須是整體的。宣傳者必須要利用所有可用的技術手段：報紙、廣播、電視、電影、海報、會議、以及逐戶的拜訪等。」他強調每一種媒體技術都有它獨特的穿透力，但亦各有其侷限，不能獨自完成，所以要充分與其它媒體相互補充，做到天羅地網的整合效用。除此之外，宣傳者還必須運用所有的工具，包括新聞檢查、法律文本、建議立法、國際會議等等（Ellul, 1965: 9-12）。

　　不過，傳統技術面的對敵心戰傳單，仍是使用最頻繁的宣傳工具。據估算，二次大戰期間各參戰國使用的傳單多達 80 多億張；迄今用於心戰宣傳的文字品，累計幅面可以將地球覆蓋兩層，傳單所占的比例高居 78%（王玉東，2002：242）。

　　大眾傳播是關係到公眾與媒體的傳播活動。宣傳者運用有效的媒介，傳播訊息給目標對象，但因新科技的演進，會影響宣傳的型態。如二次大戰時的短波廣播擔任非常重要的地位，如今雖已漸減，但仍是國際傳播或宣傳的重要媒介之一。自衛星傳播發

展以來,電視影響力則大幅增加,同時 1990 年代開始的全球資訊網,更開啟傳播科技的無限潛能。

三、政府、軍隊與媒體的關係

Frederick(1993)對於戰爭與和平有五種強度的分析,並依據不同強度探討媒體的角色。在強度最低的和平時期,媒體進行著例行性的新聞交流、衛星通訊、跨國性資訊流通、國際性廣播及國際性組織的傳播;在對抗性關係時期,媒體常作為外交談判的輔助管道,政府藉著媒體釋放消息,試探解決國際爭端的可能性;在低度衝突中,媒體會被用來影響公眾的情緒與散播假資訊,或從事間諜活動,或作為動搖敵國意志力的工具,藉以打擊對方士氣,強迫對方做出決定;在中度緊張衝突中,媒體有可能是傳播恐怖主義的政治媒介,以及加速國內民主運動或作為革命的工具;在高度緊張衝突中,敵我雙方已經開戰,軍隊本身即是一種強而有力的傳播媒體,它會結合運用傳播與情報中所有的有用成分。

Shaw & Martin(轉引自臧國仁,1999:368)曾提出「平衡互動論(balance view)」,強調戰爭中軍方與新聞媒體間的關係歷經幾個階段,初期記者因人生地不熟,依賴軍方為唯一資訊來源,兩者關係平衡;但當戰事延長,媒體轉從白宮及其他地方獲取消息,因而記者與軍方所提供資訊常相矛盾,以致雙方關係生變;在第三階段時,由於戰事延長,媒體輕易從更多不同管道(包括示威民眾)獲得報導資料,不平衡現象更為嚴重。

Hiebert(1993)指出,媒體是現代戰爭不可或缺的要件之一,在戰爭中扮演兩個角色:心理戰與謀略戰的工具。Thussu &

Freedman（2003）認為，媒體在軍事衝突或戰爭中的角色與功用有三：具批判性的觀察者、宣傳者，以及作為遂行宣傳戰的場域。Straubhaar & LaRose（2002）劃分美國媒體與政府的關係經歷三個角色的轉變：第一次世界大戰時的寵物狗（lap dog）、越南戰爭時的看門狗（watch dog），以及尼克森總統水門事件中的攻擊狗（attack dog）。

方鵬程（2007a）分析西方傳播媒體在戰爭過程中扮演的角色有八種：戰爭中的缺席者、戰爭的批評者、軍事決策的介入者、革命的工具、被政府用作戰爭宣傳的工具、民意的引導者與塑造者、外交談判與危機處理的輔助管道、軍隊中的一部份。胡光夏（2007）則將媒體在軍事危機與衝突後的角色扮演區分為六種：戰爭的批評者、戰爭的啦啦隊、鼓動他國加入戰爭者、情報蒐集與決策的參考來源、戰爭的工具及戰爭的平台。

第三節　帝國主義時期

蘇美人（Sumerian）最早發明文字，但是他們及巴比倫（Babylon）帝國、亞述（Assur）帝國並未開創屬於自己的宣傳風格，直到埃及的法老王以獅身人面像（Sphinx）與金字塔等壯麗的公共建築宣示王朝的正統性，這可說是經由具體的圖像，展現統治巨大權力的創舉（Taylor, 1995）。

到了西元前 800 年左右，出現了城邦政治的希臘文化，宣傳首次系統性的用於戰爭與人民生活上（Jowett & O'Donnell, 1999）。由於城邦間彼此的相互競爭，大量發展突顯「國家權力」的巨型神殿、雕塑及各種建築物等，造就了人類首次大規模

的圖像（iconography）文明。

在帝國主義時期，媒體在宣傳與戰爭中通常扮演的角色是戰爭的宣傳工具，這段期間的媒體很少質疑政府的政策（Young & Jesser, 1997），或主要是由政府或軍隊所創辦與經營，須聽命於統治者或政府的領導，或作為革命宣傳的媒介，以下是典型的六個例子。

一、薩拉米斯戰爭（西元前 480）

希臘歷史學家 Diodorus Cronus 曾記載波斯國王大流士一世（Darius I）時期（西元前 522-486）的疆土從多瑙河一帶延伸到印度西北部，那時波斯王國在各山頂以士兵大聲呼喊的方式，將訊息在首都與各省之間傳遞，這比信使傳遞速度快 30 倍。這種傳遞方式後來也為凱撒所採用，能在三天內將士兵集中投入戰鬥行列（Thussu, 2000）。

西元前 480 年的薩拉米斯戰爭（the Battle of Salamis）是人類歷史的轉捩點之一，也被認為是西方歷史上的第一個「世界事件」（Ferguson, 1997: 32-33）。這是大流士一世之子 Xerxes 繼位後為洗刷他父親戰敗恥辱再一次發起遠征希臘城邦的戰爭，假資訊在此一戰爭充分運用，是種下 Xerxes 戰敗的重要因素之一（Taylor, 1995: 27-28）。

Taylor（1995: 28）指出，宣傳策略之一的假資訊首度有計畫的被運用，在波斯大軍節節獲勝之際，雅典海軍指揮官 Themistocles 接二連三施行假資訊活動，散佈大量的訊息來誤導。其中之一的訊息是雅典軍隊計畫在薩拉米斯逃竄，致使 Xerxes 誤判，將艦隊一分為二，造成有利於希臘的作戰條件，

雖然波斯軍隊曾經攻佔雅典，但在 Plataea 敗北後退出希臘。

二、亞歷山大東征（西元前 334-323）

　　西元前 334 年，亞歷山大大帝（Alexander Ⅲ）開始東征，直到他在西元前 323 年去世，所帶領的遠征軍每戰皆捷，未嘗敗績。為維持龐大帝國的結合與統治，他在西元前 324 年將自己神格化，取代希臘神話中宙斯（Zeus）之子海利克斯（Heracles）的地位，成為「天帝之子」。他的肖像刻印在錢幣、陶器、裝飾品、建築物等帝國隨處可見的地方（Jowett & O'Donnell, 1999: 50-51）。

　　亞歷山大的輝煌成就，顯示他是致力武器、戰陣與戰術創新，並與軍事心理學結合的先驅者之一，也是首位意識到以象徵方法突顯權力的優秀宣傳家。對這位歷史上的偉大人物，踵步其後者如漢尼拔（Hannibal）、凱撒（Gaius Julius Caesar）、拿破崙（Napoleon Bonaparte）等歷代名將，無不表達最高的崇敬，同時也某種程度師承他在戰爭宣傳運用上的高明技巧（Taylor, 1995）。

三、凱撒時代（西元前 50-44）

　　羅馬帝國是希臘文明的承繼者，最具代表性的凱撒（Gaius Julius Caesar）大量運用希臘城邦對於雕塑、建築、詩文、音樂、戲劇的傳播技術與策略，以及錢幣廣泛的發行流通，形成象徵聚合的「共同符號體系（corporate symbolism）」（Taylor, 1995: 41-42；Jowett & O'Donnell, 1999: 52），貫穿於征戰而來的土地及其子民，徹底擴散羅馬的力量及權力。Frederick

（1993）、Taylor（1995）與 Jowett & O'Donnell（1999）均指出，凱撒運用一種最原始的方法，也就是利用錢幣，來豎立至高無上的帝王形象。

羅馬在宣傳上的高度發展與成就，特別顯現在讓那些被征服的民族與人群都能充分意識到：在羅馬帝國的統治下，不僅可以得到人身安全的保護，而且享有羅馬帝國世界觀、藝術與建築等的榮耀（Frederick, 1993）。

凱撒無疑在符號意義的解讀上高人一等，兼具了解群眾心理需求的天賦能力。迄今仍可聽到他挑選的這一句名言「我來，我看，我征服（I came, I saw, I conquered）」貫穿時空，當時以拉丁文「Veni, vidi, vici」發音，正是軍隊與群眾歡呼時最具韻律的口號（Jowett & O'Donnell, 1999: 53）。

隨著帝國的勢力擴張，精心編織的「奇觀場景（spectacle）」被他反覆運用。當他戰勝凱旋時，大規模慶祝的行列隊伍隨處可見，有時在一地就出現四組，誇耀不同的戰利與成果。他完全了然於胸，要將征服過的所屬臣民納入羅馬人的生活方式，必須使用精密的權力象徵（Ibid.: 52-53）。

西元前 50 年，凱撒下令創辦《每日紀聞（Acta Diurna）》，這是抄寫在公共場所張貼、在塗有石膏的木板上刻寫新聞訊息的「板報」。其公告的內容中，官方通告與戰爭新聞佔有重要地位，此舉使得戰爭新聞傳播具有一定的公開性與持續性（劉昶，1990；游梓翔、吳韻儀譯，1994；Lewis, 1996），而且傳播範圍幾乎遍及整個羅馬帝國統治的轄區（Lewis, 1996: 156）。《每日紀聞》無法確定是否每日發佈，但前後存續 400 多年，羅馬人還仿效波斯人，建立信差服務的公共郵路，使經過謄寫的《每日紀聞》有效發行至帝國各行省（展江，1999：6、21）。

在現代傳播媒介發明之前，人類文學作品中總不乏戰地的敘事與創作，而在這些擅長描述戰事的作家裡，譬如希臘歷史學Xenophon、羅馬執政者凱撒[4]、詩人荷馬（Homer）等，都是其中的佼佼者，他們常被推舉為當代戰地記者的先驅（Goman & Mclean, 2003: 15）。就此而言，凱撒既是一個龐大帝國的統治者，亦是史事的撰述者及贏得戰爭全面勝利的宣傳者。

四、十字軍東征（1095-1291）

發生於中世紀的十字軍（Crusades）東征是由歐洲封建領主對地中海東岸國家發動持續將近 200 年的宗教性戰爭，其始係因拜占庭（Byzantine）帝國皇帝 Alexius Comnenus 不堪土耳其人 Seljuk Turks 一族的侵擾，向天主教教宗請求軍事援助。在教宗號召下封建領主組成的十字軍在第一次東征時即告勝利，於 1099 年 7 月攻入耶路撒冷。

拉開此一系列戰爭序幕的主要推手是當時教宗烏爾班二世（Urban II），他在 1095 年召開的哥勒門會議（Council of Clermont）上確定日後十字軍遵循的兩項目標：拯救地中海東部的基督徒與解放耶路撒冷（Madden, 2002），然而在演說內容的訴求裡，卻是建立在「敵人是殘暴」的故事基礎上。在一場大型公眾演說中，他列舉回教徒破壞教堂、踐躪婦女及對俘虜施以酷刑等，將回教異教徒（infidels）極盡醜化，以下是其演說控訴內容的一部分：

---

[4] 凱撒曾撰寫《高盧戰記（*Commentaries on the Gallics Wars*）》，描述西元前 58 年至 49 年間遠征高盧，獲勝返回義大利的經過。

受俘的人從肚擠處被開腸破肚，身體內的器官被撕裂，而且被綁在火柱上，被殺害前還受盡鞭笞，以致內臟迸出體外；有些則被綁在柱子作為箭靶，或露出脖子供作利劍一擊的試驗品。倘若我保持沉默，不說出這些對婦女的暴行，那我的罪行遠比敵人更沉重（轉引自 Taylor, 1995: 73-74）。

烏爾班二世也運用對比的方法，形容教徒立足的腳下之地人口擁擠，物產不豐，鼓勵勇敢邁出步伐，因為東方是「流著牛奶與蜂蜜的地方」。聽講的群眾像是預先安排好似的，高喊「奉上帝旨意（Deus Volt！Deus Volt！）」作為呼應，此句口語順理成章的成為對抗異教徒的征戰口號，貫穿這一場場的漫漫征途（Jowett & O'Donnell, 1999: 63-64）。

五、都鐸王朝（1458-1558）

都鐸王朝係由亨利都鐸（H. Tudor）所建立，他於 1485 年 8 月 22 日在長達 35 年的薔薇戰爭（War of the Roses, 1452-1487）的 Bosworth 關鍵戰役，徹底挫敗英格蘭國王理察三世（Richard III）。然而，他登上王位，並未獲得王室認可和民眾擁護，都鐸於是著手促使自己王位合法化的行動。

都鐸王朝是戰爭後形象塑建的成功案例，歷經兩個世代而完成。Bruce（1992: 11）指出，都鐸王朝的宣傳手法影響後世深遠，在於把握住「一個單純的問題、一種清晰的策略、一些熟悉新技術的專家，以及無情地摧毀反對勢力」，其背後則是裁縫師、石匠、畫家、詩人、歷史及法律學者等眾人智慧的結晶。

首先他迎娶約克（York）家族的伊莉莎白為妻（理察三世的姪女），促使蘭卡斯特（Lancaster）和約克這兩個原本似同水火的黨派合併。接著，他將這兩個家族紅薔薇和白薔薇的標幟物加以結合，繪製成印在人們腦裡的都鐸薔薇（Taylor, 1995: 102），標示在任何可供辨識的建築物、衣飾和文件上。

　　都鐸王朝最成功的一項壯舉，乃是亨利都鐸的兒子，亦即亨利八世（Henry VIII）自封為英國國教的領袖，在克倫威爾（T. Cromwell）和荷爾貝（H. Holbein）的輔佐下[5]，亨利八世宣示他的權力不是來自教宗，而是上帝的授與。Taylor（1995: 104）指出，亨利八世賦予克倫威爾的神聖使命是：「改變千餘年來的英國思維（to change a thousand years of English thinking）」。

六、彼得一世發動瑞典戰爭（1700-1721）

　　當德國出版世界第一張日報《萊比錫新聞[6]（*Leipziger Zeitung*）》之後，這種紙質媒體的技能運用於軍事的宣傳上，首先在俄國出現。俄國最早的印刷報紙是以報導軍事為主的《新聞報（*Viedomosti*）》。該報全稱是《莫斯科國家及周圍其他國家可資學習和存閱之軍事及其他事務新聞報導》，是根據彼得一

---

[5] 克倫威爾精於靈巧運用新穎科技來從事大眾宣傳，他建議訂立一系列的法律提昇王權，並削弱教會權威。荷爾貝繪製亨利八世氣勢凌人的肖像傲視群倫，包括與他不和的羅馬主教。這幅畫像隨後運用新的木質刻印技術散發給廣大的民眾，也拓印在當時的貨幣和聖經上。克倫威爾建議亨利八世發行英語版的聖經，封面上畫著亨利八世正在分發糧食給感恩的臣民，上帝則在一旁觀看（Bruce, 1992；Taylor, 1995）。

[6] 德國是現代報紙的起源地，曾引領早期報紙的發展，但也因戰爭帶來的荒廢和聯邦國家體制上的政治分割，使其後的報紙發展遠落於法國與美國之後（諸葛蔚東譯，2004：69）。

世於 1702 年 12 月 6 日發佈的命令出版的。

帝俄在彼得一世統治期間（1689-1725）進行軍事與政治的歐化改革，並自 1700 年起對當時雄踞北歐的瑞典發動長達 22 年的爭戰（史稱「北方戰爭」），該戰最後宣示俄國成為一個嶄新的軍事強國，而《新聞報》大部分刊登的是彼得一世及其親信僚臣的軍事、戰爭及推行歐化等訊息（李明水，1985：64；顧國樸，1988：5；方鵬程，2005：23）。

第四節　革命戰爭與殖民戰爭時期

此時期由於電纜與電報等傳播科技的發明，加快戰地新聞的傳遞速度，對政府與軍方遂行戰爭行為產生衝擊，因而各國政府或軍方在這時期內開始採取新聞審查、限制傳播工具使用等方式，干涉媒體在戰場上的報導。

這個階段發生美國獨立革命、法國大革命與拿破崙的征戰、克里米亞戰爭、美國內戰、普法戰爭、美西戰爭、波爾戰爭等重要戰爭，除美國內戰外，大都與西方強權國家擴展領土、彼此爭奪殖民地有關。就政府與軍隊的角度看，媒體應是國家對外發展的助力，拿破崙是箇中運用好手，但英國政府在克里米亞戰爭中栽了跟斗。

一、美國獨立革命（1775-1776）

1775 年 4 月，美國獨立戰爭的列克星敦與康考特戰役（Battle of Lexington and Concord）是北美移民首次以武力付諸行動，從那時起就運用三日刊、周刊型式的報紙計 37 份報導戰

況（Jowett & O'Donnell, 1999: 78）。4月戰役之後，華盛頓（George Washington）被任命為總司令，次年7月4日，美利堅合眾國宣佈成立。

1775年6月的邦克山（Bunker Hill）戰役，波士頓民兵與英軍首次正面交鋒，現代心理戰的傳單已經廣泛運用。雖然訓練不精且武器匱乏，但美國士兵都配給充足的宣傳單，將傳單纏在子彈上射出，飛進英軍的壕溝內。傳單內容很簡單明瞭：如果轉向美國這一邊，將享有「更好的薪資、食物、健康與待遇（better pay, better food, better health, better treatment）」（Thum & Thum, 2006: 78-80）。

美國開國元勳中有許多都擅長於使用傳單、宣傳小冊、報紙與公關事件，來激勵民心與士氣。包括華盛頓、亞當斯（S. Adams）、富蘭克林（B. Franklin）及傑佛遜（T. Jefferson）等人，不只將他們對於自由民主的信仰，傳播給殖民地的人民，更因為具備善於宣傳的優越能力，共同戮力灌輸堅定的民主信念，發揮了巨大影響力（Ibid.: 74-81）。

在當時250萬殖民地人民中，有四分之一是傾向支持大英帝國的，反戰言論具有一定勢力，而且人民必須繳稅來支持軍費，軍民關係並非融洽，逃兵與暴動亦時有所聞。華盛頓為凝聚士氣，直接向軍隊宣讀獨立宣言，並在軍中創辦美國第一份官方的軍隊報紙《紐澤西公報（New Jersey Gazette）》，他還透過信件和傳單直接向公眾傳播訊息，親自撰寫前線報導，散播為何而戰的理念（金苗，2009：355）。

金苗（2009：355）指出，華盛頓在獨立戰爭期間採取一系列的傳播策略，確立了日後美軍公共事務的三大理論基礎：軍隊需要獲得公眾的支持，軍隊內部訊息傳播是指揮官的責任，以及

訊息真實性是最高原則。

傑佛遜也曾說過對日後美軍公共事務影響極其深遠的一句話：「你們的國人有權去充分的知道對他們關係重大的軍中消息，戰爭花費的是他們流汗賺來的錢，戰場上流的也是他們的血。」（轉引自夏定之譯，1975：5）

Straubhaar & LaRose（1997: 391）認為，在反抗英格蘭及建國的過程中，美國造就了許多的公共關係專家，他們精於以雄辯（口語及文字）及媒體宣傳等方式，爭取人民的認同，這有助於美國成一個史無前例熱忱追求公共關係，以及一個民主政治與自由企業互利共存的國度[7]。

二、法國大革命與拿破崙的征戰（1792-1815）

法國革命時期，革命份子所從事的戰時活動，是最早重視國際宣傳的例子（Martin, 1958），世界上第一個宣傳活動機構，亦是法國大革命期間的產物。由於廣泛民眾被動員參與，印刷媒體被大量運用，此時期的歐洲進入所謂的「宣傳世紀（century of words）」（Speier, 1972: 4）。

1792年，法國國民會議（National Assembly）成立 Bureau d'Esprit，隸屬於內政部之下，該局提供補助給媒體的編輯記者，同時派遣許多官員分赴各地，爭取社會大眾對法國大革命的

---

[7] 迄今仍為美國人引以為豪的，在 1787 至 1788 年之間，漢彌爾頓（A. Hamilton）、參迪遜（J. Madison）等人寫給報社刊載的文字，如今已成為「聯邦文件（Federalist Papers）」，對美國憲法有著不可抹滅的貢獻，獨立宣言（The Declaration of Independence）、美國憲法（The Constitution）及人權法案（The Bill of Rights），都可被視為公共關係的經典名作（Straubhaar & LaRose, 1997；方鵬程，2007c）。

支持，這應是現代國家正式設置宣傳機構之始（李茂政，1985；Straubhaar & LaRose,1997；方鵬程，2007c）。

　　Briggs & Burke（李明穎、施盈廷、楊秀娟譯，2006：116）指出，法國大革命是一個非常重視口語傳播與視覺傳播的例子，包括國民會議及巴黎等各大城市新興政治社團，相互激盪創造出一些如自由、博愛、國家、民族與公民等的「革命性修辭（revolutionary rhetoric）」，作為辯論的利器。另為反偶像膜拜、破除舊政權思想，天主教堂的宗教影像及豎立在巴黎兩個重要廣場上的路易十四雕像均被破壞或搗毀。

　　在舊法國社會秩序崩解過程中，「白馬上的男人（man on the white horse）」[8]躍上歐洲歷史舞台，拿破崙被認為是有史以來最擅長運用宣傳手段的征服者（Jowett & O'Donnell, 1999: 86）。Taylor（1995: 154）指出，在拿破崙時代，法國成為世界上第一個真正奠基於現代宣傳的國家（modern propaganda-based state）。

　　拿破崙展現諸多卓越的宣傳技巧，在英雄式的大幅油畫及肖像、引領神聖革命力量的拿破崙法典（Napoleonic Code），以及操作民眾意志的公民投票（plebiscite）、制定宣傳標誌的三色旗[9]（tricolor flag）等等（Jowett & O'Donnell, 1999: 86-88）之外，更充分運用媒體的傳播效能，主要手段有二，其一是遠征

---

[8] 拿破崙遠征義大利時，取道積雪未融的聖伯納山口（Grand Saint-Bernard）翻越阿爾卑斯山，為拿破崙繪製騎白馬翻越聖伯納山口英姿的是宮廷畫師大衛（Jacques-Louis David）。該畫背景風雪交加，暗示著拿破崙帶領法國軍隊度過艱苦歲月。事實上，當時拿破崙穿的是厚重的冬衣，騎的是騾子（倪炎元，2009：58）。

[9] 拿破崙於1804年自封為帝，制定藍、紅、白三色旗幟，分別代表自由、平等、博愛的意涵，1946年的法國憲法正式將該旗定為國旗。

軍發行戰報作為宣傳利器，其二是對他轄內報紙採行嚴格的管理與檢查制度，只准刊載符合宣傳的新聞[10]。

在 1797 年征戰義大利時，拿破崙帶著記者出征，並於 7 月 21 日出版《義大利軍事郵傳報》，繼改為《義大利軍隊觀察法國報》；在隔年初征埃及時，除了記者之外，還帶著版印工、美編人員，在開羅發行《埃及郵傳報》。拿破崙對報紙很感興趣，經常親自執筆撰文，每次戰報出版，他都是第一個閱讀的人（丁榮生，2001 年 10 月 30 日；段慧敏譯，2007）。他在每一項行動中，充分運用媒體作為輔助工具，將宣傳工作發揮到極致。

拿破崙曾對被他入侵的國家如義大利等廣泛使用傳單，承諾給予他們人民如同法國一樣的自由（Jowett & O'Donnell, 1999: 86）。Morgenthau（1967: 100-102）指出，隨著拿破崙的征戰，國家戰爭時期開啟了，以前一個國家的對外政策只是王室的政策，一國人口中只有少數人會與國家的對外政策產生關聯。此後一國人民和國家權力及政策之間產生休戚與共的同體感，而在一次大戰時更促使人民和國家權力及政策間達到最大的認同與合一。

三、克里米亞戰爭（1853-1856）

克里米亞戰爭（Crimean War）是一場爭奪殖民地的戰爭，開創不少人類的歷史紀錄，電報首次被軍方大規模運用來做情報

---

[10] 1880 年 1 月拿破崙頒令，計取締了巴黎 60 家報紙，只留下 13 家，1804 年稱帝後，再裁撤 9 家巴黎報紙，只留下《箴言報》、《巴黎日報》、《帝國日報》、《法蘭西公報》，並規定法國各省只能保留一份報紙，且政治新聞都得仿抄《箴言報》（程曼麗，2006：31）。

聯繫，攝影術首次運用於戰爭報導與政府宣傳，但軍隊與媒體互動首度出現緊張的關係，也是政府以法律制定戰爭期間新聞檢查制度的開端。

電報自 1937 年由英國人 William Cooke 與美國人 Samule Morse 分別發明後，被報紙運用作為新聞報導的傳送工具，同時也被軍隊運用作為戰略工具。為了確保在亞洲殖民地的利益，英法兩國由競爭對手變夥伴，與沙俄軍隊對抗，英、法兩國指揮官在英、法、土耳其等國聯軍之間建立電報線路，英國還在黑海鋪設一條海底電纜，以確保倫敦與巴黎的聯繫無礙（Thussu, 2000: 14；陳衛星譯，2001：11）。

近代攝影術亦首次運用於此次戰爭報導中，英國攝影師 Roger Fenton 被批准進入戰場，但其前提是須遵守軍方提出的限制，避免呈現出令士兵家屬感到害怕的恐怖場景照片，結果他拍攝的 360 張底片顯現出來的戰爭「好像是一場野餐」（陳衛星譯，2001：11）。

但在此戰爭中，經電報呈現的報導結果與上述攝影技術截然不同。《泰晤士報》記者羅素（W. H. Russell）發回來的電報文字，詳細報導 Balaklawa 戰役英軍將領誤判情勢，導致英國騎兵進攻俄軍大炮陣地時死傷慘重，有 400 至 600 名喪生。不僅羅素勇於揭發，該報總編輯狄蘭（J. T. Delane）也來到戰場了解，並撰寫社論呼應。該報揭露事實展現強大影響力，引發輿論與國會議員強烈的關注與指責，導致艾柏丁（Aberdeen）政府不得不選擇下台（Knightley，1975；Frederick, 1993）。在 1856 年 2 月，英國軍方決定採取限制新聞自由，規定前線新聞報導必須有軍方委派人員隨行（陳衛星譯，2001）。

克里米亞戰爭首度埋下軍隊與媒體互動的緊張關係，也是促

使政府以法律制定戰爭期間新聞檢查制度的開端（同前引），從此每逢戰事，各國政府即會採取各種不同或程度不一的方法，干預或防止媒體的採訪（Innis, 1972）。由克里米亞戰爭的例子，可知軍方對新科技運用於戰場傳播極其敏感，但若運用不當或過於粉飾事實，效果可能適得其反。

四、美國內戰（1861-1865）

美國內戰（American Civil War）是早期獲得媒體廣泛報導的戰爭之一，還創下美國記者與歐洲記者聯合採訪的首例，當時美國鋪設的 24,000 多公里的電纜，共發送約 650 萬封電報（Thussu, 2000: 14）。

由於南北方軍隊嚴格管制記者，林肯總統曾下令實施戰地記者接近戰場管制，而且實施新聞檢查，在無法深入戰場情況下，記者經常造成錯誤報導，政府或軍隊與媒體的關係不佳[11]，也使得電報這項新科技的效果發揮受限。甚至為了維繫家鄉的民心與部隊士氣，還封鎖真實的戰況，例如奔牛戰役（Battle of Bull

---

[11] 美國在獨立革命戰爭爆發之前，殖民地的報紙已大量成長，但早期報業被稱之為「政治報業（political press）」（Dominick, 1999）。大部分報紙或雜誌具有強烈的不同黨派意識（包括殖民地立場、支持英國皇室，或抱持中立態度等）延續到內戰時期。當時南方報紙較具黨派性，北方報紙立場則顯複雜分歧，大抵分為支持林肯與反對林肯兩派（李瞻，1973；Jowett & O'Donnell, 1999），可是有些報紙的立場時常搖擺，例如《論壇報》就是反覆不定的報紙。林肯非常重視報界言論，與報紙主編有書信往來，《論壇報》主編葛利萊是其中之一，但因該報對政府政策嚴苛批評，1864 年林肯曾將葛利萊喻為「一隻破鞋」（李瞻，1973：624）。南北雙方將領幾乎都痛恨戰地記者，Willam T. Sherman 將軍曾指記者為間諜，他有句名言：「如果要帶一群間諜奔赴前線，我將絕不再指揮軍隊」（轉引自 Shepard, 2004: 18）。受夠記者不正確的報導，北軍將領胡克（Joseph Hooker）於 1863 年還下令必須在他們報導的新聞上加註自己的名字，作為可信度的方法（Offley, 1999）。

Run），新聞報導指出北軍大勝，事實上是徹底慘敗，北方民眾在幾周後才得知（Mott, 1962: 329-338）。

北軍實際負責宣傳的是戰爭部（War Department），戰爭五年中經歷 Simon Cameron 及 Edwin M. Stanton 兩任部長，Cameron 的任職時間不滿一年。1862 年 2 月，新聞檢查工作由國務院轉到戰爭部，在 Stanton 的領導下頒令規定戰地記者新聞稿必須先提交審查，未經批准，一律禁發；戰爭部的戰爭條款第 57 條（the 57th Article of War）還規定記者洩漏消息而為敵人所用者將交由軍事法庭審判，最重者可處死刑（Mott, 1962）。為避免軍事行動洩密，Stanton 還以關閉電報局、控制電報線路等手段甚至禁止報紙出現敏感社論，下令查封部分涉嫌洩密的報館（Knightley, 1975: 29）。

當時已出現類似現代美軍公共事務做法的新聞稿（press release）、許可證（press pass）、陪同媒體採訪（escorting media）等。北方軍隊採取隨軍記者[12]的方式，大約有 500 名戰地記者組成一支「伯曼旅（Bohemian Brigade）」，採訪所得消息提供北方報紙使用（Shepard, 2004: 17-18）。

此外，南北雙方為求戰爭訊息有利於己，並達到打擊對方的目的，都曾運用污衊宣傳，經常出現殘暴事件的文字敘述，但那時照片還無法直接刊印在報紙上，搭配的則是虛構的圖畫（Jowett & O'Donnell, 1999: 93）。

美國內戰以新聞審查與接近戰場採訪資格審核，來限制媒體

---

[12] 隨軍記者的方式可溯及 1846 年的美墨戰爭，當時 George Wilkins Kendall 曾加入 Taylor 將軍的部隊遠赴墨西哥戰場進行現場採訪，報導內容刊在紐奧爾良的 *The Picayune* 雜誌（Shepard, 2004: 16-17）。

的採訪活動，對以後戰爭遂行媒體管理有著極其重大影響[13]。

五、普法戰爭（1870）

普魯士在拿破崙之後崛起，將原本各小公國實施的政治言論檢查制度，擴大為對媒體的直接操縱，此一操縱脈絡起自鐵血首相俾斯麥（Bismarck），後來即是二次大戰的希特勒（Innis, 1972）。

俾斯麥認定普魯士必須與法國一戰，方能完成德意志的統一大業，1870年普法戰爭就是俾斯麥一手巧妙安排出來的，導火線則是一封經他篡改的埃姆斯電報（Ems telegram），再將篡改的內容向媒體發佈，藉以激發普法兩國人民戰爭情緒，也迫使法國國王拿破崙三世在國內輿論壓力下對普宣戰，終致法國吃下敗仗，德國完成統一（Frederick, 1993；Young & Jesser, 1997）。

俾斯麥大肆利用報紙煽動人民的反法情緒，力促報業應為建設偉大的德意志帝國而犧牲，運用控制的手段與法規，迫使媒體就範（李瞻，1973），稱他們為卑鄙的新聞界（reptiles press），稱接受賄賂的編輯為「新聞黃牛（press cattle）」，他對新聞界的總評是：「清白的人不會為我寫作（Decent people do not write for me）」（祝基瀅，1990：70）。日本學者佐藤卓己指陳，德國在統一戰爭中，「幾乎所有報紙都成了動員大眾的媒

---

[13] 美國內戰的其他重要影響還有兩項。其一，由於電報傳送常會中斷，編輯送將具有內容特徵的標題，放在全篇報導的前面，俾使讀者從標題知道新聞大概內容，標題運用更進一步促使倒金字塔的新聞寫作方式產生（Dominick, 1999）。其二，戰爭爆發後，因應關心親人安危的讀者要求，使報紙撰寫方式由論述轉成報導，並在實施軍事審查制度之後，記者被要求在報導文稿上署名發表，此一署名報導方式從此確立下來（諸葛蔚東譯，2004：80）。

介」（諸葛蔚東譯，2004：70）。

六、美西戰爭（1898）

1898 年 2 月 15 日，美國海軍緬因號戰艦在哈瓦那港被擊沉，一些領土擴張主義者訴求政府出兵，對抗殖民統治古巴的西班牙。美西戰爭（the Spanish-American War）可說是美國發動的第一次帝國擴張黷武政策，次年美西簽定巴黎條約，美國獲得西班牙殖民地菲律賓、波多黎各和關島，古巴置於美國保護之下（林博文，2002 年 11 月 27 日）。

當時美國總統麥金萊（W. McKinley）猶豫不決（Frederick, 1993），海軍部長 John Long 稱病不理事，倒是美國海軍助理部長羅斯福（Theodore Roosevelt，中文習譯為老羅斯福，後來擔任美國第 26 任總統，與第 32 任總統的小羅斯福有親戚關係）最為積極，認為將西班牙勢力從古巴和菲律賓逐出機會已經來臨。他向加勒比海艦隊和停泊於香港的艦隊發出戰備命令，於 4 月 25 日開戰後摧毀了西班牙遠洋艦隊，而且組織「義勇騎兵（Rough Riders）」志願軍，親赴古巴作戰，隨軍還帶了兩支攝影拍攝小隊到古巴現場拍攝他指揮若定的影片，經過剪裁後在美國各地播放（Smith, 1988: 393）。老羅斯福了解影像對宣傳的重要性，甚且被認為是美國第一位深諳現代公關術的政治家（Ibid.）。

美西戰爭另具有特殊的意義，Goman & Mclean（2003: 16）指出：「戰爭新聞漸漸引起關注，美西戰爭為第一次世界大戰的新聞報導奠下良好基礎。」但有些歷史學家認為，挑起戰爭的煽

動者主要是媒體[14]，若沒有媒體挑唆戰爭，戰爭完全可以避免；Mattelart 指出，這是媒體製造假事件的開始，「第一次大規模的輿論攻勢來刺激政府對外國進行軍事干預」（陳衛星譯，2001：21）。

美國從建國次年起，就確立陸軍當局向國會報告的制度。到了美西戰爭時，更運用軍聞發佈，經由媒體的新聞報導讓美國國民了解陸軍工作；在記者建議下，美國陸軍部每日在陸軍部門前張貼戰訊公報，便於記者做軍事新聞採訪，此可視為美軍從事公共事務的開端（梁在平、崔寶瑛譯，1967：428）。

七、波爾戰爭（1899-1902）

像一、二次大戰的總體戰期間媒體被動員與執行嚴格新聞檢查的模式，其實已在 19、20 世紀交替之際的波爾（Boer）戰爭中預演了一次[15]，而且首次出現政府為達宣傳目的，不惜製造新聞影片的假事件。

波爾戰爭是一場英國與荷蘭在南非爭奪黃金、鑽石的殖民地

---

[14] 鼓動者之一的美國報業媒體，尤其紐約新聞界認為美西戰爭具有一定的經濟效益，報紙輿論的焦點集中在：戰場離美國不致太遠，作戰時間相對會縮短，而且美國有能力打贏戰爭，預計傷亡人數不會高，不會陷於戰爭泥沼中。當時的媒體經營者如普立茲（J. Pulitzer）、赫斯特（W. R. Hearst），都企圖透過報紙鼓吹愛國主義及擁戰情緒，影響公眾輿論（Schudson, 1978；Frederick, 1993；游梓翔、吳韻儀譯，1994：255）。煽情的新聞資訊經常以西班牙人如何對古巴叛亂份子施以酷刑的虛假報導欺騙讀者，其中一例是赫斯特曾派遣一名記者 Richard Harding Davis 和著名漫畫家 Frederic Remington 到哈瓦那。當時該名漫畫家到哈瓦那只見那裡一片平靜，不想作偽，但赫斯特卻要他們繼續待著，回電要求「你只管畫畫那一部分，你提供圖片，我提供戰爭。」（轉引自 Schudson, 1978: 56）

[15] Goman & McLean（2003: 17）指出：「就在十年之後，媒體成為戰爭時的最大關鍵，並將所有人都帶入這場世紀大戰中。」

戰爭，英國於 1899 年戰爭開始時由 Redvers Buller 將軍率軍前往南非平定波爾共和國的動亂，Buller 是英國隨軍帶有攝影師投入戰場的首位指揮官，同時廣納來自英國、其他歐洲國家和美國的報社記者參與報導（Young & Jesser, 1997），年輕的邱吉爾是當時的戰地記者之一，曾經被俘後逃脫（Goman & Mclean, 2003）。當時新聞影片（newsreels）已有初步發展，立即被英軍運用為製作假事件的工具。其中一個影片呈現英國紅十字會遭到敵軍攻擊，然而後來證實參與的人都是付費演員，事件現場也是在另外選擇的地點 Hampstead Health 拍攝，英國政府的目的在於藉由此一動態的影像，影響國內民眾對戰爭的支持（Young & Jesser, 1997）。

英軍在 1900 年另派 Roberts 將軍取代領導，他採取對報紙及通訊社定期簡報及發佈公報的做法，但對所有從戰地發出的新聞實施嚴格審查，主要的新聞管制形式有：經由傳播工具（如記者使用軍方電報）的控管來執行新聞內容的審查，以軍方的立場作為新聞檢查的依據，以及對不符軍方立場的記者加以懲處等（Ibid.）。

英國允許媒體對此一戰爭進行詳細報導，媒體提供民眾輿論討論的空間，卻也被當成宣傳的工具。以路透社（*Reuters*）的發展為例，它與英國對外殖民有著直接密切的關係，對於波爾戰爭更是完全支持英國軍隊的任何舉動，史學家 Read（1992: 40）稱路透社為「大英帝國政府的一個機構（an institution of the British Empire）」；Thussu（2000: 22）則形容它是「大英帝國的非官方聲音（the unofficial voice of the Empire）」。

第五節　總體戰爭時期

人類在上個世紀經歷兩次世界大戰，至此戰爭演變成總體戰（total war）。在一次大戰前，報紙已建立普遍發行，電報等科技已發明使用，廣播媒介起於 19 世紀末、20 世紀初，使得訊息穿透一切藩籬，無須憑藉有形物質就能遠距傳送，在兩次世界大戰中被交戰國廣泛運用為情報傳遞、心戰及鼓舞民心士氣或勸降的工具。

當然，宣傳戰的關鍵是政府如何運用媒體，Williams（1972: 24）指出，身陷戰爭的國家都賦予媒體空前重要的任務，當作最具說服力的戰爭武器。以下是對兩次世界大戰期間，各主要參戰國家如何運用傳播科技與傳播工具及其宣傳機制運作及主要作為的分析。

一、第一次世界大戰（1914-1918）

第一次世界大戰開始，各參戰國為使人民相信敵人慘無人道，精心設計各式各樣宣傳訊息，所使用媒體除了報紙、雜誌外，還有電影、唱片、演講、書刊、佈道、佈告、海報廣告、標語傳單與街談巷議、無線電廣播等（Defleur & Ball-Rokeach, 1989: 161-162）。

Fortner（1993: 95）指出，所有敵人殘暴的訊息被用來「以戰爭結束戰爭（the war to end wars）」，報社對平民、醫護人員遇難及載運旅客船隻遭德軍潛艇擊沉的新聞特別留意報導，盟

軍尤喜傳送德軍是凶殘野蠻人（murderous Huns[16]）或將預測勝仗的故事傳回家鄉。

由於廣播與電影先後被運用於戰爭中，較諸以往充滿更多元的資訊，使得這場前所未有的大戰被稱為「第一場資訊戰爭（the first information war）」（胡光夏，2008：298）。

廣播從 19 世紀末開始發展，最為人熟知的廣播運用首次出現於 1915 年，當時德國每日提供戰事的最新消息，受到亟需即時性新聞的各國報紙大量的採用。1917 年的俄國，列寧領導無產階級革命，成立蘇維埃政權，也是透過廣播對世界發聲。當時的廣播並非聲音的傳送，而是運用摩斯電碼，因此接收者非常有限（彭芸，1992：273）。

電影技術的發展為一次大戰新聞紀錄影片（newsreels）拍攝奠下基礎，起初被戰場上的指揮官輕視為「消遣性東西」，但在戰爭末期，受到政府的重視，每周攝製最新的新聞紀錄影片與戰爭年鑑，在電影院的正片上映前放映，這些畫面事先經過嚴密審查，看不見戰場上的屍體，人們藉此交換想法，對輿論產生即時的影響力量（段慧敏譯，2007：108）。

美、英、法等國都大量運用傳單，美國更發展出特殊的做法，用氣球及飛機投遞傳單到敵軍戰壕，在砲彈核內夾帶傳單投炸到敵軍部隊裡（Green, 1988: 14；Fortner, 1993: 103）。1918 年 2 月，英國製作《敬告西線的德軍將士》、《讓威廉提前 24 小時到戰場》等系列宣傳，將德軍一般戰士與德國皇帝及戰爭發動者區別開來，指出他們的流血犧牲只是為當權者利益賣命（楊

---

[16] Hun 係指 4-5 世紀入侵歐洲的亞洲遊牧民族匈奴，一次大戰時被用作專指「德國士兵」。

偉芬，2000）。

不像俄、法與德國的國境相鄰，英國民眾無法直接感受德軍襲擊的危機感，而且英國當時反戰聲浪高漲，更因為沒有徵兵制，如果要動員軍隊，則必須要付出比歐洲內陸國家更多的政治力量，這些因素迫使這個國家較早認真思考有關宣傳的問題（諸葛蔚東譯，2004：127）。英國在一次世界大戰中的宣傳被認為居於領導地位，具有典範作用，卻是花了約五年時間與經驗，才設計出一個適合大型戰爭的宣傳管理機制（Jowett & O'Donnell, 1999）。

第一個正式的英國宣傳機構是1914年10月成立的戰爭宣傳局（War Propaganda Bureau），卻與其它宣傳機構各自分立，權責夾雜不清（Ibid.）。直到1916年首相喬治（Prime Minister Lloyd George）就任後，設立「全國戰爭委員會（National War Aims Committee）」才步入正軌（Smith, 1989: 105-106；Messsinger, 1992: 123）。

1918年1月該委員會又改組為資訊部（The Ministry of Information），由《每日快報》負責人Beaverbrook勛爵擔任，這個機構包括幾個部門：（一）由《叢林奇談（Livre de la jungle）》作者吉普林（R. Kipling）領導，負責對美國與協約國的輿論；（二）專門負責對中立國的宣傳；（三）由《泰晤士報》、《郵報》負責人北岩（Northcliffe）勛爵領導的戰爭宣傳局，向西部戰線的德軍陣地展開宣傳單戰術（Smith, 1989；Young & Jesser, 1997）。

1917年美國宣戰之後，立即於一周內成立公共資訊委員會（CPI）。該委員會是總統威爾遜（W. Wilson）為動員民眾參戰，並鼓勵購買戰爭債券所成立的，成員包括陸軍與海軍部長、

國務卿等，威爾遜還任命當時頗富聲望的報社主編克里爾（George Creel）擔任該委員會主席，後來這個委員會被稱為克里爾委員會（Vaughn, 1980；Sorenson, 2006）。隨後通過的三項法令，賦予 CPI 足以超越美國憲法所保障媒體言論自由的權力，即 1917 年 6 月的偵查間諜法案（Espionage Act）、1917 年 10 月的敵國貿易法案（Trading with the Enemy Act）及 1918 年 5 月的煽動言論法案（Sedition Act）（Goman & Mclean, 2003）。

另一項優勢是主席克里爾獲得威爾遜總統充分授權，有利於 CPI 將軍事部門與社會及民眾的宣傳結合在一起（Jowett & O'Donnell, 1999）。

CPI 藉著戰時通過的法令、戰爭債券及食物來支持美國的遠征軍[17]，同時為媒體報導戰爭新聞設計一套自願檢查制度，並以資助廣告、卡通、「四分鐘演講人」[18]等傳播方式激起反對侵略者的作戰熱情。

CPI 分設新聞部（Division of News）、廣告部（Advertising Division）、圖像宣傳部（Division of Pictorial Publicity）、卡通局（Bureau of Cartoons）、四分鐘演講人部（Division of Four Minute Men）、演說部（Speaking Division）及電影部（Division of Films）等 14 個部門（胡光夏，2008），此為現代政府機關設置公關室（或記者室）之始（Hess, 1984: 1，轉引自

---

[17] 美軍在一次大戰時對心理戰只有初步的認識，但已在遠征軍總司令部情報部門宣傳科設立心理作戰組（the Propaganda Section, G-2），主要運用的工具為傳單及擴音器，傳單靠氣球及飛機發送（Paddock, 1989: 46）。

[18] 四分鐘演講人部在 CPI 成立不久後設立，係參考自美國獨立戰爭時的一分鐘演講人，以及演講的時間是四分鐘而來，通常在電影放映前進行四分鐘演說（胡光夏，2008：307）。

臧國仁,1999:172)。

CPI 雇用了許多記者發佈大量有利戰事消息,總計發出超過 6,000 則新聞給媒體;傳統口述方式的「四分鐘演講人」旨在說服社區民眾,曾組織 75,000 名義務志願者,在美國本土接連舉辦反德演講會(Schudson, 1978: 142)。

公關之父 Bernays 與對公關理論基礎甚有貢獻的李普曼都曾任職 CPI 的外交服務分部,兩人在大戰結束後還陪同威爾遜總統出席巴黎和會,協助起草著名的 14 點和平計畫(Hiebert, 1993)。

一些研究顯示德國在第一次世界大戰中的宣傳是拙劣的(Lasswell, 1927;Hadanovsky, 1972;Knightley, 1975;Carruthers, 2000;陳衛星譯,2001),始終不能扭轉「戰爭發動者或攻擊者」的印象。

一次大戰的德國原本預期以短期決戰為目標,在宣傳上未曾有周詳計劃。德軍在宣傳戰中處於防守被動的地位[19],直到戰場形勢惡化時,於 1915 年 9 月 7 日始成立戰時新聞局(Kriegspresseamt),甚至 Lasswell(1950: 44)還指出,德軍統帥魯登道夫(Ludendorff)在 1917 年夏天才首先警覺到協約國的宣傳力量。

德國戰時新聞局主要工作是:定期召開新聞簡報會,舉行每周二至三次與媒體編輯的會議給予如洪水傾瀉般的嚴厲警告,並出版對軍隊發行的出版品(Carruthers, 2000: 59)。在魯登道夫擅自同意下建立屬於軍隊的媒體《德國戰時新聞(*Deutsche*

---

[19] 德軍傾向於被動的做法有:向自己士兵收購英、法空投的傳單;嚴密封鎖邊界,防止反戰或攻擊德國宣傳品進入德國境內等(程曼麗,2006:79)。

Kriegsnachrichtendienst）》，對內宣傳他們在戰場上的勝利與優勢，卻因此導致內部嚴重爭議。

協約國於 1917 年 8 月起大量運用宣傳單，總計 65,595,000 份傳單灑落在德軍前線（Lasswell, 1950：45），造成瓦解德軍巨大壓力。處於「紙彈」挨打的德軍統帥部卻一籌莫展，他們最後還想到電影，可是這個宣傳工具得要到希特勒掌政時，才變成一個令人生畏的宣傳機器（陳衛星譯，2001：53）。

原本流亡瑞士的列寧，之所以能夠返回祖國建立蘇聯，乃得力於德國統帥魯登道夫的安排，以便協助德軍共同對抗協約國，然而列寧卻在 1917 年 11 月的布爾什維克革命（Bolshevik Revolution）推翻臨時政府，建立布爾什維克政府。蘇聯新政府正在成形，「宣傳不只是戰爭和外交政策的武器，而是內部控制的工具」（王石番，1995：44）。列寧建立政權之後對內的首要工作，在於改造 1 億 7,000 萬農民且多數是文盲人口的思想。

從上述分析可知，在這人類史上的第一個總體戰爭中，各參戰國為激勵民眾抗敵，無不盡其所能的運用最新發展及所有可能影響民心士氣的傳播工具，而且，所有憎恨敵人的訊息廣被運用，媒體亦喜刊播有關敵人殘暴的訊息。

即以電影技術為例，它於大戰末期受到政府重視，對輿論產生影響力量，戰場指揮官不再輕視其影響力，足以說明傳播工具對於宣傳戰的重要性。然而，畢竟傳播工具只是器物，能否發揮巨大力量，關鍵之一仍在於文獻探討中所指出的宣傳者及宣傳機構。廣播運用雖首見於德國，但在宣傳未有周詳計畫，以致陣前無法迎戰協約國宣傳議題，內部亦因此產生嚴重爭議，此不失為一戰德國重大敗因之一。

反之，從英國頗費工夫與時間始能建構戰爭宣傳管理機制，

美國 CPI 的建置、賦予超越美國憲法保障言論自由的三項法令、公關人才的參與，以及蘇聯新政府用作改造人民思想的內部控制工具等方面的探討，可以理解遂行宣傳戰的構成要素是多元且複雜的。

二、第二次世界大戰（1939-1945）

McLuhan & Fiore（1968）曾標誌第一次世界大戰是為鐵路戰，第二次世界大戰則是工業戰及廣播戰。Fortner（1993）也以「廣播戰爭（radio war）」，來形容二次大戰期間各國的宣傳，二次大戰的爆發就是起於廣播[20]。

大規模的廣播戰爭爆發於 1930 年代中期。納粹德國播出最多種外語廣播節目，共 26 種（在大戰爆發後不久，立即擴大到 39 種不同的外語），次為義大利，播出 23 種語言，法國播有 21 種語言，蘇聯播出有 13 種，而英國廣播公司則播出 10 種外國語（Bumpus & Skelt, 1985: 31）。

除了上述以直接的方法穿越國境，將宣傳訊息送進敵國，交戰國彼此還實施資訊控制，主要的方法有以下四種（Fortner, 1993: 141-144）：技術干擾（jamming）、接收干擾（interference with information reception）、鬼音（ghost voicing）及電碼破解（code breaking）。

「技術干擾」是控制資訊的最基本技巧，就是要阻斷或干擾

---

[20] 1939 年 8 月 31 日，德軍假扮成波蘭軍隊佔領波蘭格萊維茨電台，偽裝發表「反德」言論，隨後德國各電台都廣播「德國遭到波蘭突襲」的消息，希特勒以此為藉口，簽署入侵波蘭的第一號作戰命令，這是著名的「格萊維茨（Gleiwitz）事件」（楊偉芬，2000：73）。

敵人所要傳播進來的訊號。「接收干擾」在於禁止民眾接收敵方訊息,並鼓勵收聽我方訊息,通常的做法有立法規定(收聽敵國廣播屬違法行為)、沒收民用收音機(尤其是佔領區的收音機)、切斷電纜以阻止電報流通等。「鬼音」是暗中將敵方演說內容或新聞報導,加上喧囂聲、謾罵語,或是將一些廣播訊號移植在敵人的訊號之上,變換成錯誤的訊息[21]。另在作戰期間,都會實施監測敵軍的傳播通訊,包括廣播監聽[22]、無線電監聽與密碼破解,如英國戰爭部的反情報單位 MI-5 與美國的 FCC 等均是(Fortner, 1993: 144)。

Mattelart(陳衛星譯,2001)指出,鑒於一次大戰挫敗的宣傳經驗,1930 年代的納粹德國毫不掩飾以宣傳為維護其國家主權的重要工具。納粹政權同時在廣播、報紙、電影、藝術、教育與科學等領域操作宣傳概念,原來隸屬教育部之下負責歷史文物、博物館、音樂教育與圖書館等藝術部門及文化政策部門,都直接聽命於擁有超級職能的宣傳部。

希特勒於 1933 年取得政權後,創設「大眾啟蒙及宣傳部(Ministry of Popular Enlightenment and Propaganda)」,任命戈培爾為部長[23],掌握文宣重任(Goman & Mclean, 2003: 77)。該部成員主要是狂熱的大學畢業生與博士,人數由起初

---

[21] 英國與德國均擅長此道,但英國更勝一籌,特別是將一些訊號加在希特勒的演說之中。

[22] 二次大戰期間,各國都成立監聽與分析敵方廣播的部門,來蒐集、解讀敵國的各種資訊,包括食物供給、交通狀況、轟炸後的損失程度、死傷率、人民情緒,以及船隻、潛水艇、軍隊調動與運補情形。監聽的範圍包括軍事通訊電台、非軍事的國際與國內電台等報導與戰事有關的訊息。

[23] 由於納粹政權是建立在黨籍、政府雙重行政系統的基礎上,戈培爾至少擔任三個分工機構領導人:德國大眾啟蒙暨宣傳部部長、文化大臣(RKK)及納粹黨中央宣傳辦公室主任(Carruthers, 2000: 76-77)。

350人，發展到1941年超過1,900人，共設置七個部門：（一）立法與總務、（二）宣傳、（三）廣播、（四）報紙、（五）電影、（六）戲劇、美術、音樂、（七）對敵宣傳，後來發展成擁有地方組織和許多外圍組織的龐大國家宣傳體系（Carruthers, 2000: 77；Welch, 2006: 121-123）。

1933年10月，納粹政府頒布《編輯人法》，對新聞資訊做到最徹底的管理與控制，該法規定各報總編輯須對報紙內容全面負責，編輯人員須由宣傳部長接見後始可任用（程曼麗，2006：135），其基本條件是具有德國公民資格，屬於亞利安血統，配偶不是猶太人；柏林各日報編輯、德國各地方報紙記者在每天清晨，都被召集到宣傳部裡，由戈培爾或其助理告知：什麼新聞該發佈或扣下、什麼新聞怎麼寫和做標題、什麼運動要展開或取消，以及當天需要什麼樣的社論；除了口頭訓令外，每天發有一篇書面指示，對於小地方的報紙期刊則以電報或信件發出指示（董樂山等譯，2010：373-374）。曾任CBS駐柏林記者William Shirery在《第三帝國興亡史》指出，納粹政府透過該法使新聞工作變成受法律管理的「公共職業」（董樂山等譯，2010：374）。

希特勒將宣傳戰看作是「神經戰」的重要組成部分，先後使用十幾個大功率的電台，從柏林向全世界晝夜不停的廣播[24]（金

---

[24] 戈培爾將世界分為六個廣播地區，用不同的語言與宣傳內容進行宣傳，其中以英語發音，使用設在柏林市郊的發射台的「哈哈爵士」，從1939年4月10日開始每天不定時播音15分鐘，四個月後英國有1,800萬台收音機收聽（金海龍，2004）。它以濃厚的英國鄉音、甜美的聲調和幽默辛辣的語言挑動聽眾的情緒，所使用的短播頻率是15.4兆赫，與BBC的短播頻率非常接近，其目的在使英國人不經意間收聽，而且使他們的精神頓時受到「從天堂般的美好跌入地獄一樣的悲慘之中」的打擊（金海龍，2004：37）。

海龍，2004）。納粹德國戰時宣傳的核心，在於對媒體的強力控制，這是基於一次大戰的失敗教訓，所採取高度激化的過程，被稱之為一體化（gleichschaltung），就如戈培爾所說的，這是一種「德國精神總動員（spiritual mobilization in Germany）」（Carruthers, 2000: 73-74）。

英國到了 1935 年 7 月才設立資訊部（Britain's Ministry of Information，簡稱 MOI），距戈培爾執掌德國宣傳部門已經晚了兩年，集中發揮五項功能：（一）發佈官方訊息，（二）新聞安全檢查，（三）維持士氣，（四）運作政府其他部門宣導活動，（五）展開對敵國、中立國、盟國以及帝國內部的宣傳活動（McLaine, 1979；Carruthers, 2000）。

英國 MOI 起初出師不利，曾有一段時間將工作移交內政部所屬的新聞與審查制度局（Balfour, 1979: 59），最後 MOI 的做法與一次大戰中的計畫非常相似，也就是靠自發性審查發生作用。記者編輯們每人人手一冊 D-Notices 的規定，作為新聞工作上的依據（Carruthers, 2000: 88）。

另，財務上必須仰賴政府徵收廣播稅的 BBC 播出的任何新聞，尤其是來自於前線的錄音帶，也都須經過 MOI 的過濾審查。BBC 播音室裡還有一個「審查切斷器（switch censor）」，防止任何播音人員會在直播過程中背離已經審查的稿件，一旦有異，聲音將被立即關掉（Nicholas, 1996；Carruthers, 2000）。

在遭遇珍珠港事件後，美國政府在 1941 年 12 月設立了審查局（The Office of Censorship）與於 1942 年 6 月由統計局改組而來的戰爭資訊局[25]（The Office of War Information，簡稱

---

[25] 在成立 OWI 之前，美國已於 1941 年 10 月設立鼓舞社會大眾士氣的統計局，

OWI）。

　　審查局以民間企業方式成立，由美聯社（AP）的執行編輯普萊斯（Byron Price）擔任局長，有人員 14,000 餘名，主要負責美國與他國之間往來郵件、電報和無線電通訊的檢查工作（康力平，2005；胡光夏，2007）。OWI 由《紐約時報》名報人、哥倫比亞廣播電台新聞分析家戴維斯（E. Davis）擔任局長，有僱員 400 名。OWI 分國內處與海外處兩大部門，前者負責新聞發佈與新聞檢查，後者主要在各國設立美國新聞處與成立美國之音，並與國防部協同發展心理作戰（李瞻，1987）。

　　原本美國陸海空三軍都各自設有資訊服務部門，直到 1943 年，白宮才清楚明確 OWI 的使命：引導國外宣傳訊息與公開的宣傳戰役（陳衛星譯，2001），並將戰爭進展及國民可能付出代價告知公眾，而戰略服務局（The Office of Strategic Services，簡稱 OSS，後改制為中央情報局）則負責隱藏真實身分的黑色宣傳（Sorenson, 2006）。OWI 最大分支機構之一的調查局，負責蒐集有關戰爭的民情輿論，由 Budd Wilson 領導（Rogers, 1994）。

　　OWI 奠立日後美國向全世界發言的美國新聞總署（US Information Agency，簡稱 USIA）的基礎[26]。許多社會學家、心理學家都曾在此任職，後來對整合大眾傳播理論有卓越貢獻的 Schramm 曾在此局工作 15 個月，工作項目包括協助羅斯福總統起草全國廣播稿，以及爐邊談話的內容（Doob, 1972；Rogers,

---

由美國國會圖書館館長 Archibald Macleish 擔任局長，六星期後美國加入第二次世界大戰，八個月後統計局改組為 OWI（Rogers, 1994）。

[26] OWI 後演變為美國新聞總署，於 1997 年併入國務院，下轄美國之音與遍佈全球的 200 餘個美新處。

1994；Sorenson, 2006）。

　　珍珠港事件後，美國在華盛頓成立美國之音，與 BBC 聯手形成盟國廣播宣傳整體力量（Sorenson, 2006: 98；劉燕、陳歡，2007：202）。美英兩國在二次大戰期間，曾多次建立聯合心戰宣傳機制，首次經驗是發動北非進攻時在聯合最高司令部設立心理作戰分處，後再擴大為盟國遠征軍統帥部心理作戰處（並參第六章第二節），該機構對心理作戰的定義是：「散播宣傳（dissemination of propaganda）以削弱敵人的抵抗意志，破壞敵軍的作戰力量，維持我方的士氣」（Paddock, 1989: 46）。

　　與英國相較，美國的新聞管理採取較為寬鬆的方式，OWI 曾致力運用媒體力量來達成政府宣傳目標，但只有部分成效，經過一連串協調談判，美國媒體才和政府展開合作（Goman & Mclean, 2003）。宣傳機構官員還希望美國境內娛樂媒體，能以更露骨的方式對美國大眾進行宣傳，但當國會對羅斯福總統或政府政策質疑時，則會降低要求（Jowett & O'Donnell, 1999）。

　　然而，OWI 因與一些背後有國會議員支持的媒體有時處於對立狀態，因此二戰期間的宣傳，美國政府另闢蹊徑，多訴諸於電影，五個主要片場（派拉蒙、20 世紀福斯、雷電華、米高梅與環球）生產製作每片八分鐘的新聞短片，滿足大眾對戰爭視覺資訊的需求（Goman & Mclean, 2003）。

　　總結二戰的宣傳戰，最引人注意的是傳播科技進展與廣泛用於戰場及後方，另則是不願重蹈一次大戰覆轍的納粹德國將宣傳戰的能量做前所未見的提升，而德國加諸軍民身上的精神總動員亦可謂空前，這與英美民主國家有極大的差別。

　　Goman & Mclean（2003）曾對納粹、蘇聯與民主國家的宣傳加以區別，像納粹德國、蘇聯等極權國家的宣傳都由國家機器

掌控，民主國家不享有直接掌握媒體的權力，所要面對的情況反而更複雜，最好的替代方法則是依賴檢查制度及法規管制，或有賴於自發性的道德感與愛國心。Hallin（1997）亦指出，美國基於民眾的支持與輿論傳播的策略，主要仍是以贏得民意肯定評價為依歸，因而比較強調公眾宣傳，而不是管制。

艾森豪（Dwight D. Eisenhower）曾在美國報紙編輯人會議中致詞指出，「民意贏得戰爭（Public opinion wins wars）」，「派駐在我總部裡的新聞記者，都被我視為準參謀人員（quasi-staff officers）」（轉引自 Lee & Solomon，1991: 105）。由此可看出，媒體與新聞記者在二戰期間表現出與軍方高度合作的精神。

由此衍生值得探討的一項問題是，在不同政治體制下的政府與媒體的關係何者為佳？究竟媒體由國家掌控，或如英美民主國家的宣傳機制，二次大戰的宣傳戰給了一個初步答案，而另一個回答則是下一節所要繼續探討的。

第六節　冷戰時期

二次大戰後，全世界進入冷戰時期，前後持續有 40 年之久，直到 1989 年東歐共產國家發生劇變，1991 年蘇聯解體而告終，東西方集團結束對抗，全球進入後冷戰時期。

冷戰時期內，發生兩種不同型態的宣傳戰，一是如 Mattelart 所言東西方集團之間是一場「沒有宣戰的戰爭」（陳衛星譯，2001：2），實際上這是沒有戰爭行為的宣傳戰，係以美國為首的自由主義與以蘇聯領導的共產主義東西兩大陣營的對

峙，雙方都致力於具高度危險性的核武發展競賽，另在國際傳播與國際政治傳播等方面則是宣傳戰的全面對抗活動。另一種則是區域性局部戰爭（如韓戰與越戰）的宣傳戰。

一、東西方集團的宣傳戰（二戰後至 1991 年）

如前所言，東西方集團之間是一場「沒有宣戰的戰爭」，卻是一種「意識形態的戰爭」。另因美國與其鄰國古巴之間的廣播戰，基本上屬於東西方集團對抗中的一環，亦納入本單元探討之內。

（一）意識形態的戰爭

冷戰[27]具有政治、軍事武器發展等多元面向，但 Goman & Mclean（2003: 105）指出，兩方陣營均宣稱自己一方的信仰是人類的希望與理想，而視另一方為魔鬼的信徒，意識形態的分歧才是衝突的關鍵點所在，這是一場心理競賽（psychological contest）。

蘇聯專家 Alex Inkeles 的研究突顯美蘇之間的意識形態鬥爭樣貌：雙方的武器是宣傳，戰場就是國際傳播，代價則是跨越全世界的男人與女人的誠實和效忠（轉引自陳衛星譯，2001: 92）。

此時美國的主要目標在對抗共產黨宣傳、平衡國際共黨的歪曲報導，提供美國政府的正確形象及為美國做公共關係（李茂

---

[27] 西班牙歷史學家曼紐爾指出，「冷戰」一詞早在 14 世紀就有了，那是國家之間相互敵對，甚至面臨全面軍事衝突，但卻沒有陷入真正的戰爭，然而在 20 世紀的冷戰中卻有切切實實的武器——大眾傳媒，它在冷戰中的作用就如同核子武器在熱戰中的作用一樣（張昆，2005: 146）。

政，1985）。自 1947 年起，美國在心理戰及文化外交上大量投資（Goman & Mclean, 2003: 117），此時的心理戰是一種特別具有侵略性的宣傳方式，運用在對抗身陷鐵幕（Iron Curtain）的國家上；文化外交是指透過文化商品，如電影、雜誌、廣播、電視節目與藝術展覽等的輸出，強化他國人民對美國的印象，而且能形成公眾輿論的壓力，進而對他國政府決策產生影響力。

在宣傳機構建制上，美國政府到韓戰爆發時始有具體作為（見下單元討論），蘇聯統治者史達林則較早於 1947 年 9 月創立「共產資訊局（Communist Information Bureau）」，展開有系統的宣傳策略，並由煽動宣傳部門幕後操縱，企圖結合國際勢力，此外還建立一系列「前線組織」的連結網絡[28]。

蘇聯的對外宣傳歷經一些變化（祝基瀅，1986：126-127）：史達林時代極端「仇美」，當時蘇聯漫畫家筆下的美國士兵是「蜘蛛型的怪物，手持噴霧槍，進行細菌戰」；史達林以後的赫魯雪夫、布里茲涅夫則進行全球性假資訊攻勢，來打擊美國威信；到戈巴契夫時才改採西方的廣告術與公共關係技巧，對西方國家做宣傳。

冷戰時期的廣播戰比二次大戰時期更加激烈，大功率廣播發射機是主要武器（Wood, 1992: 106），廣播干擾與反干擾反映著敵對狀態的升級（楊偉芬，2000）。美國的廣播電台由政府暗中資助，以逃出鐵幕的蘇聯難民和美國及西方領袖的談話做訴求，成為西方心理戰前線的最佳利器，如針對蘇聯的自由之音

---

[28] 主要有世界和平理事會（the World Peace Council）、世界貿易聯合會（the World Federation of Trade Unions）及國際學生協會（the International Union of Students）等（Goman & Mclean, 2003: 106）。

（*Radio Liberty, RL*）、對東歐及中歐的自由歐洲之音[29]（*Radio Free Europe, RFE*），以及針對古巴的馬提廣播電視台（*Radio and TV Marti*）（Fortner, 1993: 28）。

蘇聯著名的國際宣傳工具則有塔斯社（*TASS*）、新聞通訊社（*Novosti*）、《真理報（*Pravda*）》、《消息報（*Izvestia*）》、和平及進步電台（*Radio Peace and Progress*）、蘇聯輿論之聲（*Voice of Soviet Public Opinion*），但蘇聯否認它與後兩個電台的關係，只承認莫斯科電台（*Radio Moscow*）是官方電台。

英國在民主陣營中亦扮演吃重的角色，其外交部秘密分支機構「資訊研究部（Information Research Department, IRD）」，在英國國境內外透過 BBC 和其他媒體，進行匿名式的反共宣傳（Goman & Mclean, 2003）。BBC 使用一種戰時設計的「燒入（burn in）」技術[30]，這是一種讓聽眾能清晰了解重大事件來龍去脈的心理戰技術（Wood, 1992: 123，轉引自楊偉芬，2000：97）。

以美國為主的西方音樂與新聞節目，一直不斷的向東方與世界主要地區滲入，此雖無濟於越戰情勢的扭轉，卻促使後來蘇聯等共產政權的消逝。前路透社基金會主席 Michael Nelson 指出，並非外交、經濟或武器的因素，而是廣播導致東西方之間鐵幕政策的終結；他認為武器穿不透鐵幕，但西方廣播電台的節目展現西方社會美好的生活，從而破壞社會主義政權的穩固（Nelson,

---

[29] 自由之音、自由歐洲之音都由中央情報局供給資金，前者使用俄語等 15 種語言向俄國廣播，後者則以保加利亞語、捷克語、匈牙利語、波蘭語及羅馬尼亞語廣播（李茂政，1985；李瞻，1992）。

[30] 燒入技術是將透過廣播播出的訊息，用簡短句子寫成，在暫停之後突然以慢速播出，有助於聽眾收聽重要事件（Wood, 1992: 123，轉引自楊偉芬，2000：97）。

1997）。

　　Fraser（2005: 114-115）強調，冷戰賦予電視一種特殊的功能，是宣傳美國價值觀的武器。Hachten（1992）則指出，*BBC* 的世界新聞網、*VOA*、*RFE*、*CNN*、*CBS* 主播的丹拉瑟（Dan Rather）等，都普遍被共黨國家的人民聽取、收視。儘管共黨致力消除西方搖滾音樂與錄影帶，東德人依然觀賞由西柏林所放送的西方電視節目，甚至藍波（Rambo）還變成蘇聯境內錄影帶迷心目中的人民英雄。

（二）美國與古巴的「廣播戰」

　　由美國雷根政府在一項名為「民主計畫（Project Democracy）」下成立的馬提之聲[31]（*Radio Marti*），開啟美國與古巴的「廣播戰」，這是東西方冷戰、共產主義與資本主義對峙下的一場「意識形態戰爭」（彭芸，1992：274；Fraser, 2005: 140）。

　　為了打破古巴共產政權長期對古巴人民的資訊壟斷，雷根政府於 1981 年設立「古巴廣播委員會（Presidential Commission on Broadcasting to Cuba）」，在 1983 年 10 月簽署古巴廣播條例（Broadcasting to Cuba Act），從 1985 年 5 月開始以馬提之聲對古巴廣播，1990 年 3 月又開播馬提電視（*TV Marti*）（Jowett & O'Donnell, 1999；彭芸，1992；李少南，1994；明安

---

[31] 馬提之聲的名稱是由古巴反抗西班牙統治時期的英雄馬提（Jose Marti）而來，因而激怒卡斯楚與古巴政府對美國中波調幅廣播進行訊號干擾，並宣稱古巴人民收看馬提電視或收聽馬提之聲是「公民不服從（civil disobedience）」的行為（Jowett & O'Donnell, 1999）。古巴除延長對內廣播與電視的播放時間，對外則建造一個超級電台，廣播範圍覆蓋整個美國（詳參彭芸，1992：279-280）。

香，2005）。

馬提之聲與美國之音連線，由華盛頓特區播音，同時以中波與短波廣播（Price, 2002: 203），提供廣播新聞、軟性訴求的娛樂與運動資訊，從中傳播蘊含美國生活方式的消息（Hachten, 1992）。基本上，馬提之聲與 RFE、RL 一樣，旨在提供無法接觸「正確資訊」的外國民眾（Fortner, 1993: 28），雖因受古巴干擾台強力干擾，成效顯得有限[32]（彭芸，1992；明安香，2005），但顯示美國政府領導階層對於向共產國家實施廣播作戰的戰略價值有嶄新的體認（Lord, 1989: 20-21）。

二、局部戰爭的宣傳戰

（一）韓戰（1950-1953）

美國在二次大戰後，將有關宣傳的經費降至最低，甚至在發生柏林危機時也抑制對蘇聯的批評，但韓戰爆發形成新的國際情勢後立即恢復宣傳戰，所謂的「強硬路線（hard line）」於是展開（Browne, 1982: 98）。

杜魯門（Harry S. Truman）總統於 1950 年 4 月發起「揭發真相宣導運動（Campaign of Truth）」，籲請所有媒體一同抵禦來自共產政權的詆毀，並增設心理戰略局（Psychological Strategy Board, 簡稱 PSB）來指揮所有政治宣傳活動，國務院亦設立一個新的國際新聞處，軍事心理戰被賦予新的生命（Lord,

---

[32] 由於只重美國價值的單向傳播，忽略歷史與情勢等因素，使其傳播效果大打折扣，例如馬提之聲告訴古巴人民，不少古巴軍人在安哥拉戰爭中喪生，以及古巴統治者卡斯楚對外侵略野心等，但許多古巴人不為所動，仍以古巴軍人能為非洲同是少數、弱勢的人民奮鬥而感到自豪（彭芸，1992：282）。

1989: 14）。

　　艾森豪接任總統後，更是有計畫的將心理戰提升為冷戰的主要戰略。為統籌美國政府對外的宣傳作為，新設立的宣傳協調局（Operations Coordination Board）取代了 PSB，又在該局無法達其所願情況下，另覓一紐約商業界人士 William Jackson 領導組成美國新聞諮詢委員會（U. S. Advisory Commission on Information）。至 1953 年 8 月，美國新聞總署（USIA）在他們二人建議下設立，美國之音亦從國務院轉手隸屬在該署之下管理（Green, 1988；Fortner, 1993）。

　　針對美軍在韓作戰實際需要，美國政府在統帥部設立心理戰協調局，各集團軍設立心理戰處，師級設立心理戰組，在各作戰單位心理戰參謀指導下，附設有無線電廣播及傳單隊、擴音器及傳單連與戰術宣傳員，還組織作家、廣播員、美術人員和印刷人員參與心理戰工作（魯杰，2004：45）。

　　傳單是韓戰時期運用最多的宣傳媒介，在戰爭開始的前 125 天中，美軍以空投或砲彈散發的傳單在 1 億份以上，美軍平均每月散發傳單達 3,500 萬張，並與南韓軍隊發出 35 種不同樣式的投降證；中共軍隊在三年中計進行 9 次較大規模的心戰攻勢，散發各種宣傳品 6,000 多萬份，廣播達 5,000 餘次。有人估計，如果將韓戰中各種宣傳品堆積起來，可堆高約一公尺、長達 150 里的紙牆（同前引：46-47）。

　　韓戰時期的電視技術未臻成熟，無法做戰場實況轉播，而且電視機還不夠普及，戰區的電視新聞採訪以廣播媒體為學習模仿對象，依賴已拍好的新聞短片與美國陸軍訊息部（US Army Signal Corps）提供的影片（Goman & Mclean, 2003）。即使如此，在 1949 年 7 月 19 日，杜魯門向全國民眾說明參與韓戰的原

因，就是透過電視和廣播現場直播的（李萬來，1993：319）。

韓戰初期，麥克阿瑟（Douglas MacArthur）將軍沿用二次大戰時期與媒體的互動模式，建立一個以媒體自制為主的規範體系，並未採取嚴格的新聞檢查，戰地記者擁有相當程度的採訪自由。麥克阿瑟在東京的司令部曾發佈一份官方的新聞檢查規則，其重點有：報導內容的意涵與敘述必須正確無誤，不能提供消息給敵人，不能傷害美軍及盟國的士氣，不能使美國及其他盟國、中立國牽扯麻煩（Mott, 1962：854）。

其後，在中共軍隊參戰之後戰況急轉直下，從 1951 年 12 月起全面實施強制性的新聞檢查，隨後還頒布禁載準則，違反者可能暫停採訪，甚至移送軍法審判（Knightley, 1975；Emery, Emery & Roberts, 1999）。這些前所未見的嚴格措施，曾遭到歐美戰地記者的多次抗議，但媒體或記者的質疑亦僅止於此，並未深探戰爭目標或介入他國內戰的正當性（Knightley, 1975；Young & Jesser, 1997）。

（二）越戰（1964-1975）

自 1954 年統治越南的法國著手轉移政權起，美國已對越南展開秘密的心戰宣傳，到 1960 年初期，計有三個機構協助南越的宣傳與心理戰計畫（Chandler, 1981: 25）：美國資訊服務處（USIS，是美國新聞總署的海外部門）、美國國際開發總署（U.S. Department of State's Agency for International Development, 簡稱 USAID）及美軍軍援越南司令部的參謀首長聯席會議（Joint Chiefs of Staff's Military Assistance Command, Vietnam, 簡稱 MACV）。

但三者之間功能重疊且成效不彰，以致在 1965 年 7 月 1

日,美國新聞總署轄下的美國公共事務聯合辦公室(Joint U. S. Public Affairs Office,簡稱 JUSPAO)被委任接掌所有的宣傳活動。JUSPAO 下分設主任室、新聞處、文化事務處、北越事務處及野戰發展處五個部門(Ibid.: 26),並且立即頒布戰爭訊息發佈指導原則,規定對參與戰役的部隊名稱、特別行動的傷亡人數與執行單位不得報導;部隊調動或部署情形必須等到越南軍援指揮部(The Military Assistance Command Vietnam, MACV)公佈後才能報導,以及對傷亡的特寫鏡頭應予避免等事項(Braestrup, 1985: 65)。

在越戰心戰宣傳中,美軍發展出兩項具突破性的傳播技術(Chandler, 1981: 29-30):1. 1967 年開始使用的 2,100 瓦擴音器,能在 3,000 至 4,500 英呎高空實施兩哩半徑內播音,用來打擊叢林作戰中的北越共軍士氣,改善以前在韓戰的空中喊話達不到地面的缺憾;2. 高空飛行空投傳單技術獲得進展,當傳單投下時會形成類如淚珠形狀的雲帶(teardrop-shaped cloud),而這些「淚珠」抵達地面時,傳單會繼續滑散,構成一個長橢圓形圖像,對傳單空投地面作戰目標的準確度與涵蓋面大為提升。

幾百億傳單像似永不停歇的雨水,加上數千小時的心戰喊話及數百萬份的海報,對南北越人民轟炸將近十年,其間的確約有 20 萬北越官兵投誠,但北越也將美國貼標籤為「西貢政權的傭兵」、「帝國主義侵略者」與「外來入侵者」,但 Chandler(1981: 248)在評估其效果時指出,美國在越南宣傳的過程比較像是「廣告宣導活動」,而不是贏得敵人心靈與意志的「說服活動」。

此前美國政府或美軍與媒體之間都可說是處於不錯關係的狀態,但在越戰中,不僅是美國對外作戰的重大挫折,更是美軍與

媒體關係演進的一個轉折點。韓戰期間的電視新聞還不是媒體報導的主流,越戰時期的美國觀眾可在自己家裡客廳,收看到有關越戰的任何消息(Carruthers, 2000: 108)。

傳播科技不僅將戰爭畫面帶進了客廳,也因為資訊傳播的快速與直接,越戰戰場上的任何變化立即成為大學演講的專題、教堂佈道的主題、議會辯論及政治選舉的爭論焦點(祝基瀅,1986:254)。此外,值得注意的,越戰的本質是一場宣傳戰,同時它也是一場美國政府經過精心策劃的公關化戰爭,此部分在下章將有深入探論。

第七節　結論

本章分別從帝國主義時期、革命戰爭與殖民戰爭時期、總體戰爭時期、冷戰時期等四階段的歷史分期,來探討宣傳戰的發展演進過程(並參表 3-1)。如 Lasswell、卡爾及 Morgenthau 等的觀點,戰爭不僅是軍事武力的鬥爭,還有一個影響輿論的宣傳戰場,而輿論力量的主動權正是掌握在政府手中。尤其在總體戰爭關係國家興亡、冷戰則是意識形態之爭,亦為政治制度與生活方式之爭,各國政府均傾全力運用各式及最新發展的傳播工具,致力擴大宣傳戰規模,藉以提振民心士氣,並贏得國內外輿論及盟國的支持。

由於資料蒐集的限制,無法對早期的帝國主義時期宣傳機制做完整論述,但可確知西元前 480 年的薩拉米斯戰爭已將假資訊做有計畫的運用,另教宗烏爾班二世以控訴暴行激發群眾情緒的演說,可算是醜化敵人宣傳方法的顯例。在那英雄創造時代的年

代裡，無論亞歷山大、凱撒或後來的都鐸王朝、沙皇彼得一世等的軍事成就如何，確實有賴宣傳來奠定並加以宏大，他們運用各種象徵符號、傳播技術與媒介，同時將個人權力與國家權勢推向高峰；凱撒、亨利都鐸、亨利八世、彼得一世等，都是擅用傳播技術的先例。

在革命戰爭與殖民戰爭時期，法國大革命非常重視口語傳播與視覺傳播，曾設立世界第一個國際宣傳機構，其後崛起的拿破崙被認為是有史以來最擅長運用宣傳手段的征服者。由於電報、近代攝影術被廣泛用於政府情報傳遞與報紙媒體的新聞報導上，但也經常出現政府採用宣傳手法與報紙呈現事實相違情形。政府運用宣傳手法不見得為真，例子有克里米亞戰爭的假照片，美國南北戰爭雙方運用殘暴事件與虛構圖畫相互污衊，俾斯麥挑起普法戰爭的假電報，波爾戰爭的假新聞影片等。由於《泰晤士報》報導 Balaklawa 戰役揭發假資訊，克里米亞戰爭更是首度埋下軍隊與媒體互動的緊張關係，促使政府開始以法律制定戰爭期間新聞檢查制度。而美國南北戰爭管制記者接近戰場，致使錯誤報導不時發生，軍方與記者關係十分緊張，美西戰爭則是媒體製造假事件、挑唆戰爭的始例，另俾斯麥為促德國統一，對媒體實施直接操縱，並動員所有的大眾媒介。

由於廣播與電影先後被用於戰爭，第一次大戰被視為第一場資訊戰爭。第二次世界大戰更被標誌為廣播戰，大規模的廣播戰爭爆發於 1930 年代中期，交戰國彼此之間實施技術干擾、接收干擾、鬼音及電碼破解等資訊控制。冷戰時期的廣播戰比二次大戰時期更加激烈，大功率廣播發射機是主要武器，艾森豪接任總統後，更於韓戰中有計畫的將心理戰提升為冷戰的主要戰略。韓戰時期的電視技術未臻成熟，電視機也不夠普及，戰區的電視新

聞採訪以廣播媒體為學習模仿對象，可是到了十一、二年後的越戰，已演進為史上第一次的電視戰爭，無線電視已是關乎戰爭勝敗的利器。由此可知，新傳播科技不斷向前進展，卻也迅速的轉為人類戰爭中凝聚向心及克敵致勝的武器。

從研究中可以發現，構成宣傳戰的要素不止一端，傳播工具與媒體的運用僅可視為充分條件之一。現代宣傳戰的組織或機構在總體戰爭時期有了大規模發展，而且交戰國間彼此在宣傳策略與手法做相互模仿，凡此足證政府與軍隊如何運用當時的傳播科技、有效的宣傳機制、宣傳策略及人才參與去整合、發揮與控制的重要性與必要性。

總體戰爭時期的德國及冷戰時期的蘇聯都是研究宣傳戰的重要例子，由一戰德國之例可知，缺乏宣傳戰力即似人斷一臂，甚至在敵方宣傳壓力下不戰自潰。但在宣傳戰中擁有強大宣傳機制亦不一定可以攻無不克，極權體制的納粹德國及蘇聯政權均擁有健全的宣傳機構及強大的媒體能量，更可從上到下改造國民思想，卻終於走向失敗或解體之路，此雖不能全然歸因於宣傳戰之得失，但與政治體制及政府與媒體之間關係不無關聯。

以東西方集團意識形態之爭來看，以美國為主的西方開放社會下的西方音樂與新聞節目，一直不斷向世界擴散，此雖無濟於越戰情勢的扭轉，卻促使後來柏林圍牆瓦解、蘇聯等共產政權的消逝，此則是不爭的事實。

宣傳之名已在二戰後逐漸退位，由國際傳播或國際政治傳播、公共外交、心理戰、政治作戰、戰略性政治傳播等新的說法取代，但這不也是預告隨著時代發展，另一種新型式宣傳戰正在醞釀興起。

宣傳與戰爭

從「宣傳戰」到「公關化戰爭」

表 3-1：宣傳戰的歷史演進

發生時間		戰爭名稱	發 展 與 意 義
帝國主義時期	西元前 480	薩拉米斯戰爭	雅典海軍運用假資訊活動，誤導波斯大軍敗北。
	西元前 334-323	亞歷山大東征	亞歷山大為軍事心理學的先驅，大量運用錢幣、陶器、裝飾品、建築物作為宣傳媒介。
	西元前 50-44	凱撒時代	運用錢幣、歡呼口號、慶典活動等塑造形象，創辦石膏「板報」之《每日紀聞》。
	1095-1291	十字軍東征	教宗烏爾班二世以控訴敵人殘暴故事，掀起長達兩世紀十字軍東征系列戰爭序幕。
	1458-1558	都鐸王朝	亨利都鐸及其兒子亨利八世運用平面印刷技術等宣傳方法塑建王朝形象。
	1700-1721	瑞典戰爭	彼得一世下令創辦《新聞報》，紙質媒體首次運用於軍事宣傳上。
革命戰爭與殖民戰爭時期	1775-1776	美國獨立革命	廣泛運用心戰傳單、宣傳小冊、報紙與公關事件激勵民心與士氣，發行美國第一份軍報《紐澤西公報》。
	1792-1815	法國大革命與拿破崙的征戰	現代國家首先正式設置國際宣傳機構。拿破崙攜帶軍事記者赴戰場，廣泛運用報紙等媒體以利征戰宣傳。
	1853-1856	克里米亞戰爭	首次運用近代攝影術，首度出現軍隊與媒體緊張關係，政府開始制定戰爭新聞檢查制度。

	發生時間	戰爭名稱	發 展 與 意 義
	1861-1865	美國內戰	限制媒體採訪活動，出現類似現代美軍公共事務做法的新聞稿、許可證、陪同媒體採訪。
	1870	普法戰爭	篡改電報內容，運用媒體發佈與媒體控制，激發人民戰爭情緒。
	1898	美西戰爭	首次出現媒體製造假事件。美軍運用軍聞發佈，方便媒體採訪戰爭新聞。
	1899-1902	波爾戰爭	首次出現政府製造新聞影片的假事件。
總體戰爭時期	1914-1918	第一次世界大戰	廣播與電影技術先後用於戰爭宣傳，憎恨敵人訊息廣被運用。宣傳機制、計畫及人才參與整合為勝敗關鍵。
	1939-1945	第二次世界大戰	廣播與電影等傳播科技廣泛用於戰場及後方。美英等民主國家依賴檢查制度及法規管制，納粹、蘇聯的宣傳機器由國家掌控。
冷戰時期	二戰後至1991	東西方集團宣傳戰	廣播戰比二戰時期更加激烈，西方搖滾音樂與錄影帶、電視節目破壞共產政權的穩固。
	1950-1953	韓戰	艾森豪將心理戰提升為冷戰的主要戰略。
	1964-1975	越戰	美軍在心戰宣傳上發展突破性傳播技術。電視將戰爭畫面帶進美國人的客廳。

資料來源：作者整理。

第四章　公關化戰爭的發展歷程

第一節　前言

　　從上章宣傳戰歷史的探討，所歸納出政府與軍隊在戰爭運用新傳播科技、有效的宣傳機制、宣傳策略及人才參與等加以整合、發揮與控制的一些結論，這些因素對本章所要進行公關化戰爭的歷史回溯是同樣重要的。

　　在第一章已依據 Moskos, Williams & Segal（2000）等的劃分，將公關化戰爭的發展區分為冷戰時期與後冷戰時期兩個階段。Moskos, Williams & Segal 主要是從軍事組織型態的演變、軍隊和媒體的關係來區分戰爭的發展。他們亦指出，媒體在總體戰爭中基於宣傳需要，幾乎是軍事體系的一個部份，媒體與軍方可說是「同在一條船上」（Ibid.），這種軍隊與媒體的「密切」關係，顯然在冷戰時期的局部戰爭中已經不再。

　　尤其在後冷戰時期，後現代軍隊的特色是試圖以速度與知識迅速解決衝突（Metz, 2000）。但拜傳播科技之賜，媒體已不再依賴軍方通訊的協助與管制，可以從任何地點，逕行對外發佈新聞。在索馬利亞、海地、波士尼亞等軍事行動中所展現的情形，往往媒體記者比軍方更早到達戰爭發生地。

　　冷戰前與冷戰時期發生的戰爭，民眾大多明白誰是敵人，也知道為何要展開軍事作戰行動，而到後冷戰時期，當美蘇兩強對抗消失，情況就大不相同了，政府與軍方則須投入更多的努力去說服民眾。以美國而言，冷戰結束後已經沒有可以匹敵的敵人，

卻可能要應付的，不單是軍事目標，更重要的是美國的民意與國際的輿論觀感。

　　Ignatieff（2000）將後冷戰時期所發生的戰爭稱之為「虛擬戰爭（Virtual War）」，這不僅是由於民眾參與戰爭程度的差別，同時也與傳播科技的進展有關。美國國防大學教授李比奇（Libicki, 1996）即特別強調「感知全球化（the globalization of perception）」，在資訊全球化與傳播科技不斷發展的情形下，未來任何軍事衝突或大小戰役，不再祕而不宣，都可能變成世界頭條新聞。

　　冷戰時期發生韓戰、越戰、福克蘭戰役、格瑞那達戰役、巴拿馬戰爭、1991 年波斯灣戰爭等著名戰爭，韓戰已於上章探討過，通常它不被學者視為公關化戰爭的案例；上章以對越戰探討作為結束，但已先說明越戰的本質是宣傳戰，同時也是一個已具雛型的公關化戰爭。基本上，公關化戰爭從越戰開始孕育，以迄 1991 年波斯灣戰爭而成熟，因而，冷戰時期可謂為公關化戰爭的醞釀期，而自 1991 年波斯灣戰爭則邁向公關化戰爭的成熟期。

　　越戰何以是人類戰爭史上第一個公關化戰爭，此延續為本章研究的第一個問題，另外還有兩個研究問題，其一是受到越戰影響，冷戰時期所發生的公關化戰爭發展如何，其二是 1991 年波斯灣戰爭洗刷了越戰恥辱，之後的後冷戰時期的公關化戰爭發展又是為何。

　　本章採取歷史與文獻分析法，擬先探論越戰症候群、美軍公共事務的改革與革命，以及公關化戰爭的特色，據以分析公關化戰爭的發展歷程。本章主要目的著重公關化戰爭不同的發展時期，發展出那些的策略與變革，作為後續幾章開展的依據。

本章計分六節，第一節前言；第二節相關文獻檢視；第三節孕育公關化戰爭的越戰；第四節冷戰時期的公關化戰爭；第五節後冷戰時期的公關化戰爭；第六節結論。

第二節　相關文獻檢視

本節針對越戰症候群與後越戰歸咎媒體症候群、美軍公共事務改革、美軍公共事務革命、軍事事務革新，以及公關化戰爭的特色等相關理論及文獻進行檢視，以作為後續分析的參考架構。

一、越戰症候群與後越戰歸咎媒體症候群

在第三章已經指出，越戰之前美國政府或美軍與媒體之間可說處於不錯關係的狀態，但在越戰之後則有所謂的「越戰症候群（Vietnam syndrome）」，甚至是「後越戰歸咎媒體症候群」的夢魘與教訓。

每隔一段時間，就有人對越戰症候群下定義，雷根總統時代的智囊 Norman Podhoretz 做的界定是：「病態的禁止使用軍事力量。」（江麗美譯，2003：52）Sarkesian, Williams & Bryant 指出，即使到了巴拿馬戰爭、1991 年波斯灣戰爭，一些批評軍方與軍事專業主義的評論者仍是事事都與越戰連結在一起，那些對軍隊與軍事專業的分析，「通常是經由越戰的菱鏡來反射」（段復初等譯，2000：112-113）。

越戰症候群的特徵之一，可以一項有關軍方與媒體關係的研究所指的「後越戰歸咎媒體症候群（Post-Vietnam Blame the Media Syndrome）」為代表。因為這項研究進行於 1995 年，也

就是在越戰經過 20 幾年後,仍有超過 64%的美國軍官同意是新聞媒體的報導危害到美軍的軍事行動(Aukofer & Lawrence, 1995)。一位美國上校軍官在〈媒體與戰爭行為〉中指出,軍方與媒體持著完全對立的觀點走進後越戰時代,他這麼形容:

> 作為越南戰爭的結果,軍方和媒體之間的相互反感在美國已經出現。媒體成為軍方眼中的敵人,一代美國軍官是帶著責任、榮譽、國家和對媒體的痛恨等信條長大的(王彥軍、戴豔麗、白介民等譯,2001:321)。

由是觀之,影響美軍與媒體關係的,並不只是揮之不去的越戰挫敗陰影而已,甚至是軍方領導人對媒體根深蒂固的不信任感。因而,日後美國政府的對外用兵,都以越戰為借鏡,對國民的宣傳重點都一再申明絕非「另一個越戰」(Hachten, 1999: 145)。Taylor(1992)認為不但要在戰場上獲得絕對勝利,甚且還背負至少兩項的壓力,一是如何恢復美軍的聲譽與地位,另一是要贏得戰爭中的媒體戰。McNair(1999)則強調,越戰的媒體效應不可能有科學的答案,卻影響了 1980 年代美英新一代領導人物對軍事衝突時新聞處理的認知。

二、美軍公共事務改革與冷戰時期的公關化戰爭

雖然在歷次戰爭中,美軍與媒體的互動持續不斷修正,但在越戰失敗之後,立即檢討並尋求在平時、戰時與媒體相處的模

式，最積極的作為是重整美軍公共事務[1]（public affairs）的工作。

美軍採取重整公共事務功能的做法，是一種徹底的再造。唐棣（1994）指出，美軍公共事務工作的理念是以有效的溝通方式，滿足官兵與民眾「知的權利」；在實際做法上，則是運用民間公共關係的策略與技巧，完成軍隊與各界的各種溝通與傳播工作。

其中重要的作法包括：選派公共事務官員至民間公關公司學習，提升接受媒體採訪開放程度，增加曾受演說訓練的高階軍官到各地舉辦演講，延攬專人在報紙上為軍方立場撰稿，積極參加社區活動，改善軍中內部溝通系統，以及加強公共事務人員教育訓練等（Goulding,1970；唐棣，1996；胡光夏，2002；方鵬程，2006a；方鵬程，2007c）。

在 1968 出版的美軍《軍聞工作指導》，已經規範軍隊公共關係在維持軍方與鄰近居民與人民之間的友好和諧，要讓社區居民與民眾有更多機會接觸軍中人員，諸如民意的評估、軍聞的設計等工作執行都必須與公共關係相關連（夏定之譯，1975：79）。

美軍對媒體關係的經營，有一套既定的做法與處理系統，不只對全國性大型媒體與國際傳媒，也對地區性或社區型媒體發佈消息，維繫良好的互動關係，而這些合作發佈的消息通常都享有

---

[1] Wilcox, Ault & Agee（1988: 11）指出，即使「公共關係（Public Relations）」一詞已為全球通用，美國的政府、社會服務機構、大學等較常採用「公共資訊（Public Information）」；美國國防部則一直採用「公共事務（Public Affairs）」一詞。Newsom & Scott（1981）則認為美軍公共事務是從軍事新聞發展而來，但其功能更為擴大。軍事新聞原指公開宣導（publicity），但公共事務的功能則包括對內與對外的公共關係。

大篇幅報導的機會，也獲得地方民眾的重視，對地方民意具有極大的影響作用（Hiebert, 1993）。

然而，正如上述所謂歸咎媒體症候群的關係，美軍在越戰後到冷戰時代結束這段期間發生的軍事衝突與戰爭中，對媒體採用的是前所未見的限制政策。在美國軍方眼裡，媒體在越戰中享受前所未有的新聞自由，比二次大戰及韓戰有過之而無不及。然而美軍付出這麼多的慷慨與信任，換來的卻是新聞界的背叛，Carruthers（2000: 120）指出，美國軍方的徹底認知就是：「如果豹子的斑點不改變，那牠就要剪掉利爪關在籠子裡」，言下之意即是記者如果不改變對軍方的態度，那就要受到政府的限制。

一些研究（如 Fialka, 1991；Sharkey, 1991；Aukofer & Lawrence, 1995）顯示美軍的重要做法包括：限制上戰場的新聞採訪人員人數，限制採訪戰鬥部隊的士兵，媒體人員的行動必須由軍隊公共事務軍官陪同，還有完全管制戰區的運輸工具及通訊系統，這些都在促使媒體採訪時必須依賴軍方。Goman & Mclean（2003: 176）道出美軍此一症候群的各種顧慮狀況：

> 在每一次海外軍事行動中，都盡其所能避免事先曝光，也盡其可能在最短時間內完成軍事任務，並且密切控制新聞媒體的報導，使民眾沒有時間去做反應，或無法從媒體報導獲悉決策過程，以確保民意持續支持政府政策，不致於中途倒戈。

美軍在越戰之後的公共事務改革，虛心從民間學習經驗，完全反映對媒體不能不重視的心理，但在發動軍事行動或戰爭時，越戰陰影的確影響了 1980 年代美英新一代領導人雷根與柴契爾

（Margaret Thatcher）等，而以 Kellner（2003: 169）的話形容，得要等到 1991 年波斯灣戰爭老布希所製作的「超級綜合奇觀（cinematic spectacle）」，才算洗刷了越戰的恥辱。

三、軍事事務革新與後冷戰時期的公關化戰爭

1812 年出版的克勞塞維茲（Carl P. G. von Clausewitz）名著《戰爭論（On War）》（王洽南譯，1991），曾道出無數名將共有的疑惑，那就是戰爭到處充滿著不確定性，戰場至少有四分之三的因素均為或濃或淡的不確定迷霧所包圍。軍事事務革新[2]（Revolution in Military Affairs, RMA）所指的是運用最新進高科技，正確的掌握戰場動靜變化，藉以改變軍隊遂行戰爭的方式[3]。一言以蔽之，主要在於企求驅除「戰場之霧」（曾祥穎譯，2002：18）。

軍事事務革新的另一項重點，在於改變世人對戰爭的看法及認知，此則與公關化戰爭的發展有匯流之趨勢。在冷戰時期的美

---

[2] 軍事事務革新的這個概念，起初來自於 1970-1980 年代前蘇聯參謀總長的奧加科夫（Nikolai Ogarkov）元帥所領導的軍事專家與學者的「軍事科技革新（Military Technical Revolution）」。他們曾經發表一系列有關高科技與未來戰爭的論文，但在蘇聯遭到打壓，後為美國國防部所採用，1991 年波斯灣戰爭後的西方學者普遍借用此一名詞來探討未來戰爭與軍事發展趨勢（Adams, 1998；張召忠，2004；Sloan, 2008）。

[3] Owens & Offley（曾祥穎譯，2002：18-19）指出軍事事務革新三項的基本概念：戰場覺知、C4I 及精準用兵。「戰場覺知」就是明敵知敵，就是要讓戰場指揮官全面知天、知地、知我、知敵，掌握一切影響戰鬥的因素；C4I 其實是個歷史上名將皆嫻熟運用的老概念，只不過能供使用的設備與因科技進展而有所不同。如今電腦及網際網路的發展，可將各個偵蒐系統，所蒐集的而來的原始「資料」，經過訓練有素的人員整合，成為有價值的「情資」，再經作戰幕僚及指揮官綜合分析，轉換成明敵知敵、研判情勢的「知識」，甚至孕育為重要決策時的「智慧」；「精準用兵」是在前面兩項的基礎上，使用一切的精密武器，以最低傷亡達到戰爭目標。

蘇兩強都曾積極致力核武競賽，但此種武器既不能隨意運用，亦不能帶給自己多大利基（Dunnigan, 1996: 24），充其量只是一種形成「恐怖平衡」的力量而已。軍事事務革新則另行發展敵對國家所未擁有的高精密準確度的傳統武器，俾於戰爭使用時減少不必要的傷害，在道德層面上讓別人能夠接受。

　　Metz（2000）曾呼籲軍事戰略家與指揮官在武器施用的「實體精準度」與抓準民眾觀感的「心理精準度（psychological precision）」要等量齊觀，後者即在造成特定對象的某種心態、信念、認知的改變，其目標是在於讓敵軍感到反抗無效，而非殺傷過多的敵軍或百姓，以致敵人的戰鬥意志更加堅強，動員民眾做更大的反抗。

　　Ignatieff（2000）將後冷戰時期的戰爭定位為「虛擬戰爭（virtual war）」，認為虛擬戰爭是以敵人的意志作為主要的攻擊目標，而完全在攝影機前開打；以前的戰爭都盡量封鎖住消息，不讓敵方知道，但在虛擬戰爭中卻盡量散佈消息，透過「虛幻的傷害」來癱瘓敵軍及敵方民眾的戰鬥意志。

　　在經歷 1991 年波斯灣戰爭後，美國軍方重要領導人開始重新評估冷戰時代的公關政策，嶄新的五角大廈媒體指導方針終於誕生，美國軍事記者聯誼會主席 Offley（1999: 268）稱此為「公共事務革命（The Revolution in Public Affairs）」。

　　1992 年在索馬利亞協同信心行動前，一份發給媒體的備忘錄敘述新規定的重要項目有：媒體人員可進出所有重要的軍事單位；軍隊公共事務軍官是為聯絡官，但不得干擾媒體採訪作業；戰地指揮官在可能狀況下允許記者搭乘軍用車輛與軍機；在不妨礙戰場作業安全情況下，軍方不禁止媒體使用自己的通訊系統等（轉引自 Offley, 1999: 289）。

另在傳統上的美軍公共事務，一向與心理戰做區隔，但後來經過相關調整，已與資訊戰做結合[4]。

四、公關化戰爭的特色

在第一章已經對公關化戰爭有所界定，並指出其應加重視的五項意涵：民意的重要性、媒體是戰場、訊息是武器、公關是一種專業，以及公關化的策略與作為得接受檢驗。

上文也提到，美軍有鑒於越戰在宣傳戰的失敗，一方面對媒體懷有恨意，同時也認清民意與媒體是具有決定性的關鍵力量，而進行徹底的公共事務改革，其後在冷戰時代結束時再跨越到公共事務革命，由此可知，刺激和帶動公關化戰爭的思考可說是源自於越戰。從下一節的探討，可以看出越戰其實已略具公關化戰爭雛型樣貌，只不過這是一個挫敗案例，正因為如此，帶給那些有能力行使公關化戰爭的國家而言，更具警惕和參考作用。

相對於傳統宣傳戰而言，公關化戰爭的戰爭目標並非攸關國

---

[4] 資訊戰（Information Warfare, IW）最早由 1976 年美國的馬歇爾（Andy Marshall）所領導的軍事研究小組所提出，其要義在於確保自己的資訊優勢，一方面保護而發揮己方資訊與資訊系統的效能，另方面達到影響與破壞敵人的資訊與資訊系統的目的（Adams, 1998）。
李比奇（Libicki, 1996: 87-89）將資訊戰分為七種：指管戰（command and control warfare）、情報資訊戰（intelligence-based warfare）、電子戰（electric warfare）、心理戰（psychological warfare）、駭客戰（hacker warfare）、經濟資訊戰（economic information warfare）、網域戰（cyber-warfare）。
美軍資訊戰的核心能力有五項：心理戰（PSYOP）、軍事欺騙（MILDEC）、作戰安全（OPSEC）、電子戰（EW）及電腦網路作戰（CNO）；支援能力亦分五項：資訊保障（IA）、實體安全、實體攻擊、反情報（CI）、與戰鬥攝影（COMCAM）。至於公共事務、軍民作戰（CMO）與國防支援公共外交（DSPD）三項，則列屬相關能力，其對資訊戰至為重要，必須與核心、支援能力密切協調整合（孫立方，2008）。

家生死存亡，所需動員的兵力只是一國之中的一部份人，且大都須遠赴海外與敵人作戰，所以「師出有名」以取得國人和國際觀感的認可至為重要。上章探討宣傳戰時，已指出民意就像艦隊一樣重要，對於公關化戰爭而言，無論戰前或戰爭中，國內民意顯得更迫切。Dunnigan 以「紙彈（paper bullets）」來形容政府與軍方對媒體不良評價或惡意批評的畏懼，他並指出：「美軍官兵在戰鬥中陣亡，永遠是選民的敏感議題，也是政治人物不敢輕易碰觸的政治足球（political football）」（Dunnigan, 1996: 231, 242）。

換句話說，如何將戰爭正當化和道德化是不可或缺的充分條件，但還得要有另一個要件，也就是需要媒體來搭配，亦即在戰前與戰時進行媒體管理與媒體運用，將已經組織好的訊息（the information is organized）傳播給各種不同的受眾（Altheide, 1995: 209），使其成為影響國內民意與國際輿論的助力，而不再是阻力。

1989 年入侵巴拿馬前夕，當時美軍參謀聯席會議主席鮑威爾（Colin Powell）就曾道出媒體對於公關化戰爭的重要性：

> 一旦已經將軍事力量部署就位，戰場指揮官也負起指揮之責，那接下來就該將注意力轉向電視，因為如果不能處理好電視媒體這方面的故事的話，那即使贏得一場戰役，卻可能失掉整場戰爭（轉引自 Bennett & Garaber, 2009: 118-119）。

在今日，新聞被認為是武器的一種，而且也確實將它當作武器來用（Dunnigan, 1996: 267）。Altheide & Snow（1979）所謂

「媒體邏輯（media logic）」告訴我們，如果一方消息來源呈現的形象事實在傳播管道中處於無人競爭的優勢地位，那它就可成為真實。Altheide（1995: 210）還指出，戰爭中在媒體演出的訊息與內容，軍方和總統才是真正的製作人。Bennett & Garaber（2009: 118）強調波斯灣戰爭中的媒體管理實例，顯現宣傳者通常提供裁剪合適的新聞素材（tailor-made news fare）。

易言之，公關化戰爭的訊息傳播必須連貫一致，其主導者不只是前線的指揮官或公共事務軍官，他們和政府與國防部應是三位一體的。Bennett & Garaber（2009: 120-121）指出建構訊息傳播的過程通常包括四個重要部份：（一）訊息設計：為受眾思考他們所面臨的問題，設計出一個簡單的主題或信息；（二）訊息突顯：利用傳播管道表現訊息，使該資訊比其它競爭訊息更為顯著；（三）訊息可信度的增強：包括消息來源的權威性、訊息的戲劇化，以及訊息獲得那些同盟的支持等；（四）訊息框架：對正在發生的事物或事件進行概括、界定或提示。

Taylor（1995: 285）認為革命性的轉變發生在電視上，因為電視機前充滿著全球觀眾（global audience）；一般而言，軍隊在遂行公關化戰爭時的主要目標對象有四（胡光夏，2007: 171）：國內民眾、盟軍與友邦國家的人民、支持敵人的人與敵人（較詳細分類與訊息策略論述詳見第七章）。

以國內民眾來說，這是決定戰爭是否發動與持續的關鍵決定因素，政府雖有權力出兵或撤出軍隊，但須看民意的臉色；對於盟軍與友邦國家的人民，他們不再是傳統宣傳戰中的忠實友人，卻可能是反戰的一員，公關的目標是要促使他們站在同一邊；對於那些支持敵人的人，經由公關的作為可以加強告知，使他們不敢輕舉妄動或增添敵人的實力；最後對於所要打擊的敵人，可經

由公關的作為來進行心理戰與宣傳戰，加以醜化或分化，瓦解敵人的民心士氣，達到不戰而屈人之兵（同前引）。此四大類雖和 Lasswell 的界定大同小異，但其意涵已有差別。

對於以上四類目標對象來說，有一件一致的要緊事，那即是政府與軍方都必須清楚交代「為何而戰」或「為何出兵」的理由，貫穿其中的主軸則是這世界上有壞人，這個壞人是邪惡的，是我們共同的敵人，而且必須加以剷除，別無他法。

而公關化戰爭重要前提必須指出一個輕易辨識的壞人，將敵人妖魔化（demonization）和非人化（dehumanization）（Toffler & Toffler, 1993）是公關化戰爭中經常運用的重要訊息策略，例如巴拿馬的 Noriega、伊拉克的海珊（S. Hussein）等，Altheide（1995: 208-209）稱此為邪惡的個人歸因（individual attributions of evil and wicked）。

公關化戰爭的特色之一，是對上述四類目標對象進行感知管理（perceptions management），美軍的感知管理是對外作戰的「武器」（詳見第七章），胡光夏（2007：172）還指出它是一種「民眾的知覺管理」，是在建構、引導與影響民意的動向，目的及作用在於：將戰爭合法化與道德化、掩飾戰爭的本質、將敵人妖魔化，以及消除戰爭失敗的記憶等。

廣告公關人雷東（John Rendon）曾接受美國中情局、五角大廈和國務院委託專案，最著名的是 1991 年波斯灣戰爭的廣告文宣。他自稱是個「知覺管理人」，意思是指認知是可以被塑造的（轉引自南方朔，2006 年 9 月 6 日）。

在 911 事件發生前，白宮已經著手修定國家安全策略，置重點於戰略層級的感知管理上。那時白宮將感知管理工作外包民間的蘭登公司（The Rendon Group）負責，自小布希上台執政，蘭

登員工便參與世界各地的許多行動（Armistead, 2004）。

911 事件後，小布希任命廣告界資深主管貝爾斯（Charlotte Beers）為國務院主掌公共外交及公共事務的副國務卿，後來又找了在美國有「公關教母」之稱的休斯（Karen Hughes）接替，她把 1999 年撤掉的美國新聞總署藉著隱形的方式恢復運作，加強對外廣播宣傳，並自稱是在從事「文化外交」（Seib, 2004；南方朔，2006 年 9 月 6 日）。

自越戰後的公關化戰爭還有一個重要特徵，就是消除戰爭失敗的記憶，亦即本章所強調越戰的失敗陰影，此對美國來說，可說是公關化戰爭的另一層特殊意義。Hallin（1989）曾對越戰這樣評論，造成美國人意志力瓦解主要來自於政治決策過程，媒體只是其中的一個因素而已，但一般公認的看法是「這是第一個戰爭結果由電視螢幕決定，而非由戰場決定的現代戰爭」（Goman & Mclean, 2003: 172）。

老布希在 1991 年波斯灣戰爭中曾誇下豪語：「我們已經且永遠打垮越戰症候群的夢魘」，Goman & Mclean（2003: 178）的評論則是「波斯灣戰爭被用來取代美國在東南亞無法打贏的戰爭」。

美國自建國以來，歷經大小無數次戰爭與戰役，就唯獨越戰備嘗嚴重的挫敗滋味，美國國民是透過電視畫面看到自己的子弟在戰場上負傷或裝進屍袋運送回國，這種記憶和電視畫面都是以後的美國領導人和軍方將領所要加以克服和跨越的。

第三節　孕育公關化戰爭的越戰

越戰對美國人而言，是一個揮不去陰影的失敗戰爭，但在詹森（Lyndon Johnson）總統主政期間，卻是一個經過公關化處理的戰爭，越戰無疑具備公關化戰爭的雛型，也可謂為公關化戰爭的開路先鋒，然而它也是個失敗以致影響久遠的案例。

從 1964 年由假資訊構成的「東京灣事件」開始，到 1968 年太德攻勢造成的媒體報導的轉折，以致於媒體不再相信政府與軍方的說明，美國政府都是以公關的手法來捍衛越戰的正當性。以下就以東京灣事件、美國政府與公共事務聯合辦公室的宣傳、太德攻勢的轉折三個部份來加以分析。

一、東京灣事件的軍事公關手法

越南是因二次大戰造成的分裂國家之一。日軍在二次大戰中佔領越南，日本戰敗後，河內的越南解放軍部隊領導人胡志明宣佈成立越南民主共和國，並接受蘇聯及中共的軍事與財務支援，美國在為阻止共產勢力南侵的考慮下，決心加大干預。

1960 年時，美國甘迺迪政府已將越南問題視為重要政策，南越也因美國的協助，成為反共的堡壘。甘迺迪向南越增派 2,000 名軍事顧問，部署的美軍亦不斷增加，但是，甘迺迪政府是在未知會國會或告知美國人民的情況下，將部隊悄悄的送往越南（McNair, 1999）。

甘迺迪總統遇刺後，副總統詹森接任總統轉而採取動員國內外輿論的公關策略。對當時的美國而言，越戰是繼二次大戰、韓戰之後再一次的軍事作戰，但要將美國子弟送往國外戰場，其先

決條件在於必須在國內獲得廣大民意的支持，還有得取得國際認可。

急於參選下屆總統的詹森，則以東京灣事件作為美國受到威脅而採取武力行動的藉口（Barnet, 1972；Jowett & O'Donnell, 1999；McNair, 1999；Bennett, 2003），將它設計成訴諸國內民意及國際性的媒體事件，作為提升用兵正當性的來源。

為了爭取民意支持與國際視聽，美國政府在 1964 年 8 月 2 日及 4 日兩度宣稱遭到北越軍事武力的襲擊[5]，此即所謂的「東京灣事件（The Gulf of Tonkin Incident）」。東京灣事件則是一個經過人為製造出不折不扣的假資訊。換句話說，東京灣事件的威脅並不存在（McNair, 1999）。

配合演出的是美國國防部秘書 McNamara，立即在第一時間知會國會，並在 8 月 7 日經他數小時說明，以及宣稱政府持有明確證據可供佐證情況下，美國參議院以 88 票對 2 票通過，眾議院則以 416 票全數通過（Jowett & O'Donnell, 1999: 262；張威、鄧天穎譯，2004），從此越戰全面爆發。

McNair（1999: 191）認為東京灣事件導致越戰全面爆發，所展現的正是典型的軍事公關手法（military PR techniques），而詹森政府是運用此類政治傳播的先鋒者。越戰不僅動員國內外輿論來支持政府的政策，政府官員與軍方領導人更需要不斷向民眾解說。Jowett & O'Donnell（1999: 261）指出，「在 1965 年的越南，美國發動了有史以來最大規模的戰爭宣傳活動」。

必須指出的，在此階段的美國傳播媒體曾給予美國政府很大

---

[5] 美國政府宣稱，一次是美國驅逐艦 USS Maddox 在 1964 年 8 月 2 日位於越南海岸約 30 公里處，受到北越炮艇的「無故攻擊（unprovoked attack）」，另一起攻擊則發生在 8 月 4 日，驅逐艦 USS C. Turner Joy 受到北越的魚雷襲擊。

的支持,經常從事「愛國式宣導(patriotic spin)」。包括《紐約時報》、《華盛頓郵報》等報紙媒體都堅決支持,此二聲譽卓著報紙直到 1971 年 6 月才揭露東京灣事件是欺騙美國民眾之舉,而且美國在介入越戰的真相上不斷扯謊(Lee & Solomon, 1991: 106-107)。

以三大無線電視新聞網 NBC、ABC 與 CBS 來說,對上章所提戰爭訊息發佈指導原則無不配合遵守,尤其在晚間新聞時段都會主動刪除戰況慘烈的鏡頭。CBS 新聞部總裁 Fred Friendly 曾做這樣自白:「在我擔任新聞部總裁的兩年期間,不只一次調整過我的新聞判斷,也修改過我的良知」,還有 NBC 曾將美軍在中南半島形容是建設者而非破壞者,而且認為這是「需要特別加註強調的重大真理(central truth that needs underscoring)」(轉引自 Lee & Solomon, 1991: 106)。

二、撒謊的公關宣傳

上章已略提及越戰爆發後,美國政府為整合宣傳機構,在 1965 年 7 月 1 日,美國新聞總署轄下的美國公共事務聯合辦公室(Joint U. S. Public Affairs Office,簡稱 JUSPAO)被委任接掌所有的宣傳戰活動。

JUSPAO 負責兩個主要的宣傳目標(Jowett & O'Donnell, 1999: 264):其一,侵蝕北越政權的基礎,以達最後消滅它的支持力量;其二,贏得南越人民的「心與腦(hearts and minds)」,使成為支持民主政體的堅固力量,因而 JUSPAO 鎖定三種宣傳的目標對象(Ibid.):越共的士兵及其在南越境內的支持者、北越的人民與菁英份子,以及南越內部的非共產主義

者。

　　為了強化戰爭的正當性，美軍還企圖與西貢政府合作對南越軍民進行宣傳，但此舉不被南越政府接受，美軍則直接以傳單、海報、旗幟、報章雜誌及廣播電視等媒體，和南越民眾接觸（Chandler, 1981: 33）。

　　如前所界定的，公關化戰爭主要的特色之一，必須透過一系列公共關係的做法，來達到包裝與美化戰爭效果，另也需結合心理戰，爭取有利於己方的民意變化。在 1967 年發動的普受歡迎行動（Operation Success）計畫中，詹森在總統辦公室成立一個「越南資訊小組（Vietnam Information Group）」，專責提供「好消息」給新聞界，捏造越戰的成果及北越挫敗或失利的消息（McNair, 1999: 192），但是在隔年初，一切的宣傳機器再也轉動不靈。

　　大多數記者都知道，美軍所提供的統計數據或資料是有問題的，軍方提供的參戰人數、死亡率及所謂已經平定地區等一連串數據，都是經過編造的（Carruthers, 2000: 118）。Braestrup（1994: 3，轉引自 Carruthers, 2000: 119）指出，美軍西貢官員「從未撒過一個彌天大謊，只是說過數不清的小謊而已」。記者們也習慣將美軍在西貢每天下午五點舉行的例行簡報，稱之為「五點鐘愚行（five o'clock follies）」，因為它的作用只剩下為了穩定士氣而已（Kaplan, 1982；Emery & Edwin, 1984；Jowett & O'Donnell, 1999；Carruthers, 2000）。

　　雖然美國政府與美軍在越戰遂行公共關係時投入極大的努力，但除了上述的「撒小謊」外，還有前線與後方消息來源分歧的重大缺失。Hallin（1986: 10）分析越戰時期的電視與報刊內容，發現消息來源大都是華盛頓的高層部門，但在越南前線官兵

告訴記者的盡是武器限制的沮喪及各種不滿。

　　採訪越戰的媒體記者主要依靠政府官員與軍隊兩種消息來源，可是這兩個機構，一在華盛頓，一在西貢，經常因為消息兜不攏，造成媒體求證或作業上極大的困擾，而且被說成是華盛頓與西貢兩大機構之間的競爭（張威等譯，2004：400-401）。

　　此外，詹森政府為避免派遣兵力遭媒體指責，對越戰戰場上的新聞採訪採取寬鬆政策，只要求媒體遵守軍事安全的原則即可，這可說是美國媒體首次上戰場不受新聞檢查的難得際遇（Hallin, 1997: 208-209）。然而，當一個個美國士兵流血犧牲的畫面，毫無阻攔的闖入美國人的家庭，就已注定這是一場「打不贏的戰爭」（Lull, 2000: 163）。

三、克里米亞戰爭的重演

　　John Mueller（1973，轉引自張威等譯，2004：394-395）曾整理越戰期間所做民意調查數據的變化[6]。從數據上看，1967年10月至1968年中期是重要的轉折期，而有些人（Maclear, 1981；Jowett & O'Donnell, 1999；Seib, 1997；Carruthers, 2000；王彥軍等譯，2001；張威等譯，2004）的看法，則將1968年春季

---

[6] 1965年以前，很少有美國人意識到越戰的存在；1965年美國陸軍大規模行動，提高民眾的警覺，起先戰爭的支持率是很高的，但在1965年8月，降到有61%支持戰爭，24%明確反對戰爭；1966年時，支持率「出現緩慢而模糊的下降」，反對者則以「較快的速度」增加；到1967年5月，50%表示支持戰爭，37%反對，但從1967年7月起，對戰爭的支持開始崩潰，到10月為止，反對戰爭的人已經占了大多數，44%表示支持，46%表示反對。從1968年中期開始，對戰爭的支持率大幅下降，到1971年中期，反對戰爭的人已經和1965年8月時支持戰爭的人一樣多（Mueller, 1973，轉引自張威、鄧天穎譯，2004：394-395）。

越共發起的「太德攻勢（The Tet Offensive）」當成是個關鍵轉捩點。

太德攻勢發生於 1968 年 1 月 31 日，越共對南越 36 個城市的美軍發動全面突擊，美軍有 1,500 餘人死亡，7,700 餘人受傷，而越共死亡人數高達 45,000 人。從表面數字看，這是美軍的重大勝利，卻因美軍領導人向美國民眾隱瞞許多事實，與記者親歷戰場所見所聞的報導頗多矛盾。從太德攻勢到 1973 年美國部隊全面撤出，媒體與美國公民對政府決策高層的懷疑與日俱增，政府與美軍的公信力愈降愈低（Seib, 1997；張威等譯，2004）。

在 1968 年的轉捩點，著名 CBS 主播、公認的「新聞先生（Mr. News）」克朗凱（W. Cronkite）扮演重要的份量。他在太德攻勢後 2 月 27 日的新聞節目中，坦言越戰已陷僵局，美國不可能取勝，唯一的出路是談判（Donovan & Scherer, 1992: 102）。從此反戰輿情轉激，詹森總統說，「假如我已失去克朗凱，那我已失去美國大眾[7]。」（轉引自 Halberstam, 1979: 514）

關於越戰的宣傳，Mercer, Mungham & Williams (1987: 254) 認為，「美國政府窮盡一切所能，透過綿密的公共事務計畫與活動，強而有力兜售一場戰爭。」Mercer 等人（1987: 235）還形容這一場戰爭是「麥迪遜大道的戰爭（Madison Avenue War）」。但是 Kevin Williams（轉引自張威等譯，2004：406）

---

[7] 此後詹森失去政府內部關鍵人物的支持及作為消息來源的可靠地位，以致形成以下三種變化趨勢，第一，政府及政治菁英的意見明顯分歧，媒體出現更多對這些分歧與爭議的批評；第二，政府的說詞被賦予更多懷疑的對待；第三，戰爭的圖景變化了，多數的報導主題是戰爭的僵持或挫敗，記者們不再稱「我們的戰爭」，而改稱「這場戰爭」（張威、鄧天穎譯，2004）。

指出：「克朗凱就像克里米亞戰爭中的羅素一樣，顛覆了政府。」

第四節 冷戰時期的公關化戰爭

如文獻探討所指出的，越戰後美軍立即從事軍隊公共事務改造，但在越戰陰影下的公關化作為主要是對媒體採取管制政策，因而以下冷戰時期所發生的戰爭可說是對越戰媒體關係的調整與修正，並因應媒體與民意反應，衍生試驗性質的公關化作為，至 1991 年波斯灣戰爭趨於成熟，在此之前可謂為公關化戰爭發展的醞釀時期。

一、英阿福克蘭戰役（1982）

不僅由於地理因素的關係，更鑒於越戰的教訓，促使英國政府在 1982 年福克蘭戰役中，順勢地對媒體加以掌控，成為軍方公關機器的一部份，但當時柴契爾政府的做法並非強制扣押或控制新聞，也不遮掩壞消息，而是用較多的好消息來沖淡壞消息（冷若水，1985a、1985b），福克蘭戰役可以說是測試公關化戰爭與新型態媒體管制的場域（胡光夏，2007）。

福克蘭群島（Falklands／Malvinas）距英國本土有 8,000 哩，有利於英國政府和軍方進行媒體管理。Allan（2004: 159）指出，英國官員學到越戰經驗，所採用全新的策略計有：經過篩選的英國記者人數全為男性，限制在 28 人，由海軍護送，以便軍方全程監控；記者幾乎完全依賴英國官員提供訊息，他們被迫集體共用稿件與照片，以便軍方進行審查，但報導中不得提到

「已被審查過」；不准使用衛星設備，只能透過回程船隻遞送（由於距離 8,000 哩，至少延遲三星期）；國防部新聞官員希望「好消息」被優先報導，以便「振奮國內士氣」。

這趟 8,000 哩航行使軍隊與媒體「綁在一起」，對英國軍方顯得十分有利，有助於英國政府從容運用「與記者相處的新方法」（Carruthers, 2000: 159）。記者必須簽署文件，表示「願意接受」公共關係軍官檢查他們撰寫的文稿，事實上記者不接受檢查也不行，因為他們的電稿只有經過軍方通訊設備才能發得出去（冷若水，1985a、1985b）。

福克蘭戰役只有英國政府與阿根廷政府兩個新聞消息來源，但一般人對阿根廷軍人政府觀感不佳，就比較相信英國發出的新聞，使英國在這次戰爭中贏得軍事戰，也贏得宣傳戰（同前引）。Allan（2004: 159）則指出，英國政府精心策劃意識形態層面的修辭，此種輿論的策略與攻勢緊緊扣住「正與邪（good and evil）、我族與他者（us and them）」的區分，*BBC* 記者 Martin Bell（1995，轉引自 Carruthers, 2000: 159-160）如此說：

> 這一趟航行中的審查制度，規範我們的報導行為，新方法不僅讓我們在受控的條件下進行報導，而且也讓我們分享前線士兵的危險和艱難，用這種方式使我們很難不認同他們。這個過程可以叫做綑綁（bonding）……，一個不尋常的軍事計畫，它很有效。

二、格瑞那達戰役（1983）

柴契爾政府在福克蘭戰役開啟綑綁媒體的先例，美國雷根政

府立即在加勒比海小島格瑞那達戰役中仿效,採取完全封鎖的媒體管制,此被認為是歷年來美國新聞界在戰爭新聞採訪中最慘痛的一次失敗經驗(Garcia, 1991;Altheide, 1995;Williams, 1995)。

此一軍事行動以「緊急猛烈(Operation Urgent Fury)」為代號,雷根政府將媒體完全排除在外,甚至一直等到雷根總統公開宣佈行動成功圓滿後,媒體才得知訊息,並只允許 15 名記者在美軍官員陪同下前往採訪,但記者所發佈的新聞稿還需接受軍方的檢查(Mungham, 1987: 30),而且為了確保未受審查訊息外洩,美軍還首次運用電子干擾來阻止替代性的傳輸管道(Young & Jesser, 1997)。

Altheide(1995: 189)指出,由於嚴格管制,新聞報導所能取得的影像資訊並非戰鬥的場面,而僅是模擬的武力、地圖的圖示,將廣播報導的文字打在電視螢幕上和一些少數的訪問而已。

雷根擅於宣傳與形象塑造,在民間擁有極高的聲望,還有一群高素質公關人員協助處理新聞資訊,並維繫良好的媒體關係。有關研究認為雷根平時所採取的作法是「以大量新聞資訊掌握傳播(manipulation by inundation)」(Garcia, 1991;吳恕,1992;Mould, 1996)。因而,雷根在此一軍事行動上對媒體採取強硬態度,多少有些是依恃強大的民意為後盾[8],以尋求突破長久以來的越戰夢魘,而因此導致媒體諸多不滿,也促使美軍警

---

[8] 該戰役事後,NBC 新聞評論員 John Chancellor 接到 500 通信和電話,六分之五的人贊成限制新聞界的採訪;ABC 的電視新聞主持人 Peter Jennings 說他接到信件中,99%表示支持雷根的決定;美國編輯和發行人雜誌報導,十幾家主要日報所收到的讀者投書,有四分之三贊成排除記者參與軍事行動;TIME 收到 225 封信,支持新聞界的比例只有九分之一(吳恕,1992: 30-31)。另,根據當時華盛頓郵報的調查,88%美國人民認為美國軍人在戰爭中獲得尊敬,但在十年前,只有 50%的民眾對軍隊有信心(呂志翔,1993: 101)。

覺到躲避媒體的行為並不恰當（Lovejoy, 2002）。

隨後美國參謀首長聯席會議主席 John W. Vessey, Jr.上將指示成立一個由退役陸軍少將 Winant Sidle 主持，另包括新聞記者和媒體公關人員參與的研究小組（一般通稱為 Sidle 小組[9]），並要求設法回答兩項問題（Venable, 2002）：（一）美軍應以何種方式進行軍事作戰，才能確保軍人的生命安全及作戰機密；（二）同時又能讓美國民眾透過媒體了解作戰的狀況。

Sidle 小組研議後提出八項建議及一份聲明原則。建議事項中指出在作戰計畫內應納入公共事務計畫的重要性（Venable, 2002；Lovejoy, 2002），另一項建議是，美軍應採取具體作為來增進與媒體間的互信，須在軍事行動中設立「國家媒體聯合採訪（National Media Pool）」，以資因應媒體無法自由接近戰場採訪新聞的情形（Garcia, 1991；Cate, 1998：108；胡光夏，2003；康力平，2005；方鵬程，2006b）。

三、巴拿馬戰爭（1989）

1989 年 12 月 20 日的所有電視新聞都在報導這場代號「支持正義行動（Operation Just Cause）」的戰爭，之所以如此，乃是美國國防部與記者報導團合作事宜早於幾周前準備就緒。

此戰是美國發動一場對抗巴拿馬（Panama）獨裁者 Manuel Noriega 的有限戰爭。Noriega 以前是美國盟友，但在這場戰爭中被美國有計畫的透過媒體妖魔化，Louw（2003；胡光夏，

---

[9] 這一個研究小組的成員，除了 Slide 外，還包括六位軍官及七位退休的新聞記者與媒體主管。在該小組與 19 位媒體工作者與三位公共事務代表詳細晤談後，最後提出一份有關如何改善軍隊與媒體關係的建議報告。

2007）認為，這種戰前醜化敵人的做法使得公關化戰爭邁進一個新的里程碑。

入侵巴拿馬前，Noriega 已被大量新聞報導妖魔化，用在他身上的包括毒品惡魔的化身（drug-devil incarnate）、雙性戀、巫毒教魔（voodoo），以及形容他的臉長得像「鳳梨臉（pineapple face）」等（Altheide, 1995: 192）。媒體的資料影片來自五角大廈提供，包括許多圖表、地圖，以及老布希總統、一些白宮官員談話，還有該由誰來接替 Noriega 的討論等等（Altheide, 1995）。

相較於格瑞那達是小而孤立的島嶼，巴拿馬戰爭提供一個非島國的媒體實驗（胡光夏，2007），這也是美軍第一次運用 Sidle 小組建議的媒體聯合採訪制（Cate, 1998；胡光夏，2003）。媒體在戰爭前的數小時內就接獲通知，但類似格瑞那達排斥媒體行為依然存在[10]，且限制戰鬥結束前不准做現場報導（Sharkey, 1991）。

在遭到媒體抗議下，助理國防部長威廉斯（Pete Williams）邀請曾經擔任過美聯社記者的 Fred Hoffman，對於前往巴拿馬的採訪經過情形進行調查。Hoffman 從相關調查訪談中獲悉，雖然美軍曾依據 Sidle 小組建議，將公共事務計畫納入作戰計畫，有關單位卻因擔心保密問題並未貫徹實施，但 Hoffman 十分肯定聯合採訪的功能，提列 17 項優點於報告中，此舉大大強化軍方將公共事務計畫納入作戰計畫的意願（Venable, 2002）。

當時參謀首長聯席會議主席鮑威爾還曾行文指示，強調軍事

---

[10] 當記者團抵達巴拿馬後，主要因為當時國防部長錢尼（Dick Cheney）與主管公共事務的助理國防部長威廉斯有意拖延採訪行動的出發時間，造成記者錯過前幾個小時採訪攻擊行動的機會。

指揮官對媒體態度的重要性[11]，期許他們將公共事務計畫列為作戰計畫中的重要一環，而不僅僅是推給公共事務官的責任而已（Ibid.）。

四、1991 年波斯灣戰爭

1991 年波斯灣戰爭是一場資訊化戰爭，與前兩場戰爭甚至越戰及美國前所經歷的任何一場戰爭都有所不同。相較於格瑞那達戰役、巴拿馬戰爭，1991 年波斯灣戰爭則有更長的好幾個月時間做充分準備。

美英戰略界提出的對策是實施媒介資訊戰，計畫中又分為戰略及作戰兩個層面，前者是公共關係及宣傳、外交及經濟戰等活動，後者則包括資訊心理戰在內的資訊指管作戰（Rathmell, 1988；孫敏華、許如亨，2002）。

奠基在巴拿馬戰爭後的檢討與協議，此一戰爭採取擴大規模的媒體聯合採訪制（詳見第五章分析），另經由國家領導人及軍政要員對外發表政策聲明，創造國內外媒體曝光的公共外交手法在戰前被廣泛運用（詳見第六章分析）。老布希總統親自上電視面對美國人民，直接向人民請求支持有關美軍部署至波斯灣的決定，強調此一戰爭不會是另一個越戰，這都透過全球直播放送出去（Jeffords & Rabinovitz, 1994；Keeble, 1997；Wolfsfeld, 1997；Lovejoy, 2002）。軍方另外有利的武器是參謀聯席會議主

---

[11] 鮑威爾指示軍事指揮官應了解媒體在軍事作戰中角色及其重要性，在研擬作戰計畫時應同時擬定支援媒體採訪的相關計畫，所有軍事計畫都應考量作戰中可能發生的所有狀況，包括軍事戰鬥、醫療行動、戰俘處理、難民問題、武器及裝備維修、民事行動等，而且在研擬與審核所有計畫時，指揮官亦應留意有關公共事務的附件（Venable, 2002）。

席鮑威爾、聯軍統帥史瓦茲科夫（H. Norman Schwarzkopf）等人透過新聞簡報，直接向美國民眾與世人傳達訊息（Garcia, 1991）。他們英雄的氣概，使美國人民對美軍深具信心，使美國民眾容忍「知的權利」被犧牲，也使得新聞媒體在與政府的競爭中處於被動地位（冷若水，1991；呂志翔，1993）。

與巴拿馬戰爭如出一轍，美國為了揭舉戰爭的正當性，戰前進行一系列妖魔化海珊的宣傳（Kellner, 1995, 2003a；Keeble, 1998），包括將海珊入侵科威特形容為「科威特的掠奪（rape of kuwait）」、海珊是「希特勒再世（another Hitler）」及「邪惡的化身（the incarnation of evil）」等（相關分析詳見第七章）。

視覺資訊的內容與特色愈來愈由新聞消息來源所提供，以及傳遞這些訊息內容的媒體共同在資訊遊戲中扮演重要角色，成為1991年波斯灣戰爭的一項特徵。Altheide（1995: 185）認為，這個戰爭就像是新聞節目（news program），卻不是傳統意義上的新聞節目、常規的新聞報導或特別報導，因為報導在戰爭正式開始前一個月就已籌劃妥當，只等待戰爭時間一到就可「播出」。

由於軍方有效控制，美國與全世界民眾經由媒體報導看到的戰爭畫面，都是導向飛彈或精靈炸彈精確命中目標，所謂的「手術式（surgical）」轟炸使人感受不到死亡、血腥與殘酷。Cummings（1992：103）在《戰爭與電視（War and Television）》指出：

波斯灣戰爭是為了要摧毀記憶，也是未留下記憶的戰爭。它不再是如越戰中客廳中血淋淋的戰爭場面，而是透過技術控制，讓觀眾與戰爭保持一定距離，展現一種格外冷靜

的後現代透視。

這場戰爭更是速戰速決的戰爭,作戰過程歷時僅 42 天,Keeble（1998: 69）指出,軍方成為整個事件意義的主要界定者,與媒體記者保持相當遙遠的距離,使他們失去挑戰虛構故事的能力。

一位戰地記者如此形容自己:「我們像極了政府的附屬品（adjuncts）」,《紐約時報》記者 Malcolm Browne 說「記者團成員都成為國防部免付酬勞的雇員」（轉引自 Bennett & Garaber, 2009: 119）。前助理國務卿 Hodding Carter 對媒體記者支持政府戰爭立場曾做這樣評論:「如果我還是政府官員,我們應該對傳播媒體付予酬勞」（轉引自 Lee & Solomon, 1991: xv）。

在戰爭結束之後,由於媒體領導人抨擊美軍未盡到協助媒體採訪工作的責任,五角大廈與新聞機構合作研擬了「新聞媒體採訪國防部作業原則（Principles for News Media Coverage of DOD Operations）」。這個新原則特別強化一些影響到未來的構想,包括今後軍事指揮官應親自參與研擬媒體採訪作戰狀況計畫,以及公開獨立新聞報導的重要性、媒體聯合採訪制應非固定作為、媒體自動遵守保密為准許加入部隊採訪的前提條件等（Hachten, 1999；Venable, 2002）。

第五節　後冷戰時期的公關化戰爭

冷戰結束後進入後冷戰時期,在 1991 年波斯灣戰爭洗刷越

戰的失敗記憶,且美國政府與國防部已十分熟悉運用一般媒體的作業方式,經重新檢討公關政策後,從限制轉向開放。從文獻探討中,已略知此一時期公關化戰爭的發展特徵是盡量散佈消息及運用「虛幻的傷害」,以下是對相關戰爭的探討。

一、索馬利亞協同信心行動(1992-1993)

美國政府於 1992 年底介入索馬利亞(Somalia)的糧食運送與秩序維護工作,美軍在該國摩加迪休(Mogadishu)展開「協同信心(Tandem Trust)」行動,在這相距半個地球的他國領土上,五角大廈已將幾十名記者安排這處海灘上,電視媒體打光拍攝美國海軍與陸戰隊的夜間登陸行動。

在這一軍事行動中,美軍公關軍官特別告知媒體登陸的時間與地點,記者可以利用最新型的筆記型電腦,將戰場報導與畫面傳送到媒體總社,世界各地的電視與報紙都立即將摩加迪休登陸做成頭條新聞(Offley, 1999: 270)。

Altheide(1995: 211)指出,登陸行動的所有新聞報導全由五角大廈一手導演,電視網像是依據已經寫好的劇本來進行。Coker(2002: 73)提醒做此個案研究時務須謹慎,因為所有前赴「戰場」的美軍士兵都被告知,這不是一場戰爭,而是和一般颶風救災工作並無差別的「人道救援任務(a humanitarian mission)」。

美軍這支部隊由 140 名菁英士兵組成,面對的是幾千名索馬利亞人[12],隔日獲得營救,計有八名士兵喪生,70 餘人重傷。生

---

[12] 這是一場城市游擊戰,雙方武力軍備差距懸殊,美軍擁有高科技的精密武器,對手只有簡陋的步槍及火箭彈。

還者在接受媒體訪問時卻表示,當時他們彷彿置身電影情境中,必須不斷提醒自己,來自四面八方的子彈、周遭同袍的血跡及屍體都是真實的(Coker, 2002)。

索馬利亞軍閥阿迪(M. F. Aidid)曾藉刻意羞辱美軍俘虜與陣亡者屍體,影響美國人的民心,一些不好的戰爭畫面經由電視傳播,曾引發輿論的強烈批評(Louw, 2003)。表面上美國似乎吃了大虧,但在整體行動上以美國為首的西方維和部隊射殺了索馬利亞 10,000 餘人,沒有一個美國媒體對此有過報導,戰爭血淋淋的事實完全被淡化(金苗,2009:237)。

二、海地軍事行動(1994)

1994 年美國在海地(Haiti)展開的「支持民主作戰(Operation Uphold Democracy)」,是傳統心理戰與資訊戰的成功整合案例。該年 6 月下旬,美國國安會成立跨部會工作小組(interagency working group),成員來自國安會、國務院、美國新聞總署、國防部及聯合參謀本部等相關單位。該工作小組負責媒體心理戰的計畫與協調等工作,而由美軍第四心戰群成立軍事新聞支援組(Military Information Support Team),密集對海地黨政要員,實施包括新聞發佈、影片製作、心戰廣播及傳單空投等威懾心理戰攻勢(孫敏華、許如亨,2002:245)。

美國首先塑造海地軍事政權的非法性與美國介入的正當性,並運用美國之音(VOA)對海地進行廣播民主任務。由於海地人很窮,美國軍方空投數千台只可收聽美國之音頻率的收音機,利用 EC-130 電子作戰飛機在海地上空巡迴,放大美國之音的功率,最後在未發生軍事衝突的情況下,成功的讓海地民選總統亞

里斯迪（Jean Bertrand Aristide）返國就職（周湘華、揭仲，2001：224）。

由於美國總統卡特已經與海地強人 Raoual Cedras 取得協議，美軍並未強行進入海地，沒有武力衝突發生，但事後五角大廈肯定事先將媒體記者納入作戰計畫的必要性，記者在納入戰術單位後能就近觀察各階段軍事行動，而且很多記者聽取有關作戰計畫簡報，並未發生洩密情形（Venable, 2002）。

Offley（1999: 272）指出，美國於 1994 年干預海地及隔年的波士尼亞行動，國防部與新聞媒體都從 1991 年波斯灣戰爭經驗中取得協調，而能在作戰安全與新聞報導間做到平衡。

三、波士尼亞維和行動（1995）

自二次大戰後，媒體記者嵌入軍隊，與軍隊士官兵同吃同睡的情形便不常出現過。1995 年在波士尼亞（Bosnia）進駐由美國主導的維和特遣隊時，亦曾採取比較小規模的嵌入計畫（Fialka, 1991），後來的 2003 年波斯灣戰爭隨軍記者（embedded journalist）則較為人們所熟悉。

當老鷹特遣隊（Task Force Eagle）從匈牙利調往波士尼亞，美國國防部著手研擬一份大膽創新的軍事與媒體關係計畫，總共有32位新聞記者，其中美國籍占24位，嵌入以德國為基礎的陸軍部隊中，這是一支北約維和行動的執行部隊，到達波士尼亞後的二到三星期，記者們都與部隊一起行動（Offley, 1999: 272）。

在美國陸軍裝甲師部署至波士尼亞之前，W. Nash 少將已擬妥包括三項目標的媒體運用策略（Lovejoy, 2002）：（一）持續

爭取並維持美國民眾對軍方的支持；（二）影響波士尼亞境內各交戰派系，使一同遵守達頓條約（Dayton Accords）；（三）讓參與軍事行動的美軍士官兵對他們的任務產生好感。

為促使軍隊與媒體關係更具一致性，此時美軍已將公共事務軍官納編於作戰計畫參謀群中，俾使每次作戰計畫妥善規劃與媒體相關的考量，一改傳統上只由戰鬥人員參與作戰計畫的作為（Lovejoy, 2002）。

四、科索沃戰爭（1998-1999）

美國在二次大戰後對國際輿論的引導，向來由美國新聞總署負責，該署創立於艾森豪總統任內的 1953 年，以反制來自蘇聯所發動的反美宣傳，但在 1999 年的美國國務院改組，該署併入國務院，更名為公共外交與公共事務國務次卿辦公室，不再是一個獨立單位（Armistead, 2004: 25），但也因此導致美國政府內部缺乏統合資訊流通的機構，柯林頓政府遂於 1999 年 4 月 30 日簽署第 68 號總統決策令「國際公共資訊（International Public Information, IPI）」，並在隨後的科索沃戰爭中發揮效益。

在科索沃戰爭中，第 68 號總統決策令啟動運作，以美國為首的北約建立整合全球新聞傳播機制（Armistead, 2004），此一機制主要是以強大的新聞資訊洪流吸引媒體即時報導，牽動民眾的注意力。北約各政府官員與軍事將領除頻頻接受媒體採訪外，每天上午在倫敦舉行一個小時的記者會，下午北約在布魯塞爾總部舉行記者會，晚上在華盛頓分別由白宮新聞發言人、美國政府新聞發言人和五角大廈新聞發言人舉行三個記者會。這些記者會加起來長達六至七個小時，如此國際重要媒體必須花費很長時間

即時報導記者會內容（Tang, 2007）。

　　Ignatieff（2000）指出，以「尊貴鐵砧行動（Noble Anvil）」與「聯軍行動（Allied Force）」為代號的北約，對外宣傳的口徑如一，硬說這是嚇阻外交，將一場真正的戰爭形容為虛擬戰爭，其實北約的部隊就是在開火與還擊。

　　美國等北約國家的電台和電視台每天播放南斯拉夫聯盟政府如何迫害科索沃阿族人的文稿，並不斷顯示其高科技武器威力的空襲效果；美國特種作戰司令部所屬空軍 193 特種作戰聯隊的六架 EC-130E／RP 電子作戰飛機，每天輪流升空展開心理攻勢，以塞爾維亞語對南斯拉夫播送四小時廣播電視節目，以圖瓦解南斯拉夫軍民士氣（姜興華，2004：20）。

　　在這次戰爭中，網際網路的效用首次被人們廣泛感受到。北約聯軍發動空襲第一天，*CNN* 網站的瀏覽次數達 3,100 萬人次，一周內 *CNN* 網站增加到 1 億 5,400 萬人次；*ABC* 新聞網站也表示該網站瀏覽次數增加超過六成（Seib, 2004: 88；延英陸，2007：216）不單是美國的上網人口增加，南斯拉夫上 *CNN* 網站也增加 963%（延英陸，2007：216）。

　　北約在自己的網站上呈現戰爭事件，提供轟炸時拍攝到的畫面供人下載，南斯拉夫聯邦共合國（the Federal Republic of Yugoslavia）的外交部網站設有「北約侵略（NATO Aggression）」專區，表達塞爾維亞（Serbia）對敵人的觀感（Seib, 2004: 89）。而塞爾維亞的廣播電台 B-92 則使用自己的網站，擺脫南斯拉夫政府的控制（Thussu, 2000）。

五、阿富汗戰爭（2001-2003）

於 2001 年 10 月 7 日開打，至 2003 年 5 月 1 日宣布結束戰鬥行動的阿富汗戰爭，是美國報復恐怖組織製造 911 事件的一場軍事行動，也是 21 世紀美國的第一場戰爭，為了尋求出師的正當性，美國政府不斷告訴她的人民及全世界：賓拉登就躲藏阿富汗的某個山洞裡。

開戰前的 9 月 15 日，小布希向全國發表電視講話，聲明要對 911 事件進行報復；9 月 20 日小布希前往國會，向參眾兩院及美國民眾發表電視講話，美國媒體也配合政府一連串報導賓拉登的種種罪行；美國政府同時邀請一些影星和球星拍攝反恐廣告，代言反恐戰爭（鄭守華等，2008：152-153）。

開戰後的第一個聖誕節，美國政府端出一項新策略[13]：美國應該開辦一個由國家資助的阿拉伯語電視台，以對抗半島的影響。此一策略是「911 提案（Initiative 911）」中的一部分，計花費 7 億 5,000 萬美元設立自由阿富汗之聲（*Radio Free Afghanistan*），成為所謂「三腳鼎立戰略（three-pronged strategy）」中繼美國之音及自由歐洲之音之後的第三根支柱。這個以 26 種語言、對 40 多個回教國家播放節目的電視網，主要設定目標對象是 15 到 30 歲的穆斯林青年，因為他們是恐怖組織招收成員的基本力量（Fraser, 2005: 152）。

上述柯林頓第 68 號總統決策令在小布希就任後並未沿用

---

[13] 該策略主要策劃人是參議員 Joseph Biden，他的基本構想在於衛星電視在後冷戰時代遠比冷戰時期的美國之音更迫切，運用「打嘴戰（war of words）」的電視網絡才能推銷美國的形象與軟實力，吸引年輕世代的阿拉伯人（Fraser, 2005: 152）。

（Armistead, 2004: 25, 70），當911事件發生之後，為整合政府對外訊息傳播，小布希政府立即聘用曾任世界兩大廣告公司主席的比爾斯（Charlotte Beers）為負責公共外交的國務次卿，同時在總統顧問休斯（Karen Hughes）主導策劃下創立臨時性單位「聯盟訊息中心（Coalition Information Center，簡稱CIC）」，負責協調後911時期的全球訊息傳播工作。

CIC在2001年阿富汗戰事期間，與英國及巴基斯坦官員合作無間，分別設立以華盛頓、倫敦及伊斯蘭馬巴德三個新聞中心，此為美國奠下全球24小時新聞傳播機制的基本模型。

根據《衛報》報導，倫敦方面由英國首相布萊爾（Tony Blair）的傳播與策略主管Alastair Campbell領導，下轄15名官員，向大西洋兩岸的媒體提供早上到中午的新聞，到了下午2：30（美國東岸早上9：30），倫敦將任務轉交給美國總統顧問休斯主持的CIC，CIC配備30台電腦終端、世界主要的電視頻道及一個電子顯示的世界地圖，標明從伊斯蘭堡到華盛頓等地的日出時間，牆上的任務表則以小時為單位，註記24小時內在全球各地每個訊息官員的具體任務，包括對媒體進行解釋、公關和反駁等任務。到了美國東部時間晚上9：00時，美國聯盟訊息中心將任務轉交給設在巴基斯坦伊斯蘭馬巴德的新聞中心，此時正是伊斯蘭馬巴德第二天早上7：00（轉引自張巨岩，2004：9-10）。伊斯蘭馬巴德新聞中心使用地點即是美國新聞總署舊大樓（Armistead, 2004）。

美軍193特種作戰聯隊也部署到阿富汗邊界，運用EC-130RR電子作戰飛機執行心理戰任務；10月7日戰爭爆發當晚，首次亮相的六架EC-130E出動，既可監聽又可干擾訊號，展開每日長達10小時以上，甚至有時全天候不間斷的心理作

戰；10月14日起美軍EC-130E、MC-130和B-52轟炸機開始投放心戰傳單；美軍另空投10萬台固定頻率的收音機，可以使阿富汗人民收聽到美國之音和英國 BBC 的廣播節目（鄭守華等，2008：141-144）。

美國發動阿富汗戰爭期間，曾於阿富汗聯合部隊司令部創立一個名為「戰區跨機構效能（Theaterwide Interagency Effects）」的新組織，負責協調以溝通為主的公共事務、資訊戰及心理作戰，戰後美國國防部又成立了「戰略性傳播辦公室（Strategic Communications Office）」，隨後因輿論迫使國防部長召開新聞記者會宣布解散此辦公室，美國國防部仍以「戰略傳播工作小組（Strategic Communication Working Group）」進行運作，各軍種也設立戰略傳播小組負責規劃相關程序、結構與制度（Eder, 2007: 61-70）。

六、2003年波斯灣戰爭

跨入新世紀的全球化傳播，任何交戰方都不可能按照一己意圖完全統一本國媒體與第三國媒體的口徑。在某種程度上，這象徵著政府、軍隊與媒體的關係益趨複雜，或是前者對後者更加細緻的新聞管理與關係經營，Taylor（1997）就曾指出，「資訊戰與心理作戰」代表著傳播科技協助軍事與其他政府組織傳播有利資訊，俾能在戰前和戰爭期間，充分影響輿論甚至人民的態度與行為。

由小布希政府發起的2003年波斯灣戰爭，美軍投入龐大的軍事武力，遲至2010年8月31日，歐巴馬總統才宣布全面撤軍。兩次波斯灣戰爭差隔12年，無論時代的變化或科技的進步

均有顯著不同。

在911當天，上網看新聞報導的人就有3,000萬人，《華盛頓郵報》比平時上網人數增加三倍，一些主要新聞網站人滿為患，根本無法上網；2003年3月波斯灣戰爭中，美國人上阿拉伯半島衛星網站從二月份的79,000人激增到100萬餘人，*BBC*網站也有超過500萬的美國人上網，比2月份多出158%；路透社網站提供串流視訊影片也在三月份增加72%，超過200萬人次（延英陸，2007：217）。

張巨岩（2004：22）指出，911事件發生不久，美國主要媒體的專題節目與新聞，立即連日報導海珊政權與賓拉登之間關係，如*CNN*連續多日報導恐怖份子如何接受海珊政權資助，包括伊拉克駐捷克外交官與執行恐怖攻擊主要人物阿塔在烏拉格會面故事等，但是媒體很少有人力與時間可以自己蒐集這些證據，他們必須依賴一些關鍵的新聞來源，亦即小布希政府。

Kellner（2005: 36）分析，這段期間美國媒體框架由「美國被攻擊（American under Attack）」轉到「美國重新奮起（American Strikes Back）」，美國主流媒體充斥著戰鼓聲從未間斷過，在資訊呈現與觀點反映上相對貧乏，反而網路媒體出現許多比較理性的辯論。

上文提及的CIC，於2002年由「全球傳播辦公室（Office of Global Communications，簡稱OGC）」取代（Seib, 2004；Armistead, 2004；南方朔，2006年9月6日）。此後，OGC負責統合美國政府各部門的訊息工作，與全球外交辦公室（Office of Global Diplomacy, OGD）、五角大廈的戰略影響辦公室[14]

---

[14] 美國國防部於2002年2月成立戰略影響辦公室，成員大多是國防部文職人

（Office of Strategic Influence，簡稱 OSI）形成共同對外傳播戰略機制（Armistead, 2004；李智，2005）。

不同於二次大戰、韓戰或越戰時期，此時大部份美國人對軍隊了解有限，且因部隊裁員，改行募兵制，五角大廈做了前所未有的大改變。也不像 1991 年波斯灣戰爭所採取媒體聯合採訪制的「訓獸師模式（lion-tamer model）」（Shepard, 2004: 6），而是透過安排記者「隨軍」及「記者訓練營（boot camp）」促進雙方關係的了解（Miracle, 2003；Shepard, 2004）。此一戰爭透過公共關係手法的媒體管理與媒體運用將在第五及第六兩章有完整分析。

在準備對伊拉克動武前，美國創造許多妖魔化海珊的詞彙，立即變成美國媒體及全球大多數媒體的新聞用語（此在第七章有較完整分析）。美國政府一口咬定海珊藏匿大規模殺傷性武器，美國國會還舉辦有關海珊暴行的聽證會，透過衛星向世界實況轉播。張巨岩（2004：45）強調心理戰就是一個公共關係工程，而且與戰前公共外交的媒體戰略相銜接，原本由國務次卿負責的公共外交，在戰爭爆發後立即轉變成了戰時心理戰爭的重要訊息。

2003 年戰爭的戰況新聞報導，主要由以下幾個點與面構成（Shepard, 2004: 34-35）：（一）隨軍記者（embeds living with the troops）；（二）科威特美軍集結點的採訪記者；（三）達哈（Doha）、卡達（Qatar）中央指揮部採訪每日新聞簡報的記者；（四）數目不詳、不受隨軍保護及限制的獨立型記者（unilaterals）；（五）五角大廈記者及白宮特派員；（六）

員、陸軍心理戰及空軍特戰人員，負責協調國防部的戰略性認知管理作為（Armistead, 2004）。

國內退役將領上電視進行戰情分析。

因而美國的主流媒體，無論三大無線電視網或 FOX、CNN 等，提供給美國觀眾的內容幾乎都是經過淨化的戰爭報導與評論，很少播放伊拉克人民傷亡畫面，他們幾乎「不見了」（Kellner, 2004, 2005；裴廣江譯，2005）。

第六節　結論

本章分析冷戰時期及後冷戰時期公關化戰爭的發展歷程（並參表 4-1）。有別於媒體與軍方「同在一條船上」的傳統宣傳戰，冷戰時期及後冷戰時期的軍隊逐漸呈現不同以往的新型式宣傳。由傳統宣傳戰邁向新型式的公關化戰爭，從孕育至邁向成熟，再到阿富汗戰爭及 2003 年波斯灣戰爭，箇中糾結盤錯，實有賴歷史角度的視野始能透徹了解。

從研究中發現，越戰可說是公關化戰爭的開路先鋒，從美國政府以假資訊全面引爆戰爭到美軍撤出戰場，不僅是人類有史以來最大規模的戰爭宣傳活動，而且還是典型的軍事公關手法的展現。

但這個戰爭也是公關化戰爭的徹底失敗案例，美國政府向其國民與世人捏造越戰的成果及北越挫敗或失利的消息，美軍公共事務的運作乃藉由一連串「撒小謊」進行，美國與其盟國也是其援助對象的南越政府之間的宣傳活動是各自為政的關係，尤其美國政府與前線軍隊的訊息發佈與說詞更存在著不協調、互別苗頭的情形。這些是美國媒體由先前致力「愛國宣導」，以致最後失去對政府信任，甚至「倒戈」相向的緣由所在。

無論對美國政府或人民，甚至是美國軍人，越戰是一個不光彩的戰爭。Haney & Thomsen（李育慈譯，2010：149）指出，越戰之後的美軍全軍陷入百廢待舉、士氣低落的狀態，美軍撤出越南更是創下未達軍事目標便鳴金收兵的首例。由此所種下的是揮之不去的越戰症候群，其中效應之一的後越戰歸咎媒體症候群還深深烙印在一代代美國軍人心裡。

越戰經驗及其症候群影響深遠，促使美軍從事軍隊公共事務的改革，甚且選派公共事務官員至民間公關公司學習，但這不僅是美軍的教訓而已，福克蘭戰役中的英國就是因為「學到越戰經驗」，而採用軍隊與媒體「綁在一起」的全新管理策略，為公關化戰爭重新出發開創新的參考模式。美國立即從英國做法仿效學習，格瑞那達戰役與巴拿馬戰爭都是相當成功的實驗，巴拿馬戰爭戰前妖魔化敵人的做法使得公關化戰爭邁進一個新的里程碑。

但以美國的發展而言，美軍從事軍隊公共事務的改革，甚至是公共事務的革命，並以熟練主流媒體作業模式的條件，以及引進公關廣告及傳播界人才以為己用，促使政府與軍隊所欲傳達的訊息與議題，能在較無阻礙環境下轉換為公共議題，在戰爭中且以公關手法遂行宣傳戰與心理戰等，都可說是公關化戰爭的重要做法與特徵。

公關化戰爭所面對的媒體關係或國內外環境情勢，均與以往時期有著很大差異，因而其所展現的形式亦須與時俱進，不斷檢討因應，才能回應媒體的需求與符合民意的期待。例如格瑞那達戰役後有 Sidle 小組建議——軍隊公共事務計畫必須納入作戰計畫中；巴拿馬戰爭後有 Hoffman 報告——軍隊公共事務計畫是作戰計畫中的重要一環；1991 年波斯灣戰爭後有新聞媒體採訪國防部作業原則——軍事指揮官應親自參與研擬媒體採訪作戰狀況

計畫；波士尼亞維和行動後，規定公共事務軍官納編作戰計畫參謀群中等均是。

　　從第三及四節的探討，可知有能力施行公關化戰爭的國家主要以美英等少數擁有強大傳播力量的強權國家為主。公關化戰爭既然是透過公共關係的作法，來遂行民眾的感知管理，影響傳播媒體的再現與框架，而且要展現國內與國際民意的影響力，明顯具備這樣條件的，非美國莫屬。但在因緣際會下，首先建立一套媒體管理運用策略實際用之於戰爭上，則是福克蘭戰爭中的英國，美國隨之仿效，立即用於格瑞那達戰役，而大規模的公關化戰爭則見於1991年及2003年的波斯灣戰爭。

　　從軍媒關係的變化來看，不若一、二次大戰站在同一陣線上，冷戰時期的軍隊與媒體已然分割，卻因受越戰戰敗的影響，仍受到更高程度的管制，例如美軍在格瑞那達、巴拿馬，以及1991年波斯灣戰爭行動中，只有經過挑選的少數記者，可以隨軍採訪。但在1991年波斯灣戰爭之後，美國深刻體會全球24小時新聞時代已經來臨，對媒體的限制已不再可行，從此展開對媒體開放參與的作為。後冷戰時期的軍隊所面對的是儼然為自治體的媒體，有賴政府與軍方更細緻的經營媒體關係，才能充分發揮資訊戰威力。

　　政府與軍隊在進行公關化戰爭時，均透過現代公共關係來操作，運用新聞記者會、媒體操作、假資訊、假事件等作為，使宣傳者成為媒體的重要消息來源，將自己所構思的議題轉變成為公共議題，來影響傳播媒體的再現與框架，達到包裝與美化戰爭的效果。這可從本章歸納出以下的重要策略與作為：

　　（一）媒體管理策略：是指政府與軍方如何與媒體相處所採取的方式或作為，尤其在戰爭期間如何透過公關的手法，做到滿

足媒體的需求,並經由媒體的傳播贏得各方民眾的支持。

（二）媒體運用策略：則是政府與軍隊在遂行戰爭的公共關係時,藉由公共外交、軍隊公共事務與心理戰等層面,針對不同的受眾,採用各種不同的媒體管道,包括傳統的方式與新興媒體等,以確實達到訊息傳播的目的。

（三）訊息規劃策略：訊息競爭即是公關化戰爭的特色之一,它不需企圖說服所有受眾,但得在戰前及戰時甚至戰後的國內、國際及敵方等戰場上,爭取「有利於己」的媒體關係、民意支持與輿論效應,這也是政府領導人、政府各部門與國防部,以及前線的指揮官或公共事務軍官連貫一致,針對各種不同的目標對象,遂行民眾的知覺管理,使國內民意與國際輿論成為助力,化解戰爭的阻力。

無論如何,兩次的波斯灣戰爭都是美國有心徹底脫離越戰夢魘最典型且具代表性的公關化戰爭,是目前為止探論公關化戰爭的最佳案例。因而,在第五章、六章及七章將以這兩次戰爭為例,對以上三項策略分別深入探討。

表 4-1：公關化戰爭的發展歷程

	發生時間	戰爭名稱	發 展 與 意 義
冷戰時期	1964-1975	越　戰	美國以假資訊發動全面戰爭,並透過綿密公共事務計畫,動員國內外輿論。 越戰孕育公關化戰爭雛型,卻也是個挫敗以致影響久遠的案例。
	1982	福克蘭戰役	英國以越戰為殷鑑,篩選記者由海軍護送,使軍隊與媒體「綁在一起」,記者幾乎完全依賴官方

宣傳與戰爭
從「宣傳戰」到「公關化戰爭」

發生時間	戰爭名稱	發 展 與 意 義
		提供訊息。
1983	格瑞那達戰役	美國師法英軍福克蘭戰役媒體管理策略,將媒體排除在外,待軍事行動成功後才允許記者在官員陪同下採訪。
1989	巴拿馬戰爭	戰前透過媒體妖魔化敵人,實施聯合採訪制限制戰鬥結束前不准做現場報導。
1991	1991年波斯灣戰爭	戰前進行系列妖魔化敵人的宣傳,實施擴大的媒體聯合採訪制,透過新聞簡報直接向民眾傳達訊息,視覺資訊由官方提供,排除電視負面影像。
1992-1993	索馬利亞協同信心行動	登陸行動新聞報導全由五角大廈一手導演,戰爭血淋淋事實被淡化。
1994	海地軍事行動	密集對海地黨政要員實施威懾心理攻勢,記者納入戰術單位就近觀察軍事行動。
1995	波士尼亞維和行動	採取小規模隨軍採訪,美軍將公共事務軍官納編於作戰計畫參謀群中。
1998-1999	科索沃戰爭	以美國為首的北約建立全球新聞傳播機制,整合對外宣傳,網際網路的戰時效用首次被人們廣泛感受到。
2001-2003	阿富汗戰爭	美國創立戰區跨機構效能新組織,負責協調公共事務、資訊戰及心理作戰,並奠定全球新聞傳

後冷戰時期

發生時間	戰爭名稱	發 展 與 意 義
		播機制的基本模型。
2003	2003 年波斯灣戰爭	美國設立全球傳播辦公室整合傳播戰略機制，採取史上最大規模隨軍採訪，戰前極力妖魔化敵人，戰時全面淨化新聞報導與評論。

資料來源：作者整理。

第參篇　公關化戰爭篇

第五章　公關化戰爭的媒體管理策略分析

第六章　公關化戰爭的媒體運用策略分析

第七章　公關化戰爭的訊息規劃策略分析

第八章　2003年巴格達市「推倒海珊銅像」的假事件分析

第五章 公關化戰爭的媒體管理策略分析：以兩次波斯灣戰爭的美軍作為為例

第一節 前言

　　由於傳播科技的進步，人們在戰爭時期被包圍在宣傳之中，民心動向具有決定性作用，因而衡量一場戰爭的得失，不再是傳統的鋼鐵硬度、鐵路長度或武器兵力的強弱，政府與軍隊該嚴肅以對的新興課題，反而是媒體如何再現戰爭及其可能引起的效應。

　　媒體對社會大眾輿論最重要的影響之一，在於議題設定（agenda-setting）的功能，他們選擇了什麼議題，民眾跟著注意什麼議題，往往因他們選擇加強某些議題，必然忽視或排擠了其它議題（Rogers & Dearing, 1988）。但是，媒體的議題又是誰來設定呢？由上章的探討，公關化戰爭的精義之一，在於對傳播媒體如何的掌控與管理，使成為有利於己的助力，甚至是克敵致勝的武器。

　　《哈潑雜誌（*Harper's Magazine*）》發行人 John Macarthur 曾做這樣的評論：

> 政府為尋求民意對戰爭支持所做各種公關作為的努力，必須仰賴大量順從的傳播媒體配合，一五一十的將精心描繪海珊帶給美國重大威脅的說法傳播出去（轉引自 Seib,

2004: 73）。

1991 年波斯灣戰爭是一場資訊化戰爭，尤其這也是經歷越戰挫敗後的最重要戰爭，對美國與美軍而言，具有多重的意義。Adams（1998）曾指出這個戰爭像是一場兩面戰爭，一面是回顧過去，另一面又展望新的戰爭方式；回顧的是如何消除越戰負面影像傳播方式帶來的傷害，展望的是如何透過接納媒體及與媒體互動，而形成一個與越戰不同面貌的電視戰爭。

兩次的波斯灣戰爭之間相距 12 年，無論時代的變化、科技的進步均有顯著不同，美國在戰爭時的媒體管理策略亦與時俱進，不斷調整，不斷修正。老布希總統、五角大廈及其軍事指揮官接受越戰的教訓，並參酌前幾次公關化戰爭的試驗經驗，採取極其周密的新聞媒體管制，進行民眾的感知管理。但在跨入新世紀後的全球化傳播下，網際網路普及化，資訊傳播大量化，五角大廈也做了前所未有的大改變，透過安排記者隨軍採訪，裨益雙方關係的了解。

戰爭本是人類社會的重大問題，媒體絕不會放過任何報導的機會，卻也因媒體組織的數量成長，成為媒體管理的嚴峻挑戰。二次大戰諾曼地登陸的隨軍記者只有幾十名，但在兩次波斯灣戰爭的記者人數動輒上千名[1]。然而，如上章所言，經歷越戰後的公共事務改革，美軍已經在各軍種均培育出新一代懂得經營媒體

---

[1] 1944 年 6 月，伴隨龐大盟軍部隊前往法國諾曼地的隨軍記者不過 30 名；格瑞達戰役及巴拿馬戰爭的戰場上，短短的幾小時內就出現 500 名記者；1991 年波斯灣戰爭開戰之初，進入戰場的媒體記者及相關技術支援人員就多達 1,600 人；1996 年波士尼亞境內軍事行動，也有超過 1,700 名媒體記者進行採訪（Venable, 2002）。

第五章 公關化戰爭的媒體管理策略分析

關係的公共事務軍官[2]。

本章透過相關理論與文獻的回顧與整理,藉以了解美軍在 1991 年與 2003 兩次波斯灣戰爭所展現的媒體管理策略作為。所謂「策略」係採自 Grunig & Repper(1992: 119-125)建構的公關策略管理模式(model for the strategic management of public relations),所強調策略管理是一種前瞻性的思考與規劃,全方位考量組織當前面臨的使命和環境條件,以協調內部與外部因素[3],而擬定目標與執行行動的過程。這裡所做「策略」的界定,也在後來的兩章中適用。

本章採用文獻分析法,分別針對兩次波斯灣戰爭做探討,主要的研究問題有兩個:美國政府及美軍在 1991 年波斯灣戰爭的媒體管理策略與作為為何?同是對伊拉克用兵,相距 12 年之後的 2003 年波斯灣戰爭又產生哪些不一樣的媒體管理策略與作為?

本章計分五節,第一節前言;第二節相關文獻檢視;第三節 1991 年波斯灣戰爭的媒體管理策略分析;第四節 2003 年波斯灣戰爭的媒體管理策略分析;第五節則綜合前兩節做出結論。

---

[2] 在 1991 年波斯灣戰爭時,美軍許多負責公共事務的軍官都有較高學歷與完整訓練,其中絕大多數的專業與專長就是公共關係,各軍種均有公關訓練與研究的課程,包括軍隊內部資訊、社區關係及媒體關係等,例如海軍中有 80% 公共事務官員擁有高等學歷(Hiebert, 1991;張巨岩,2004)。

[3] Grunig & Repper(1992: 119)認為,傳統的管理理論偏重於內部結構與內部監督的規範與運作,而策略性管理必須重視「組織是什麼」、「組織想做什麼」及「組織想成為什麼」,並搭配環境所賦予的條件做綜合分析,讓組織隨時定位在最佳的位置上。

第二節　相關文獻檢視

本節針對政府的媒體管理、媒體管理策略、協助性傳播、新傳播科技與科技型記者等相關理論及文獻進行檢視，以作為後續分析的參考架構。

一、政府的媒體管理

美國媒介社會學學者 Schudson（1978: 165-176）曾以新聞管理[4]（news management）的概念，分析一次大戰至 1960 年代越戰期間美國政府與媒體的互動方式；McNair（1999: 128-129）則將政治公關區分為四種類型活動：（一）媒體管理（media management），此係政治人物以製造新聞事件（medialities）或以議題管理方式等增加媒體曝光度；（二）形象管理（image-management），是指塑造政治人物個人形象，同時依據組織的性質與目標塑造組織形象；（三）內部溝通，包括組織內訊息傳遞、訊息調整、活動安排及訊息回饋等；（四）資訊管理（information management），此被 McNair 認為是一種重要的政治武器，政治人物往往可以發佈、限制或扭曲等方式來影響民意，影響人民的生活，以及打擊對手。

與此相關的名詞不少，學者（參見臧國仁，1999：167-168）曾加以整理，包括新聞發佈（publicity）、媒體行銷（media marketing）、媒介可見度（media visibility）、媒體事

---

[4] 新聞管理（news management）一詞首先由 James Reston 就政府訊息傳播問題在美國國會作證時使用，當時被認為是艾森豪政府對待媒體做法的很好說明。

件（media events）、媒介議題監控或環境掃描（media agenda monitoring or environmental scanning）、形象管理（image management）、新聞策略（press strategies）、媒介策略（media strategies）、媒介手段（media techniques）、政治行銷（political marketing）、政治推銷（promotional politics）、策略性政治溝通（strategic political communication）、資訊與意見管理（information & opinion management）等。

英國媒體與政治學者 Oates（2008）則使用媒體管理（media management）一詞，來說明戰爭時期帶給政府（包含軍隊）與媒體之間所遭遇的各種機會與挑戰。他分析影響戰爭新聞報導的因素計有：全球政治情勢、一國政治領導者與菁英如何塑造衝突與戰爭、軍隊的資訊管制、戰爭發生地點與時間長短、媒體系統、記者的自我認知或愛國態度、新媒體通路的發展等。

艾森豪將軍有句 1944 年的名言，被美國國防部用在 1991 年波斯灣戰爭檢討報告書中〈媒體政策〉單元的卷首語：

> 軍事作戰的頭等大事是不讓敵人得到任何有價值的資訊，而報紙、廣播等媒體的頭等大事則是盡可能擴大報導。你我的工作則是盡力協調好各種不同的要求（轉引自 U.S. Department of Defense, 1992: 651）。

這句話的精神揭示了軍隊在「作戰安全與民眾知的權利」之間如何取得應有的平衡，亦直接顯示媒體在戰爭中的樞紐地位。所謂「協調好各種不同的要求」，應有很大部分是針對媒體而發的。

Ottosen（轉引自孫憶南譯，2006：165-166）指出，軍方進

行軍事準備時透過媒體「軟化」社會大眾的策略步驟，包括：（一）在預備期，敵國會出現在新聞報導中，被描寫成貧窮、獨裁、無政府的狀態；（二）進入合理期時，會製作出現大型新聞節目，呼籲進行武裝介入，期以迅速恢復該國正常狀態；（三）在執行期時，透過新聞管理與新聞審查制度，開始對新聞報導進行管控；（四）在戰後，新聞描述該國已恢復正常，使得該國又失去新聞價值。

在第一章界定公關化戰爭時，已指出隨著政府「官僚式宣傳」的興起，政府透過公關手法達到管理媒體新聞報導的目的，但這種管理手法也必須顧慮媒體的接受度與公眾的反應來做修正。在此媒體管理一詞，是指政府與軍方如何與媒體相處所採取的方式或作為，尤其在戰爭期間，如何做到如艾森豪所說在軍方與媒體之間「盡力協調好各種不同的要求」，或如 Ottosen 所言，則是軍方進行軍事準備及進行軍事行動時透過媒體「軟化」社會大眾的可能步驟。

還有，戰爭宣傳中經由精心操作的媒體管理，能夠有效管控訊息，讓宣傳內容直接轉化為媒體刊播的內容，此有如孫秀蕙、陳儀芬（2011：140）所言，傳統上被公共關係人視為「不可控制的媒體（uncontrolled media）」，反而變成「可控制的媒體（controlled media）」。

二、媒體管理策略

誠如 Choukas（1965）所言，宣傳起先是藝術的，以後是科學的，政府管理輿論及政府的媒體管理是與時俱進的，這一切可說是窮盡每一代的知識累積。Mattelart 在《世界傳播與文化霸

權（*La Communication-monde*）》道出戰爭時期「政府管理輿論」的必要性。他指出 Lasswell 在戰爭宣傳研究上的主要貢獻，在於闡明戰爭期間僅僅動員人力和物力是不夠的，還必須要有輿論動員或輿論管理，Mattelart 認為「讓傳播自由所產生的危險比濫用權力所產生的危險還要大」（陳衛星譯，2001：63）。

國內外學者曾對 1991 年波斯灣戰爭期間美軍所採取媒體管理策略加以分析。例如 Taylor（1992）與 Woodward（1993）曾分析美軍運用伴隨（escorting）來遂行聯合採訪制的新聞集體供應；Bennett & Manheim（1993）舉出美軍的媒體管理有三種策略：限制接近（limiting the access）、管制記者發佈新聞內容（managing the news），以及建構符碼與形象（constructing symbols and images）。

Luostarinen（1992）與臧國仁（1999）指出美國軍方慣用的控制媒體方法是：（一）餵食（feeding），軍方以記者會方式提供訊息，包括誤導敵方的假資訊（disinformation）；（二）競爭，指軍方減少訊息供應量，引起新聞媒體爭相向軍方獲取獨家消息；（三）限制，即阻絕新聞記者接近戰爭現場，藉以控制消息供應的獨家管道（臧國仁，1999：181）。

O'Heffernan（1994）歸納美國在媒體管理上的主要策略有：更改媒體訴求的框架方向、主動提供新聞影像及紀錄片、供應大量新聞簡報與背景資料、資訊流通管制、避免以正常管道提供詳細資訊、新聞檢查、訴諸愛國心，以及以技術因素困擾媒體記者直播或蒐集資訊等。

但如 Adams（1998）對 1991 年波斯灣戰爭的檢討，政府與軍隊不應再用壓制新聞的方式來控制資訊，新聞檢查與控制的時

代已經一去不復返。Seib（2004）指出，五角大廈在運籌 2003 年波斯灣戰爭時，業已體認刪審新聞報導必然會產生許多且不必要的爭議，可行之法是運用 CNN 及各式媒體來提供給民眾大量的戰地新聞。

基於媒體組織對政府的媒體管制許多嚴厲批評，2003 年波斯灣戰爭採行隨軍採訪，Shepard（2004）指出美國軍方希望藉此避免類似 1991 年波斯灣戰爭限制媒體報導的情形重演，但基於擔心記者洩露機密及部隊安全，長期以來對媒體抱持的不變態度就是控制媒體，限制媒體採訪部隊行動或個別的三軍官兵。

胡光夏曾歸納 2003 年波斯灣戰爭美軍新聞策略有九項，包括允許媒體記者隨軍採訪、制定隨軍採訪規則、頒佈新聞守則、要求媒體自制、封殺或驅逐戰地記者、舉行記者會及戰情簡報、抵制半島電視台、篩選軍隊內部的新聞與娛樂訊息、適度干擾衛星傳送戰情新聞（胡光夏，2003），以及媒體策略有討好餵食策略與限制策略兩種（胡光夏，2004a）；方鵬程（2006c）分析美伊雙方全球傳播的媒體操控則主要有公共外交的包裝策略、媒體公關的餵食策略及新聞採訪的管制策略等三種。

由上整理大略可知，消息來源的媒體管理可以採取管制、限制或增加曝光、提供大量新聞讓媒體應接不暇等策略與方法，但也會因政治情勢、政治領導者風格、新傳播科技發展等變項而有不同。

三、協助性傳播與美軍的「協助媒體」

Doob（1966）提出「次級宣傳（subpropaganda）」，指宣傳者欲在有限時間內傳達為民眾所能接受的信念，喚起閱聽眾及

傳播媒體的注意力，必須妥善運用許多傳播技巧。

曾經服務於美國新聞總署（USIA）九年的 Martin（1971），則將次級宣傳稱為「協助性傳播[5]（facilitative communication）」，意指宣傳者展現善意，創造友善氛圍，以新聞稿、書刊、簡介、展覽、研討會、查詢服務及個人聯繫等方式，維繫與媒體及其從業人員的管道暢通，促進宣傳目的的達成（轉引自 Jowett & O'Donnell, 1999: 21-22）。

Bell（1991: 57-59，轉引自 Allan, 2004: 67-68）強調新聞工作者在固定常規（routine practices）及與「輸入來源（input sources）」接觸模式下，預先存在文本（pre-existing text）對媒體及新聞工作者具有重要作用，使記者容易做好他們的工作，也影響記者從消息來源的觀點看世界。

Allan（2004: 69）綜合整理一些學者關於協助性傳播的策略有：（一）預先提供好談話或演講稿給新聞工作者；（二）選擇合適時間安排記者會；（三）提供「立即可用（ready-to-go）」的新聞稿格式，和新聞報導的倒金字塔式的寫作結構一樣；（四）促使記者能與官僚體系中提供相關訊息的人隨時取得直接聯繫；（五）提供非正式談話（informal chats）或假事件的機會。

Bennett & Garaber（2009: 128-130）將這些由宣傳者提供的內容稱為「包裹新聞（prepackaged news stories）」。他們認為電子新聞稿[6]（video news release, VNRs）及以公眾為目標的戰

---

[5] 對於政府與企業界提供訊息給媒體藉以包裝自己形象的行為，美國社會學者甘地（Oscar H. Gandy）稱之為「資訊津貼（information subsidy）」，詳參孫秀蕙、馮建三（1998）及孫秀蕙（2009）。

[6] 經由公關運作送給媒體的電子新聞稿通常有兩種，一是已經製作完整的新聞

略民意測驗是更重要的兩大宗，前者因給新聞媒體帶來方便性，被編輯部門視為「漢堡助手（Hamburger Helper）」，後者則視測驗結果給予適當的言詞解釋，向公眾推銷早已訂妥的政策。

在美軍內部的規範，協助性傳播稱之為「協助媒體（media facilitation）」。這是在作戰採訪的過程中，美軍針對民間媒體與軍方媒體的文字與攝影記者等提供完成新聞採訪的必要協助。

依據美軍準則（FM46-1-1: 54），協助事項包括：協助媒體記者進入作戰區域、登記與管制媒體代表、向媒體簡報基本規則與安全限制、安排採訪事宜、進行作戰簡報、提供媒體食宿交通、通訊工具與安全設備、安排與接待軍事採訪團等。為達成上述協助媒體事項中，不可少的一項重要工作是設立「媒體中心（media center）」。

在作戰行動開始後的 24 小時內，必須在戰地開設具有媒體中心雛形的「臨時媒體中心（hasty media center）」，立即進入協助媒體組織各項作業狀況。媒體中心依部隊層級而有不同的名稱（FM46-1-1: 49-53），例如由美軍聯合作戰司令部（Unified Command）或聯合任務部隊（JTF）開設的稱為聯合新聞局（Joint Information Bureau, JIB）；由聯盟司令部（Combined Command）開設的稱為聯盟新聞局（Combined Information Bureau, CIB）或聯合新聞中心（Allied Press Information Center, APIC）；在聯合作戰司令布下由各軍總自行開設的稱為媒體運作中心（Media Operation Center, MOC）。

片段，它可以原樣照播，或經媒體編輯部後製在播出，另是所謂的「B 卷」，有原始膠捲及腳本，可供電視台的記者及主播運用在想要報導的主題上（Bennett, 2003）。由於媒體的人力與製作預算愈來愈有限，使得這樣的公關材料愈形管用。

以上各種不同名稱的「媒體中心」功能大同小異，至少涵蓋以下十項工作（FM46-1-1: 48-49）：（一）作為作戰區域內媒體新聞的消息來源；（二）執行國防部新聞指導綱要規定，並對媒體做基本規則的簡報；（三）作為資深公共事務官主要新聞稿、資料檔案等發佈的正式地點；（四）協調下級單位，以便進行新聞採訪，包括對採訪的人員進行必要的訓練與協助，以及提供媒體採訪時的伴隨人員（escort）；（五）作為各軍種、政府部門及各盟國間的協調場所；（六）使戰區內所有人員了解地主國在文化方面的敏感事項，避免因文化的誤解產生不必要的衝突；（七）準備並舉行媒體簡報與召開記者會；（八）記者登記與認證；（九）提供有證記者的必要協助；（十）成立媒體採訪團。

四、新傳播科技與科技型記者

1991 年波斯灣戰爭是首次經由衛星傳播，開啟了戰爭實況傳播的歷史新頁。記者只須帶著輕型攝影機、手提電腦、衛星電話與衛星上行與下行傳送設備，就可毫無阻礙的完成立即採訪與傳輸的任務[7]（Dennis, 1991；Taylor, 1995: 287；Offley, 1999: 265-266；Carruthers, 2000: 132）。不過，那時衛星傳播設備笨重，必需用卡車載運，傳送畫面費用昂貴。

到了 2003 年時，戰地記者不再事事仰賴軍方，而是全身最

---

[7] 1991 年波斯灣戰爭中，雖然大多數記者在戰場上被限點採訪，但 CNN 記者阿內特（P. Arnett）從巴格達（Baghdad）傳送在伊拉克的採訪報導，而其他的 CNN 記者則分別從華盛頓和沙烏地阿拉伯，傳送美軍和聯軍的相關新聞（Altschull, 1995）。

新設備的「科技型記者」（Seib, 2004）。衛星傳播設備的價格降為 20,000 美元，體積縮小為 15 磅，傳送畫面每分鐘不到 6 美元，而且，以往僅有國家安全人員能使用的衛星攝影已是任何人持信用卡上網即可訂購，DigitalGlobe 於 2001 年啟用的「捷鳥衛星（QuickBird satellite）」可以從 10,000 英呎高空向地表連續攝取，提供解析度 60 公分的影像（Seib, 2004: 48-50）。

這使得 1991 年 CNN 一家獨秀的情形為之改觀，更意味著政府與軍隊所需應對的媒體關係情勢益趨複雜。不僅如此，衛星與網際網路對傳播過程的接收者亦具特別意義。Held（1995: 123-124）指出，閱聽人不再是過去被動的受眾，而是「直接閱聽人」，可以立即獲取全球事件與許多遠方的資訊，並且任何遠方發生的事件立即衝擊全球各地的日常生活。

第三節　1991 年波斯灣戰爭的媒體管理策略分析

Géré 認為，1991 年波斯灣戰爭對美國政府而言，是「內部（後方）憂慮超過外部（前方）憂慮」的戰爭（國防部總政治作戰部譯，1998a：480）。他排列出美國政府三個優先次序層面的問題：首先是內部措施，旨在獲得美國人民及國會議員的認可；其次是對作戰行動的新聞報導管理；最後才是對抗敵人的心理作戰。

尤其五角大廈想讓民眾對戰爭有新的理解，戰爭不再是在客廳上流著「鮮血與內臟」的戰爭（Cummings, 1992: 121），因而，所謂的「內部措施」很大部分在於克服長期存在民眾與軍方

的越戰陰影,而媒體居間扮演關鍵角色[8]。Dennis(1991: 1)指出,「軍方已做好應對媒體的萬全準備,他們的用心程度大幅超越從前」。

一、戰地採訪的限制

美國國防部新聞處理有一套層層節制的詳細計畫,而其對象是約越戰時期四倍的 1,600 名記者(Atkinson, 1994: 159)。多國部隊並非想完全封鎖消息,也不願意得罪媒體而遭惹國際輿論,因而折衝的做法是設法使所有的新聞報導盡可能符合盟軍的軍事與政治目標,因而對戰地採訪的限制出現以下三種情形。

(一)聯合採訪制的新聞集體供應

此一全國媒體聯合採訪制(National Media Pool)採行新聞集體供應的模式,基本上延續自 1989 年 2 月巴拿馬戰爭的經驗而加以擴大執行。此一模式規定新聞記者唯有加入美國國防部「五角大廈家鄉計畫(the Pentagon's Hometown Program)」才能前往戰地部隊採訪(Sharkey, 1991)。

1,600 名記者區分成兩種採訪作業體系,一種是加入媒體報導隊伍(the media reporting teams,簡稱 MRTs),他們通常被編入 5 人為一團的記者團,隨時都保持有 25 名記者團在戰地進行採訪。只有多國部隊組成的中堅國的美英法等三國記者,可以分配到眾人期盼的 200 個席位(Taylor, 1992;McNair, 1999;Carruthers, 2000)。

---

[8] 所以 Géré 指出:「長久以來,美國領導人就以越南心理作戰的失敗做為殷鑒……。他們也了解沒有任何國家的民意像美國一樣的敏感,因此媒體扮演一決定性的角色。」(國防部總政治作戰部譯,1998a:480)

另一種的其餘 1,000 多名記者則都待在利雅德（Riyadh）與德黑蘭（Dhahran）旅館內，參與軍方領導人綜合美國、英國、法國、沙烏地阿拉伯及科威特等地發言人的觀點後所舉行每天數次的新聞簡報會（Taylor, 1995: 289），並從聯合新聞局（JIB）官員手中分享已經安全審閱（security review）的媒體報導隊伍採訪所得的內容（Fialka, 1991；Taylor, 1995；Mould, 1996；McNair, 1999；Venable, 2002）。

（二）伴隨

伴隨（escorting）是指上述第一種媒體報導隊伍（MRTs），必須在美軍公共事務軍官[9]（public affairs officers, PAOs）或英軍公共關係軍官（public relations officers, PROs）隨行下，才能前往接近駐紮部隊進行現場採訪。

所有記者都必須經過美國中央司令部聯合新聞局（JIB）的資格審定，並限制前線採訪的記者人數、可以採訪地區，以及記者可以採訪與交談的對象（Lee & Solomon, 1991；Sharkey, 1991；Rozell, 1993；Woodward, 1993；張哲綱，1997）。

《紐約時報》、《華盛頓郵報》等曾經抨擊將記者編制到受監護的集體團隊，由軍官隨行在側，施以嚴密的管制措施，認為 1991 年波斯灣戰爭是 20 世紀大規模戰爭中最嚴厲限制剝奪記者採訪權的戰爭（MacArthur, 1992: 7；Hachten, 1999: 145；McNair, 1999: 202）。

（三）限制接近部隊

除非是聯合採訪制所指定的採訪人員，否則不允許進入作戰

---

[9] 美軍在 1991 年戰爭中有 150 名公共事務軍官從事記者隨扈工作。

區域，亦不能在戰區內自由行動。少數個別記者如獨立電視台（*Independent*）的 Robert Fisk 突破重圍進行自由報導外，絕大多數記者都被限制定點採訪（Sharkey, 1991；Taylor, 1992；McNair, 1999: 202）。

新聞記者要接近戰場或進行採訪，都要經過軍方批准並由公關軍官密切陪同。美軍不允許記者使用衛星通訊設備，而且完全控制戰區交通運輸工具，這限制了記者接近戰鬥部隊或採訪個別士官兵的可能性（Fialka, 1991）。

二、餵食

五角大廈明白對戰地採訪的嚴格限制，必然引發媒體組織的抗議，餵食（feeding）是一種取得軍方與媒體平衡的必要方法。Bennett & Garaber（2009: 145）形容這樣的媒體關係是「給野獸餵食（feed the beast）」：「即使在無事態狀況下，也必須讓事情發生……，不能以源源不斷的新聞素材或故事來餵飽這些『野獸』，那可能將被對手所提供的故事所取代。」

餵食策略主要由阻絕（stonewalling）及主動提供資訊等構成（Sharkey, 1991；O'Heffernan, 1994: 241）。阻絕即拒絕以正常管道提供深入詳細訊息，但軍方每天舉行如排山倒海般的新聞簡報與背景說明，牽制記者無暇另尋其他消息，其中許多是現場播映，提供大量裝置在精密導彈上攝影機所傳送回來的畫面與影像（Garcia, 1991；Sharkey, 1991；O'Heffernan, 1994）。Taylor（1992: 64）指出，為了避免讓人聯想起越戰中的五點鐘愚行（參見第四章第三節），軍方的主要新聞簡報會選在每天下午六時舉行。

從 1991 年 1 月 16 日開戰後，美軍戰情簡報每日分別由白宮、國務院、國防部及設在沙烏地阿拉伯利雅德的美軍總部舉行。當空戰開始，美國國防部長及聯合參謀首長會議主席立即對新聞界召開記者會，戰爭爆發後兩小時，老布希總統就發表了長篇公開講話，幾小時之後，也就是 1 月 17 日早上，中央司令部的總司令及空軍司令也立即在利雅德舉行記者會。

往後 47 天內，兩位聯參作戰情報主任在國防部副部長陪同下召開 35 次電視轉播的新聞記者會。應新聞界要求，沙國的作戰副指揮官每天也對交戰情況做了電視轉播簡報。總計美軍司令部召開 98 次簡報（53 次錄影轉播，45 次實況轉播）（U.S. Department of Defense, 1992: 654）。

上章已提及，與媒體記者接觸的發言人或公共事務軍官可說都是一時之選，主要人物是國防部長錢尼、參謀聯席會議主席鮑威爾，其次是聯軍統帥史瓦茲科夫（H. Norman Schwarzkopf）與中央指揮部（Central Command），接著是設在德黑蘭的聯合新聞局（JIB），再下為各軍團或師主要戰鬥單位的新聞官（Garcia, 1991；呂志翔，1993；Mould, 1996）。

由於傳播科技的創新，24 小時全球電視新聞時代的來臨，餵食的另一新穎手法，是試圖將有關伊拉克戰區消息先提供給新興媒體的 CNN，再由 CNN 將這些消息供應給其他無線新聞媒體（Seib, 2004；Tang, 2007）。Altheide（1995: 200-201）指出，對於戰場上的軍隊、政治人物或全球閱聽眾而言，CNN 是這場戰爭一個最主要的消息來源。

三、供應官方版資訊

《紐約時報》曾有報導分析，包括老布希總統在內等政府高層官員的目標，就是要做到計畫性的「資訊流通管理」，供應官方版本的新聞資訊，務求擺脫越戰症候群的效應（Deparle, 1991, May 5）。

Altheide 指出，1991 年波斯灣戰爭是一個電視產物（the Gulf War was a television product），因為戰爭訊息在電視報導中以術語展示出來，不僅反映了訊息技術（information technology），尤在於表現於電視的新聞格式（TV news formats），他這麼形容（Altheide, 1995: 208）：

> 計畫稿寫好了，情節演練好了，場景準備好了，三維地圖（three-dimensional maps）製作好了，就等著供攝影棚使用。資料影像也被找出來了，電腦圖表和電腦模擬也製作好了，國防部的影片也握在手上了，軍事專家也已經與電視公司簽訂合約，在戰前和戰爭期間電視主持人學習軍方的術語和修辭方式，新聞以軍方的表達方式進行報導。

最典型的是經由上述的餵食策略，政府及軍方透過例行性簡報，鉅細靡遺的將戰爭事件及發生經過傳送給電視機前的觀眾。同時，大量提供給電視台使用的五花八門內容，大都是從美軍戰鬥機所拍攝包括出動戰機的架次、導彈與高科技武器準確性的官方影片，以及保護平民的行動等。

為維持官方版的媒體框架，還另夾雜著兩種策略運用，其一是阻礙（thwarting），另一是拉攏（O'Heffernan, 1994: 240-

241）。所謂阻礙是促使全國性媒體（報紙與電視網）檢視政府政策的機會落空，代之以公關方法拉攏美國地方性報紙與電視台，報導地方子弟兵參戰的人情味故事，並鼓勵地方民眾打電話到全國性媒體，對具批判性記者的愛國心提出質疑。

此外，許多關注戰事及支持政府決策被突顯，民意被具體化了。包括民調的發佈、讀者投書與意見表達，以及集體打開行進中的車燈和高聲按喇叭等，都回應在各種媒體上發出共鳴的聲音（Gerbner, 1992）。

Mattelart（陳衛星譯，2001：120-121）強調，這是在軍方嚴格控制下以中心化系統進行的資訊戰。總之，這是一套官方觀點經過合法化的官方程序遂行媒體框架管理的戰爭。Goman & Mclean（2003: 179）認為戰機拍攝的影像的確可達到新聞淨化的效果，卻使得這場戰爭成為「無害新聞（sanitized coverage）」的「純淨戰爭（clean war）」。

四、新聞管制與新聞檢查

透過計畫性的公共關係策略，此一戰爭的媒體管理極其成功，讓媒體轉換成與美國政府及軍方站在同一邊的宣傳工具。Keeble（1998: 68）指出，與其說新聞檢查是用來維護軍事安全，倒不如說是掩蓋殺戮；Lee & Solomon（1991: xvii）曾如此評論：「很少看到獨立超然的報導，電視新聞充滿著加油與打氣（cheerleading and boosterism）」。

為協助來自美國及各國的採訪記者，美軍駐沙烏地阿拉伯總部及沙國軍方成立聯合新聞局，其下設媒體中心，該中心主任為上尉，編制有 16 名新聞官，全天候執勤為記者解決各種問題。

在1991年1月14日,各新聞媒體主管已先與國防部共同發佈幾經研商後定案的兩項波斯灣戰爭新聞報導規範,分別是沙漠盾牌計畫戰地守則（Operation Desert Shield Ground Rules）及新聞媒體戰地守則（Guidelines for New Media）（Gannett Foundation, 1991）。

依據「沙漠盾牌計畫戰地守則」,主要有以下媒體不得報導的事項（Gannett Foundation, 1991: 98-99；國防部總政治作戰部,1991d：82-87）：

（一）美軍或聯軍部隊的軍力、飛機、武器系統等裝備或補給品的詳細數據資料；

（二）任何有關未來作戰計畫、作戰任務與攻擊行動；

（三）部隊明確駐在地；

（四）交戰詳情；

（五）情報蒐集行動的資訊；

（六）會危及任務安全與人員性命的部隊調動、戰術部署與配置的明確資訊；

（七）足以打擊部隊作戰及支援弱點的資訊,例如美軍或聯軍的戰鬥損害或人員傷亡等。

「新聞媒體戰地守則」規定媒體記者進出美軍作戰區,應遵守配合上文有關聯合採訪制的相關措施外,另主要要求於夜間作戰時不得使用包括閃光燈及鎂光燈的可見光源,亦不可刊播足以辨識面貌、名牌或其他特徵的傷亡照片或影像等事宜（Gannett Foundation, 1991: 100-101；國防部總政治作戰部,1991d：80-81）。

Schlesinger（1989,轉引自臧國仁,1999：181）指出,政

府機構在戰爭期間常藉新聞檢查（censorship[10]）施展不同程度的干預策略，以便官方說法能成為媒體上的合法觀點。參與此次戰爭報導的媒體記者必須在行動準則上簽字，此意味著他們放棄對軍方人士進行不公開採訪的權利，也允許軍隊安全部門來審查他們的報導文稿（MacArthur, 1992；Carruthers, 2000）。

美軍在戰爭期間實施嚴格的新聞檢查，規定所有戰地報導內容（包括新聞與照片等）必須當場經過公共事務小組隨扈軍官的安全審閱，再交由傳送單位（forward transmission units, FTUs）傳送給利雅德與德黑蘭旅館內的記者，然後傳送全世界（Taylor, 1992；Taylor, 1995；Mould, 1996；Taylor, 2003）。

隨扈軍官會與記者討論所發現的問題，如果不能達成協議，則送往德黑蘭聯合新聞處處長及相關新聞媒體代表審議，如仍未達成協議，則再上呈到主管公共事務的副國防部長與相關局長一起審核，然此篇報導的刊登與否，仍取決於原報導記者的所屬媒體，而非軍方或政府。

許多媒體都曾抗議軍方的安全審閱違反憲法第一修正案（First Amendment），但根據戰後美國國防部所作檢討報告書，聯合採訪小組總計 1,300 件文稿中，僅有 5 件送達華盛頓尋求裁決，其中 4 件在幾小時內獲得圓滿解決，第 5 件報導由於涉及情報作戰細節，該篇報導的主編選擇調整內容（Fialka, 1991: 5-6；U.S. Department of Defense, 1992: 653）。

另外，還有一說指出五角大廈曾在 CNN 總部辦公室內工作進行新聞審查，以便確保經由 CNN 供給其他媒體的消息安全無

---

[10] 美軍在波斯灣戰爭中未曾使用新聞檢查（censorship）這個名詞，而是比較不引人挑剔的安全審閱（security review）（Taylor, 1995: 289）。

疑[11]，但此一說法尚有待進一步資料驗證。

五、網羅「專家」上電視[12]

在戰爭期間內，美國的電視新聞在加長的時段中出現一大群的「專家」，充當節目的共同主持人（coanchors）或與談人，他們在夾敘夾議中廣泛運用象徵勝利的影像、各式圖表、三維地圖及即將進行的行動預告，但幾乎口徑一致，都是支持戰爭的論調（Altheide, 1995）。

Lee & Solomon（1991: xvi）指出，所謂「專家」通常是中央情報局、國防部及國家安全委員會的現任或已卸職官員，還有一些專家學者、主戰派的國會議員等，但其他的異議份子、無黨派評論家或和平團體領導人的言論卻遭到封殺[13]。

Altheide（1995: 200）強調，如此則可限縮其他不同意見的表述空間，且有利於戰略、武器及軍事等方面的框架鋪陳。

---

[11] 如前所述，五角大廈把有關伊拉克戰區消息提供給 CNN，CNN 又把這些消息提供給其他媒體，但在戰爭結束後，CNN 負責人承認國防部工作人員曾在亞特蘭大 CNN 總部辦公室內工作，審查從伊拉克戰場送回的新聞資料，五角大廈允許的內容才能播出，否則只能刪除（Tang, 2007: 33,194）。英國記者 Fisch 披露 CNN 的新聞審查手段：CNN 對所有發回來的新聞與報導進行審查，要求記者將自己的報導內容寄往亞特蘭大總部，經總部確認和修改後才被允許播放，因此美國國務院和五角大廈對 CNN 的任何報導不產生任何懷疑（轉引自 Tang, 2007: 208）。

[12] 類似情形亦出現在 2003 年波斯灣戰爭中，並遭《紐約時報》爆料係五角大廈計畫性作為的一部分，參閱下節分析。

[13] 1991 年波斯灣戰爭的前兩周內，媒體監督團體「新聞報導公正與正確（Fairness & Accuracy In Reporting, FAIR）」對主要電視新聞網的夜間新聞節目所做調查顯示，反戰言論幾乎全面遭到封殺，只有 1.5%的新聞來源確認來自於反戰人士（轉引自 Lee & Solomon, 1991: xvi-xvii）。

六、封鎖負面的新聞

　　為避免削弱美國民眾對戰爭的支持,老布希總統與五角大廈訂定一套縝密的政策,那即是將一切對戰爭進行不利的消息加以封鎖,使它無法成為負面的新聞(Hachten, 1999: 145)。以下一些做法不見得對美軍安危或形象有所影響,但關係到民眾對戰爭是否持續支持。

　　為了避免重蹈越戰覆轍,美軍對敵人傷亡的數字都拒絕做任何透露。Altheide(1995: 182)指出,有關平民的損失或各種傷亡的報導及影帶,都是由伊拉克及其他國家的媒體所提供。

　　例如,美國空軍參謀長 McPeak 將軍雖曾承認空軍的攻擊行動出現過一些錯誤,但拒絕就相關細節再做任何說明;美軍陣亡官兵遺體大都集中在 Dover 空軍基地後轉運回國,而該基地是禁止採訪的(Sharkey, 1991: 27-28)。又如,在衝突過後許久,外界才知曾有戰壕中的伊拉克士兵被美軍以重型推土機掩土活埋;戰場上 33 位美軍遭火焚身,家屬在好幾個月後才獲告知(Kurtz, 1993: 215;Hachten, 1999: 145)。

　　五角大廈在戰爭期間宣稱巡弋飛彈命中率在 85% 至 90% 之間,其實不準確的情況不少,在 88,500 噸導彈中只有 5,600 餘噸炸燬指定地點,70% 都錯過了它們的目標(Taylor, 1992: 220;Kurtz, 1993: 215)。

　　Lee & Solomon 指出,許多真相都是在美軍停止轟炸後才逐漸顯露出來,這正應了拿破崙的名言:「無須全面禁制新聞,只要延後發佈新聞,靜待事過境遷即可了」(轉引自 Lee & Solomon, 1991: xix-xx)。

第四節　2003年波斯灣戰爭的媒體管理策略分析

隨著戰爭開打日期逐漸逼近，美國國防部所面對的是一群不願再像上次波斯灣戰爭受到管制的媒體大軍。根據 CNN 資深特派員 Walt Rodger 的說法，小布希總統與錢尼副總統起初都不贊同隨軍計畫，而國防部長倫斯斐及助理副部長克拉克（Torie Clarke）積極去說服，才於 2002 年 11 月批准了隨軍計劃。軍方也討厭這項計畫，而且，公共事務部門並未納入兵棋推演中，到作戰首日（Day One），公共事務部門才納入作戰計畫（Shepard, 2004: 13）。

由於新傳播科技快速發展，讓媒體機構與記者具備前所未有的採訪便利，軍方即使想要限制，也實有困難。顯然的，隨軍採訪可以接觸到三軍部隊，比起上次波斯灣戰爭的聯合採訪制，已是大為開放的進步措施。但在「進步措施」的光鮮外表上，美英聯軍已經從 12 年前大幅蛻變，亦即將「資訊流通管理」模式成功轉型為跨國跨洲的 24 小時新聞傳播循環機制，以確保應對所有採訪媒體的需求。

一、全球 24 小時新聞傳播循環機制

隨著 CNN 全球 24 小時新聞網的建立，從 1991 年波斯灣戰爭、1998 年科索沃戰爭，到 2001 年阿富汗戰爭，再到 2003 年波斯灣戰爭，美國政府新聞計畫逐漸發展成以全球各地的網絡及每日 24 小時新聞傳播的循環為基礎[14]，結合白宮總統府、國務

---

[14] 在 24 小時新聞還未興起之前，美國國防部已十分重視掌握最新新聞並立即予以回應，由五角大廈五人小組每日清晨挑選美國各重要媒體訊息即時編印提

院、國防部,並由白宮的「全球傳播辦公室(Office of Global Communications, OGC)」統合政府訊息(Hiebert, 2003; Tumber & Palmer, 2004; Snow, 2006)。這樣的新聞供應循環機制不只是政府機構間的資訊整合與聯結,同時也與主要盟國及作戰戰區指揮部密切聯結。

在 2003 年波斯灣戰爭開打前,美國政府內部已先成立一個類似阿富汗戰爭時的新聞傳播機制(Snow, 2006: 235)。2003 年戰爭期間,每天白宮新聞秘書 Ari Fleischer 先與英國首相的傳播與策略主管 Alastair Campbell、白宮傳播主管 Dan Bartlett、國務院發言人 Victoria Clarke 與 Tucker Eskew 等先聯繫(Tumber & Palmer, 2004)。

這個機制每日運作的例行作為包括(DeYoung, 2003, March 19; Seib, 2004):

第一,每日黎明時分,美國的白宮、國務院及五角大廈與英國首相辦公室的媒體主管先行召開電話會議,為每日的新聞重點及重要問題定調;

其次,到了美國時間的中午左右,位於卡達的中央指揮部舉行每日簡報記者會,供應午間新聞需要;

第三,下午時則於五角大廈內由國防部官員進行新聞簡報會,提供資訊給美國晚間新聞及歐洲夜間新聞之用;

第四,每天新聞作業結束時,白宮備妥「全球信使(Global Messenger)」,將總統及其他官員的談話重點與引述內容,透過電子郵件寄給白宮各官員、世界各地美國大使館,以及其他可

供美國政府與軍方參酌運用的 Early Bird(1950 年創辦,正式名稱為 *Current News*),可算是典型一例,詳參 Smith(1988: 160-167)。

能接觸到記者的人士（政黨領袖、企業經理人、宗教人士等），美國政府的一份備忘錄中曾註明「無論是在雞尾酒會上或是董事會上，都不要忘記提到這些要點。」（杜波、文家成、韓秋鳳，2004：38）

二、對戰地記者的協助與管理

上章已指出，美國國防部改採記者隨軍嵌入（embedded）制，美國軍方希望藉此避免類似 1991 年波斯灣戰爭限制媒體報導以致戰後爭議不休的情形重演。此次戰爭對戰地記者採取協助與管制的作為，亦是協助性傳播的具體實現，基本上又區分為對隨軍記者與對獨立型記者兩種不同情形。

（一）對隨軍記者的協助與管制

在第三章曾指出，早在美墨戰爭時已有隨軍記者的先例；1991 年戰爭後的美軍陸戰隊曾多次運用，成效不錯（Fialka, 1991），此次戰爭則是美國有史以來規模最大的一次隨軍採訪，約有將近 3,000 名來自世界各地記者經由科威特獲取必要文件進入戰場，包括經常批評美國的半島電視台（Al-Jazeera）在內，計有 775 位記者[15]加入美英聯軍隨軍採訪。

隨軍記者立即獲得許多協助，包括訓練[16]、食宿交通、安全

---

[15] 775 名記者中（女性有 80 名），其中 70% 名額給美國國內媒體，20% 給國際媒體，10% 給軍中媒體（Shepard, 2004: 22）。根據科威特美軍司令部新聞中心主任 Larry Cox 的說法，美國國防部是參考後勤作業計算出可開放隨軍記者的人數，在不妨礙軍隊行動情況下，所能容納記者人數就這麼多，新聞機構所能派出記者也這麼多（Seib, 2004）。

[16] 五角大廈舉辦記者戰地訓練營（boot camp），雖未硬性規定隨軍記者均需接受軍事訓練課程，但亦不否認參加記者較有機會分配到較好的隨軍單位。據統計有 234 名記者報名參加，訓練課程安排在陸戰隊的 Quantico 基地、維吉

保障等,每一項目所需成本都高達數千美元,無須新聞媒體支付分文,全由納稅人買單(Seib, 2004)。但隨軍記者因簽署戰地守則,報導僅能侷限在戰爭中的「點」,全程留在指定位置。幾乎每位記者都會要求前往第一線,但 775 名記者中只有 40 至 50 位能如願目睹前線戰鬥實況(Shepard, 2004: 23)。

隨軍記者都被事先告知「軍方無法承諾媒體可以看到浩大戰爭場面」,能夠提供的只是「煙囪漏斗式戰爭(funneleddown war)」[17](Ibid.: 24),這種情況和1991年波斯灣戰爭時聯合採訪的限制頗為類似,因而隨軍報導被認為像是用「六七百根吸管」看戰爭(Seib, 2004)。

Miracle(2003: 45)認為隨軍採訪使記者加入軍隊,貼近戰場,不失為改善媒體關係的好方法;依據胡光夏(2007)的看法,在 Grunig & Hunt(1984)提出的公共關係四模式中,記者嵌入是屬於「雙向對等模式」,由過去對媒體的封鎖與圍堵策略改變為融入。

(二)對獨立型記者的處理

隨軍記者在各項規定下的採訪行動受到束縛,許多媒體機構採取雙管齊下的對策,在派遣隨軍記者的同時,另派出「獨立型記者[18](unilaterals)」自行前赴戰場採訪,總計數量高達 1,800

尼亞州海軍的 Norfolk 基地、喬治亞州的 Ft. Benning 及紐澤西州的 Fort Dix 等基地(Shepard, 2004: 26)。

[17] 此語係指見樹不見林之意,根據聯軍司令部公共事務軍官 Rick Thomas 上校的說法,「隨軍記者基本上是透過稻草來看戰爭,他們可能看到一場可怕的營戰鬥,但卻無法獲得完整戰略或作戰之全貌。」(轉引自 Shepard, 2004: 24-25)

[18] 1991 年波斯灣戰爭時,已有英、法、美獨立型記者加入戰場報導,但為數甚少(Carruthers, 2000: 137-138)。

名（Seib, 2004: 53）。

美國國防部發言人 Bryan Whiteman 聲稱，非隨軍記者會被看作是一般平民，並對他們保持一定的警戒程度，他認為伊拉克人也有可能「冒充為記者」（Kurtz, 2003, April 3；Tumber & Palmer, 2004: 46）。

五角大廈的態度十分明確，雖然接受獨立型記者，但無法給予像隨軍記者的待遇，亦無法確保給予必要時的協助，這些記者被公共事務軍官視為「玩撲克牌時不想抽到的雜牌（wild card）」（Shepard, 2004: 43）。

三、律定戰地規則

根據五角大廈對於媒體作業「兼顧媒體採訪需求與作戰安全需求」的指導原則，軍方不禁止媒體使用任何特定的傳播工具，部隊不得以記者個人安全為由，限制隨軍記者進入戰鬥區域（Seib, 2004），另方面，美軍中指部在首次召開新聞發佈會時就明確提出「三不政策」：不准問美軍與英軍的傷亡情形，不准問與目前的軍事行動的有關問題，不准問與今後軍事行動計畫有關的問題（Tumber & Palmer, 2004: 16；胡光夏，2007：202）。

記者願意隨軍採訪，必須簽署協議，遵守國防部律定的戰地規則，其中重要規範隨軍記者的事項有（Shepard, 2004: 24）：

（一）禁止攜帶武器及擅離指定單位，擅自駕駛自己的交通工具或擅自行動；

（二）遭受生化武器攻擊時，必須提供記者必備的防彈夾克、鋼盔及生化防護工具；

（三）禁止報導正在執行中的任務；

（四）不能以「不列入紀錄（off the record）」為藉口，專訪個別的軍事人員；

（五）禁止報導特定已完成（specific completed）、延誤或取消的任務，禁止報導將執行的任務；

（六）基於作戰安全（operational security）的要求，禁止報導洩密、打破禁忌；

（七）當新聞報導可能危及部隊安全或任務結果時，戰場指揮官有權暫時限制新聞傳送或報導。

基本上，此次戰爭的「媒體基本作業規定」沿用自阿富汗戰爭，主要計有十大項，規範記者「不得報導」與「得以充分報導」的有關情形（轉引自周茂林，2003：17-18）：

（一）作戰與演習期間，凡涉及可能影響安全的友軍行動方案、戰術部署、部隊番號、作戰代號、重要武器裝備、取消之作戰行動計畫、墜機搜救行動等，在中央司令部發佈新聞稿前，隨軍記者不得報導。

（二）所有記者對部隊進行的訪談必須留存紀錄。對飛行員的訪談，必須於作戰任務完成後始得進行。

（三）有關戰爭事蹟報導不得述及確切地點，僅得以「伊境北部」、「波灣南端」稱之。述及軍隊編制，規模不得低於「群」以下。

（四）無論進入軍事駐地或戰場，媒體記者必須有公共事務軍官隨行。

（五）不得發佈戰俘姓名與面部影像。軍方於轉運及審訊戰俘期間，不接受媒體採訪。

（六）對特戰部隊個人攜行裝備與戰鬥報導等影像發佈，必

須通過中央司令部審定。

（七）正值進行中的戰鬥畫面，需經戰場指揮官同意後始得對外公開。

（八）有關敵軍實施電子戰及敵偽裝、欺敵與掩護等實際效果，不得報導。

（九）凡媒體試圖循參戰人員家屬管道獲取作戰訊息者，視同違反本規定。

（十）媒體得以充分報導部分則包括：

1. 納編中央司令部的各部隊名稱、部隊所在地、出發日期、進駐基地與部隊前運方式。

2. 友軍兵力概略規模。

3. 前次正規戰之作戰任務、作戰代號、參與兵種、戰鬥日期、地點與戰果。

4. 兵器主要資源。

5. 中央司令部責任區內空戰次數與空偵架次。

四、退役將領配合演出電視秀

上一節提及，1991 年波斯灣戰爭中軍事專家開始上電視，扮演共同主持人、與談人角色，此後在軍事衝突或戰爭時則變成為常態。到 2003 年時，這種現象與工作份量大幅增加，而且主要由美軍退役將領擔綱，由於曝光率甚高，有的甚至搖身一變為「電視明星」。

自 2003 年 3 月 20 日至 4 月 21 日，在美國三大無線電視網 *ABC*、*NBC*、*CBS* 及有線電視新聞網 *CNN*、*FOX News*、*MSNBC* 總計出現 214 次（Seib, 2004: 70）。*CNN* 經常邀請三位退役的

分析家是空軍少將 Donald Shepperd、陸軍准將 David Grange 及前北約指揮官 Wesley Clark 等，在 Lou Dobbs Moneyline 節目中分享他們的經驗。

退役將領每晚出現在電視談話節目，以地圖、報表及作戰計畫評論戰況。在上次波斯灣戰爭時曾擔任指揮部司令的 Barry McCaffrey 及前北約指揮官 Wesley Clark 曾對兵力部署不足表達與美國國防部不同的看法（Rutenberg, 2003, April 2），當時五角大廈官員表現出對這些退役將領上電視的滿意程度不高，國防部長倫斯斐也有微詞，認為隨軍記者的分析要好得多（Ricks, 2003, April 18），但幾年後顯現的真相是退役將領上電視的背後推手正是五角大廈。

根據《紐約時報》報導，該報透過司法訴訟取得五角大廈一批將近 8,000 頁文件調閱權，顯示五角大廈至少網羅 75 位退役將領與校級軍官，扮演戰爭輿論的推手，其中以 FOX 最多，其次是 NBC 與 CNN（閻紀宇，2008 年 4 月 21 日）。五角大廈內部文件一再以「訊息戰力倍增器（message force multipliers）」或「代理人（surrogates）」，稱呼這些御用名嘴。而且，這些名嘴不僅是政府立場與訊息的傳聲筒，亦宛如軍方潛伏在電視台的特工，他們會透露電視台規劃中的報導方向，建議國防部如何反制媒體報導（陳泓達，2008 年 4 月 21 日）。

五、滿足媒體需求、懷柔與「影響報導」

美英聯軍對前來採訪媒體的態度，可謂「來者不拒」，盡其所能滿足媒體需求。如路透社、法新社等反戰媒體及阿拉伯國家所派出的媒體，仍盡可能提供充足訊息，以防媒體在資訊不足情

況下,造成不利聯軍的報導,而對於如 CNN、ABC、BBC 及美聯社等「能見度及影響力」較大的電視及主流媒體,給予的協助較前者更多(陳希林,2003 年 3 月 26 日;余一鳴,2003)。

在戰事緊張之際,半島電視台播出聯軍部隊士兵死亡及被俘的畫面,美國官員雖然感到不滿,但實際採取的是「影響報導」策略,利用新聞供應及該電視台在阿拉伯世界極大的傳播影響力,讓敵方明白他們無法打贏戰爭(Seib, 2004)。

對半島電視台,五角大廈極盡懷柔,曾提供四個隨軍記者空缺赴巴林與科威特境內的美軍部隊隨行採訪(後來該電視台只用了一個名額),許多美國官員包括倫斯斐、鮑威爾、萊斯都曾接受該電視台獨家訪問,美軍設在卡達首府達哈(Doha)的中央指揮部舉行新聞簡報會時,都會安排一個最前排位置給半島電視台,也會特別點名該台記者發問(Ibid.)。

六、審慎處理負面新聞

好消息的傳播,例如當美國愛國者導彈成功攔截飛毛腿導彈的電視畫面增多,自然有益民意,支持率也上升。然而,對壞消息則做極為細緻的準備工作,並且在宣佈的方式上也做些文章,以分散民眾對壞消息的注意力。

例如,在爭奪海夫吉城的戰鬥中有 11 名美國海軍陸戰隊士兵陣亡,美軍就以十分謹慎態度面對此事。在主持每日簡報記者會時,他們先給記者介紹當天的戰況,接著播放美軍炸毀伊拉克一座橋樑的影片,在 23 分鐘後才向新聞界宣佈此事(杜波等,2004:38-39)。

第五節　結論

　　1991年波斯灣戰爭的戰爭新聞採訪首次經由衛星傳播，開啟戰爭實況傳播的歷史新頁，然而當時衛星傳播設備笨重，必須藉由卡車載運，傳送畫面費用昂貴。到了2003年波斯灣戰爭時，戰地記者不再事事仰賴軍方，衛星傳播設備體積縮小，傳送畫面價格下降，這促使任何主流媒體到地方性電視台均能輕易派出擁有完善裝備的科技型記者，亦使1991年CNN一家獨秀局面為之改觀，閱聽人不再是過去被動的受眾，凡此均意味著政府與軍隊所需應對的媒體關係情勢益趨複雜。

　　如Géré所言，長久以來的美國領導人就是以越南心理作戰的失敗做為殷鑑，這層「內部憂慮」使他們深刻了解民意對戰爭的敏感性，以及媒體扮演的決定性角色。他們不面對戰爭時還好，一旦面對戰爭威脅時立即湧現的越戰陰影，都直接且敏感的牽動政府與軍方的媒體管理政策，亦即必須打的戰爭必是一場「絕對不是越戰」的戰爭。老布希總統、五角大廈接受越戰的教訓，採取極其周密的聯合採訪制的新聞媒體管制。跨入新世紀的全球化傳播，小布希總統、五角大廈做了前所未有的大改變，透過安排700餘名記者的隨軍採訪，裨益政府與媒體雙方關係的了解。

　　以學者對1991年波斯灣戰爭所做媒體管理策略分析來說，即可知道這是一個極其嚴格管理的戰爭；其次，從美國政府與美軍的媒體管理作為看，主要由戰地採訪的限制（包括聯合採訪制採行新聞集體供應、伴隨及限制接近部隊）、餵食（以阻絕及主動提供資訊等構成）、新聞檢查、扭轉媒體報導框架（包括阻礙與拉攏）、封鎖負面的新聞等構成。

第五章　公關化戰爭的媒體管理策略分析

　　美國政府與五角大廈為驅除越戰負面效應，對戰地採訪採取嚴格限制，亦深知必然引發媒體組織的抗議，餵食是取得軍方與媒體平衡的方法，但無論由新聞簡報會所提供的資訊流通管理，或是間接運用新興媒體 CNN，亦都是在嚴格控制與管理下完成的。

　　由於新傳播科技快速發展，讓媒體機構與記者具備前所未有的採訪裝備，軍方即使想要限制實有困難，而且五角大廈所面對的是一群不願再像 1991 年波斯灣戰爭受到管制的媒體大軍，開放記者隨軍採訪是 2003 年波斯灣戰爭最明顯的改變，且提供較上次戰爭更完備的協助措施。雖是如此，基於軍隊安全的考量，仍對戰地記者採取必要的管制作為，但對隨軍記者與對獨立型記者則呈現兩種不同情形。

　　兩次波斯灣戰爭相距 12 年前，出現大幅蛻變痕跡，比起上次波斯灣戰爭的聯合採訪制，隨軍採訪不只是大為開放的進步措施，而且將資訊流通管理，成功轉型為跨國跨洲的 24 小時新聞傳播循環機制。此一機制符應了「六大構面」（包括隨軍記者、科威特美軍集結點的採訪記者、中央指揮部採訪每日新聞簡報的記者、獨立型記者、白宮及五角大廈的特派員，以及退役將領上電視）的需求（並參第四章）。

　　白宮與五角大廈在面對戰爭時，無不從越戰汲取經驗與教訓，1991 年波斯灣戰爭呈現的是以媒體管制與限制為主的策略與作為，2003 年波斯灣戰爭則是在開放中做到有效的管制與限制，貫穿兩次波斯灣戰爭的不變手法是「以大量提供新聞資訊來掌控傳播」，而於 2003 年波斯灣戰爭更臻純熟運用，藉以達到政府機構間、與主要盟國及作戰戰區指揮部的資訊整合與聯結，以及吸引媒體即時報導，牽動民眾注意力的目的。

第六章 公關化戰爭的媒體運用策略分析：以兩次波斯灣戰爭的美軍作為為例

第一節 前言

任何現代戰爭都需要軍事上與心理上的雙重動員，人們往往從媒體的閱聽行為上獲得認知或感覺。Lovejoy（2002）強調媒體已是作戰的重心（center of gravity），Louw（2003: 220）認為，現代的傳播媒介是一種衝突的舞臺（The media as a theatre of conflict）。Carruthers（2000: 24）更指出，戰爭並不是瞬間或自然的爆發，而是「開始於人們的心靈中（Wars begin in the minds of men）」。

從第三章的探討可知，宣傳戰與心理戰在一、二次世界大戰就曾被廣泛運用，有助於強化己方及削弱敵人的有形無形戰力。然而，Taylor（1997）指出，那時宣傳戰與心理戰並沒有獲得軍隊任何明確的定位，僅被認為是附屬於戰爭，而不是具有替代效用的武器，但在冷戰期間，大部分的西方國家都將宣傳視為是陸海空三軍以外的第四軍種，而心理作戰則是第五軍種。隨著科技不斷推陳出新，原本陸、海、空三維戰場，已變為陸、海、空、天、電磁五維戰場（王凱，2000），而宣傳戰與心理戰的傳播平臺亦加速創新，朝向智能化發展，包括巨型智能影像、智能飛行器投送宣傳品、數位化心理戰部隊等（吳恆宇，2004）。

在第四章中曾對美軍的越戰挫折加以檢視，並將越戰形容為

「克里米亞戰爭的重演」，來強調美國政府雖窮盡所能，透過一切公共事務計畫與活動兜售這一場戰爭，仍不免以落敗收場。越戰之敗因，不只是美軍在前線「撒小謊」或「五點鐘愚行」流於自我安慰式的士氣穩定而已，更重要的是，作為戰爭的主要消息來源的華盛頓政府當局與西貢美軍兩大機構之間各自為政，以致媒體報導無所適從，而這些正是美國政府與美軍從事公共事務改革與軍事事務革新所要除弊興革，以及日後戰爭亟於克服超越的重點所在。

本章的研究問題主要是政府與軍隊在公關化戰爭中如何針對不同的受眾，遂行媒體運用，以取得廣大的支持，並達到打擊敵人的目的。第四章對媒體運用已有界定，是指軍隊在遂行戰爭的公共關係時，藉由公共外交、宣傳戰與心理戰等層面，針對不同的受眾，採用各種不同的媒體管道，包括傳統的方式與新興媒體等，以確實達到訊息傳播的目的，據此本章區分為公共外交、公共事務及心理作戰三大層面的媒體運用，就美軍在 1991 年及 2003 年波斯灣戰爭中的公關化作為進行探討。

本章計分為五節，第一節為前言；第二節相關文獻檢視；第三節 1991 年波斯灣戰爭的媒體運用策略分析；第四節 2003 年波斯灣戰爭的媒體運用策略分析；第五節為結論。

第二節　相關文獻檢視

本節針對公關化戰爭的媒體運用、公共外交與媒體運用、總統作為消息來源與超越媒體、美軍的公共事務與心理作戰等相關理論及文獻進行檢視，以作為後續分析的參考架構。

一、公關化戰爭的媒體運用

首開戰爭宣傳研究的 Lasswell（1927）曾對 *Gazette des Ardennes*、*Bonnet Rouge*[1]與 Briefe aus Deutschland[2]等有深入分析，前二者是報紙，後者是傳單。戰時媒體運用的形式或過程，如 Lasswell（1927）所言，係由戰爭的宣傳機構統一製造訊息（或不統一，但不統一會帶來訊息抵銷或衝突等的危險），並透過媒體展開對敵宣傳，對中立國和同盟國家宣傳，對平民宣傳，以及對作戰部隊宣傳。

在總體戰爭時期，戰爭勝敗得失攸關國家興亡，國民被鼓勵仇敵愛國，於是所能動用的大眾傳播媒介，就成為說服與宣傳的主要工具。第三章曾列舉從第一次大戰開始，各國政府與軍隊的媒體運用包括新聞報導、電影、唱片、演講、書刊、佈道、佈告、海報廣告、標語傳單與街談巷議、無線電廣播等。

法國學者 Ellul（1965: 9）指出，「宣傳必須是整體的。宣傳者必須要利用所有可用的技術手段：報紙、廣播、電視、電影、海報、會議、以及逐戶的拜訪等。」他強調每一種媒體技術手段都有它獨特的穿透力，但亦各有其侷限，不能獨自完成，所以要充分與其它媒體相互補充，作到天羅地網的整合效用。

第一章中已指出，公關化戰爭的媒體運用比較不以直接方式控制媒體的內容生產，而是透過現代公共關係型式來操作，進行

---

[1] *Gazette des Ardennes* 是德國人在佔領地區專門為法國人發行的報紙，用來打擊敵人士氣；由法國人發行在巴黎出版的 *Bonnet Rouge* 後來發現接受德國資助，經營者與工作人員均被逮捕，成為 1917 年審判的著名案例。上述兩個報紙言論是否一致曾被用來檢視在戰爭時期有否與敵互通聲氣的證據。

[2] Briefe aus Deutschland 傳單是專門用來散發給德國士兵，內容多描述德國內部因戰爭所帶來的貧困與悲慘狀況。

資訊流量控制，使宣傳者主體成為媒體的消息來源。Hiebert（1993）在〈公共關係是現代戰爭的一項武器〉分析 1991 年波斯灣戰爭，曾指出公共關係與公共傳播（public communication）將在未來戰爭中扮演愈來愈重要的角色；Hiebert 乃鑒於傳播科技進展快速，因而特別突出民意的戰場與軍事作戰的戰場具有同等的重要性。

Taylor（1997）分析，在宣傳戰與心理作戰的主要三個工具分別是廣播、傳單與喊話器。美軍在媒體運用上主要區分為以下三種（Goldstein & Jacobwitz, 1996: 9-10；蔡政廷，2003：62）：（一）媒體宣傳，包括電視、廣播、報刊等；（二）心戰廣播（機動式視聽廣播）、心戰傳單、戰術心戰喊話；（三）資訊心理作戰，包括電子戰、網際網路、傳真、行動電話等。

Smith（1989: 7-8）曾以政治戰的觀點，分析宣傳、心理作戰及公共外交的目標對象，其中宣傳的主要目標是大眾，通常是對平民，心理作戰的目標對象通常是中立者、敵軍及其平民，公共外交則對各種不同的公眾進行。

Brown（2002, 2003）則指出，進入 21 世紀的反恐戰爭中，美國綜合運用三種不同的傳播典範作為影響戰爭的工具：（一）軍隊概念的資訊作戰，（二）外交政策中的公共外交，以及（三）國內與國際政治中的媒體管理。Clark & Murphy（2006: 9）則將美國自阿富汗戰爭與伊拉克戰爭以來所發展的戰略性傳播主要支援能力區分為公共外交、軍隊公共事務及軍事資訊戰。

1991 年 2 月 23 日，*Newsweek* 曾經報導指出，公共外交是宣傳說服的好方法，可以將一個政治人物的立場或觀點以盡量完整的方式呈現，而表達的媒體往往是電視（轉引自國防部總政治作戰部，1991d：19）。通常在戰前與戰時，政府要員及軍方將

領都會進行一系列事先安排的公關事件活動，爭取媒體曝光，例如總統與軍政要員參訪軍事基地、遠赴前線宣慰官兵、參戰官兵家眷等等，都可成為計畫性公關的重要素材。

張巨岩亦指出，美國之所以能在戰爭發動前及戰爭時期成功進行輿論動員，這是源於冷戰即將結束，後冷戰時代就要開始之時，跨國公關公司和自 1990 年代以來迅速膨脹的電視媒體相結合，「公關與媒體二重力量的結合……已經成為美國介入地區性戰爭中必然運用的進行戰爭輿論動員的宣傳模型。」（張巨岩，2004：98）

由上可知，隨著傳播科技的發展，所有可能被運用的新媒體都會立即被運用於戰場，而公關化戰爭媒體運用的範疇，應可區分為（一）公共外交的媒體運用，此部分主要是由政府各部門整合施做，經由總統及軍政要員的政策聲明及媒體事件等，創造媒體曝光，目標對象指向以國內外閱聽眾及敵國軍民為主；（二）公共事務的媒體運用，主要由國防部主導，透過自控媒體及國內媒體與國際媒體，對內及對外傳播訊息，以及（三）由前線作戰的心戰部隊因應心理作戰所需的媒體運用，其目標對象則為敵軍的作戰人員及其人民。

二、美國公共外交與媒體運用

傳統外交係以政府對政府的關係（如國家之間的領導人、外交官及政府發言人的互動關係）為基礎，而公共外交（public diplomacy）主要在建立一國與他國民眾之間的直接關係，其目的在於塑造或扭轉一個國家的形象，或影響他國的輿論、意識形態或人民的生活方式（Mowlana, 1986；Fisher, 1987；Frederick,

1993)。

公共外交一詞首次出現於 20 世紀 60 年代[3]，二次大戰後為防堵共產勢力擴張，美國自杜魯門及其後的總統無不重視（Rugh, 2006: 28）。1991 年波斯灣戰爭時曾設立跨政府部門的公共外交政策協調委員會（Interagency Public Diplomacy Committee），但 911 事件是轉型的關鍵點，促使美國與一些國家再想起心靈與思想的重要性，並重新確認公共外交的使命與角色（Price, 2002: 199），此在第四章第五節中已對美國政府的做法略有分析。

Sorensen（1968）曾指出美國新聞總署對外宣傳有硬性推銷（hard sell）與軟性推銷（soft sell）兩種形式。曾經擔任美國助理國防部長的哈佛大學教授 Nye（2004）認為冷戰期間的競爭模式已不適用，尤其在美國對付海珊的過程中，他極力主張軟性行銷比硬性推銷有效。

在 Nye 的觀念裡，公共外交不只是公共關係、傳遞資訊或塑造形象，還應包括建立長期關係[4]。公共外交主要實踐的方式是透過廣播、電視、衛星通訊、數據資料及影像播放等，達到訊息與思想的跨國間流動（Hansen, 1984: 3-4）。Nye（2004: 111-112）認為，國際廣播很重要，但還須以藉由網際網路做針對特

---

[3] 最早是美國佛萊契爾法律及外交學院（Fletcher School of Law and Diplomacy, Tufts University）院長 Edmund Gullion 在 1965 年首先提出，後廣為各界普遍使用（Tuch, 1990: 8）。

[4] Nye（2004: 107-111）主張公共外交有三種面向或型態：（一）最立即的面向是重視平時的溝通，即透過媒體對政府國內外政策做詳實的解釋，不僅置焦點於國內媒體上，還應將國外媒體列為最重要的目標；（二）其次是類似政治競選或廣告宣傳方法的戰略性傳播；（三）透過長期的獎學金、交換計畫、培訓、討論會或會議，以及運用媒體，與世界各國關鍵人士建立長久性的友誼。

定對象的「窄播（narrow casting）」會更有效。

然而，Rawnsley（1996）曾對公共外交與媒體外交（media diplomacy）加以區分。他指出兩個名詞雖常交互使用，但前者主要是針對廣泛的閱聽大眾（mass audience），透過影響其公共輿論，進而影響其政府與政治體系的運作與決策；後者是對某個特定的政府或政治體系，以特定訴求的觀點影響其立場與作為。

Fortner（1993）強調公共外交主要運作的方法有兩種，其一是透過國際廣播電視，特別是國與國之間的思想或意識形態差異甚大，企圖影響他國的人民；其二是媒體公關的「假事件」，亦即製造包括記者招待會、具鮮明主題的活動，或外交、經濟的高峰會議等事件，來吸引媒體大幅報導。

Gaber（2000）則認為政府操作媒體的公共外交做法主要有三種：（一）政府聲明，（二）談話、專訪及發表文章，以及（三）對突發事件的處理與回應。

由以上各學者的見解，可知關於公共外交的做法與所欲影響的目標對象並不一致，但大抵可區分為三種，一是與特定對象持續且長期性的傳播行為，其次為在某段時間內的戰略性傳播，其三是政府日常性的新聞管理。學者 Gilboa（2008，轉引自卜正珉，2009：403-405）對此的分類是：（一）國際傳播（持續性的新聞管理）、（二）國家形象（常態性的戰略性傳播）及（三）政策論述社群（建立關係、塑造有利的大環境）。就本章所要探論的重點而言，對於公共外交的界定是較偏向後兩者的，尤其公關化戰爭為取得出兵的正當性，政策論述社群特顯重要。

依據美國前新聞總署署長 Joseph Duffey 的說法，公共外交是「要超越國家領導人、外交體系彼此間的聯繫」，他認為有時還要越過一般新聞媒體的報導，直接與他國民眾說話（轉引自

Hess & Kalb, 2003: 225）。Roshco（1975: 82，姜雪影譯，1994：131）另指出，總統往往還有一項「特權」，即是以「超過記者」、「越過媒體」的方式，向全國民眾「直接說話（directly visible to American public）」[5]，總統是一個最獨特的新聞來源，即使不露面，仍是新聞界例行性的報導主題。知名例子有美國總統羅斯福（F. D. Roosevelt），被稱為美國史上第一位「無線電廣播總統（radio president）」（沈敬國，2007：484）以及英國首相邱吉爾、法國戴高樂將軍，戴高樂有「麥克風將軍」之譽（Solery, 1989）。

其實，越過媒體亦是媒體運用的一種方式，它是指越過新聞報導及評論等媒體內部作業程序而直接將訊息訴諸於國內外公眾，但此種做法仍需藉媒體為傳播管道。後來此種「超過記者」、「越過媒體」被政府部門及其主管擴大運用，從 1991 年波斯灣戰爭到 2003 年波斯灣戰爭，老布希和小布希兩位總統都在戰爭發動期間充分運用此一「特權」，爭取國內民意與國際輿論的支持。

三、美軍公共事務、心理作戰與媒體運用

（一）美軍公共事務與媒體運用

在第四章已指出，美軍遭受越戰挫敗之後，積極尋求與媒體

---

[5] Roshco 指出（1975: 82-83，姜雪影譯，1994：130-131），1933 至 1945 年擔任美國總統的羅斯福，在知名的廣播節目「爐邊談話（fireside chats）」中首創「超過記者」，直接訴諸民眾，創造能見度，而另一位總統甘迺迪則使總統電視記者會邁入實況立即轉播的時代。羅斯福與甘迺迪兩人都是充分運用新媒體的開創者，卻也技巧性的迴避記者採訪權，使媒體機構中介角色受到限制。

相處的模式,並檢討與重整公共事務的工作。美軍公共事務一方面重視對外的媒體關係,同時還經營軍隊的內部關係,上章的探討可以了解戰爭時期美軍致力於與媒體之間「盡力協調好各種不同的要求」。

上章也提及美軍協助媒體(media facilitation)的相關制度及工作要項,依據美國陸軍準則 FM46-1「公共事務運作(Public Affairs Operations)」與 FM3-61.1「公共事務戰術、技術與程序(Public Affairs Tactics, Techniques and Procedures)」的規定,美軍戰時新聞處理工作包括「公共事務計畫(PA planning)」、「協助媒體(media facilitation)」、「訊息策略(information strategy)」及「公共事務訓練(PA training)」等;當作戰行動開始後,規定 24 小時內必須在戰地開設具有媒體中心雛形的臨時媒體中心,立即進入協助媒體各項作業狀況(FM46-1-1: 54)。

Janowitz(1960)指出,現代戰爭必須動員大量軍民,但其成功與否的關鍵主要繫於民心士氣(morale)如何維持,因而即使軍方將領厭惡新聞界,仍接受公共關係原則,藉由戰聞發佈來滿足前線部隊及後方家鄉的新聞需求。另方面,Nielander & Miller(轉引自祝振華,1976)強調,富有人情味的故事是鼓舞民心士氣的重要來源,不見得大官的新聞才吸引人,很多家鄉的父老都想即時知道大兵們的現況,與他們共榮辱勝敗。

美軍對於美國各地的社區關係及內部軍眷關係有一整套規劃,Offley(1999: 261)稱此為「草根性公共事務(grassroots public affairs)」。安排參戰官兵接受來自家鄉媒體的採訪,彰顯美國子弟的英勇殊榮,以擴大宣傳效果,是美軍經常使用的方法;讓士官兵多站出來講話,發佈一些家裡人及家鄉父老關心的

新聞，美國海軍的艦隊家鄉新聞中心（Fleet Home Town News Center）在這方面就很用心經營（祝振華，1976：209-210）。美軍軍方亦會將發佈給全國性媒體的新聞消息提供地方社區的媒體，一些符合地方媒體需求的內容常被廣泛報導，無形中對地方民意有著實際的影響作用（Hiebert, 1993；胡光夏，2007）。

美國國防部所屬、平時運作的軍事新聞媒體，主要有《星條旗報（*STARS and STRIPS*）》[6]、美軍廣播電視中心（Armed Forces Radio and Television Service，簡稱 AFRTS）、戰鬥攝影隊（Combat Camera，簡稱 CC）等三個新聞專業單位，以及其他各軍種、全球各司令部（中央、北約、太平洋、北方、歐洲）的軍事新聞單位與資源；媒體報導內容以美國軍事文宣、國際重要軍事新聞，以及服務海外駐軍、國防部所屬人員與軍人眷屬為主（沈中愷，2009a）。

針對各軍種的報紙是軍隊時報（Military Times），它是《陸軍時報（*Army Times*）》、《海軍時報（*Navy Times*）》、《空軍時報（*Air Force Times*）》、《海軍陸戰隊時報（*Marine Corps Times*）》四份周報的統稱，此為非軍方媒體的商業報系，依靠軍隊資訊和軍人訂戶而生存，卻也是美軍內部資訊傳播的重要媒體（金苗，2009：197）。另，美軍定期出刊的軍種以下以基地為發行範圍的報紙計有 203 種，其中有一大部分為民營企業報紙（同前引：102）。

針對不同對象發行的各軍種軍中雜誌也是內部溝通的一項利器。以美國陸軍為例，這些雜誌有以指揮職為對象的《軍官雜誌

---

[6] 美國《星條旗報》創立於 19 世紀南北戰爭時期，如今是以公辦民營型態獨立運作，是美國國防部授權的報業媒體，主要發行對象是海外的美國軍事單位與軍人眷屬，是美軍在海外服役官兵的「家鄉報」（沈中愷，2009a）。

（*Officer's Call*）》；有針對士官的《士官雜誌（*Sergeant's Business*）》；還有專門給新進士兵閱讀的《士兵雜誌（*Soldier's Scene*）》（Fetig & Rixon, 1988；唐棣，1996）。

(二) 美軍的心理作戰與媒體運用

心理戰（psychological warfare）這個名詞首先出現於英國學者福勒（J. F. C. Fuller）在 1920 年著書《坦克大戰（*Tanks in the Great War*）》中（Sandler, 1999，轉引自蔡政廷，2003：57）。美軍實施對敵宣傳與心戰的技能與研究起步較晚，在一次大戰時，陸軍情報部門才設立心理作戰組，並在遠征軍司令部情報部門下設立宣傳科，當時主要心戰媒體是傳單（Paddock, 1989: 46）。

一次大戰後至二次大戰爆發期間內，美軍都沒有設立心戰單位，1941 年時陸軍部幕僚中只有一位具有心戰的作戰經驗，其後於 1942 年 11 月依據艾森豪將軍的命令，在北非設立心理作戰分處（Psychological Warfare Branch, PWB），1944 年 2 月擴大為盟國遠征軍統帥部心理作戰處（PWD／SHAEF）（Ibid.）。

但在經歷與共產黨殊死戰的韓戰，鑒於心理戰目標對象不僅針對戰場上的敵人，也對一般平民百姓施行，引起諸多不良反應，遂於越戰期間將心理戰改為心理作戰（psychological operations，美國陸軍在 1962 年野戰準則 FM33-5 中正式更名）（蔡政廷，2003：58）。

依據美軍聯合心理戰準則（JP3-53），心理作戰是以計畫性的作為，傳達選定的訊息與指示物（indicators）給外國的閱聽人，來影響他們的情緒、動機、目標，最後影響外國政府、組

織、團體與個人的行為。經過幾十年的演變，美軍的心理作戰主要有以下的四項目標（Lamp, 2005: 9）：孤立敵人來自於其內部及國際上的援助，減低敵人軍事武力的效能，阻卻敵人的有效領導，以及將美國作戰行動可能的附帶損失與干擾減至最小。

美軍擁有自己的媒體及自製節目內容的建制，例如，在戰爭期間因應心戰作為需要，設立軍方廣播電台、電視台與發行平面刊物或傳單等，位於北卡羅來納（North Carolina）布雷格堡（Fort Bragg）的美軍第四心理作戰群基地，就是極富盛名的製播中心（唐棣，1996）。

第四心戰群為美軍唯一現役心戰部隊，隸屬特種作戰指揮部，另有預備役第二、第七心戰群。第四心戰群指揮部下轄心戰品傳散營（具備電視與無線電製作、廣播以支援地區心戰支援營，並為戰術心戰支援營製作心戰喊話錄音帶）、四個地區支援營（南方指揮部、歐洲指揮部、中央指揮部及太平洋指揮部），以及第九戰術心戰支援營。另心戰支援單位有空軍第193特戰群（Commando Solo）、第16特戰群（Combat TALON，支援空中無線電、電視廣播及心戰品投散等），以及海軍艦隊資訊作戰中心（FIWC）的移動式調幅及調頻無線電廣播系統（TARBS）等（蔡政廷，2003；Lamp, 2005）。

美國將心理作戰區分為戰略性、作戰性、戰術性三種。此三個階層的心理作戰各有不同的任務性質、訴求對象及媒體運用（國防部總政治作戰部，1991a；國防部總政治作戰部，1991c；Lamp, 2005: 9-10）：

（一）對美國而言，戰略心理作戰不涉及心理作戰活動的意義，而與地理範圍有關，它可能是全球性的，或跨區域性的，主要在提供廣大目標閱聽眾的任何資訊，是支援公共外交或公共事

務的一部分。

（二）戰區／作戰心理作戰，這是受戰區指揮官直接管制的活動，藉由選定的資訊，試圖影響一般閱聽眾或目標閱聽眾的態度（並非要求其改變行為），運用的媒體包括網際網路、電視、廣播、報紙、雜誌等。

（三）戰術心理作戰，這是受派遣部隊指揮官個人直接管制的部隊或活動，其心戰目標直指特定目標閱聽眾，而且經常訴求特定的行為，其傳播媒體包括面對面互動、擴音器、海報與廣告、傳單，以及電子郵件等。

第三節　1991年波斯灣戰爭的媒體運用策略分析

1990 年 8 月 2 日清晨，伊拉克軍隊入侵科威特，並持續推進到沙烏地阿拉伯邊境，Cimbala（2002）指出當時美國的處境有如北韓越過 38 度線的韓戰。美軍在這一戰爭記取越戰的教訓及自格瑞那達戰役、巴拿馬戰爭嚴格控管的經驗，遂行一場既迅速，又充分做到媒體運用、不受制於媒體的公關化戰爭。

一、公共外交的媒體運用

「師出有名」是民主國家進行公關化戰爭所須面對的主要壓力之一，先決條件得在國際輿論上取得優勢，亦即媒體輿論塑造必須做到是為了要解救受害者或維護公理正義而出兵，這有賴爭取美國主流媒體及國際媒體的支持。

傳統外交的斡旋一向是必要的作為，老布希總統唯恐伊拉克繼續向沙國進軍，曾派遣國防部長錢尼（Dick Cheney）前往中

東各國爭取支持（Schwartzkopf & Petre, 1992: 305-317），另由國務卿貝克（James Baker）與美軍中央司令部指揮官史瓦茲科夫（H. Norman Schwarzkopf）前往利亞德說服沙國王室接受美軍協防的要求。美國快速而成功的進行外交活動[7]，不僅得到北約盟國的軍事支援，獲得埃及、敘利亞、摩洛哥等國出兵支援的承諾，蘇聯也應允在扭轉科威特情勢上給予相關協助（Cimbala, 2002）。

此次波斯灣戰爭過程中，以美國為首的西方國家採取了政治譴責、外交斡旋、軍事封鎖、經濟制裁等措施[8]，計歷經敦促撤軍、貿易禁運、海上封鎖、空中封鎖、最後通牒及軍事打擊六個階段（王駿、杜政、文家成，1992：10-23）。在沙國接受美國的要求後，代號「沙漠盾牌（Desert Shield）」的防禦作戰計畫因此展開。至 1991 年 1 月 15 日，伊拉克軍隊未依聯合國安理會通過的決議案如期撤兵，而於 1 月 17 日，由美國主導的多國聯軍部隊展開「沙漠風暴（Desert Strom）」作戰計畫，至 2 月 28 日伊拉克宣布投降，該戰歷時 42 天 5 小時。

對老布希政府而言，對付伊拉克主要有兩條非軍事的輿論戰

---

[7] 老布希在 1990 年 8 月 2 日至 6 日的四天中，給 12 位外國元首打了 23 個電話，派遣國務卿貝克以 10 個星期奔走 160,000 公里，會同各國外長與元首晤面達 200 餘次，終於達到獲得聯合國的支持，爭取俄國與中東國家的合作，說服 106 個國家參與對伊經濟制裁及 40 多個國家加入反伊聯盟，以及打著「共同承擔責任」的招牌募集戰爭經費等成果（李成剛，2008：190-191；于朝暉，2008：128）。

[8] 美國動員 28 個國家組成多國部隊，其真正目的是為了藉此來擴大聯盟，藉助這些國家進行戰爭宣傳，發動和平攻勢，運用國際社會向伊拉克施壓。老布希採取外交及經濟雙管齊下的策略，包括阿拉伯反伊盟國、波斯灣理事國組織、北大西洋公約組織、歐洲共同市場、不結盟運動部分國家、聯合國安理會等國際組織接二連三的決議，發揮孤立海珊的作用，並削弱所謂的「阿拉伯情結」（國防部總政治作戰局，1991b：71）。

線，一是運用國際輿論向海珊施壓，其著力點主要是爭取聯合國安理會及反伊拉克聯盟的支持；另一是爭取美國國內廣大民意，特別是國會參眾兩院的支持。

戰前經美國國務院與新聞總署整合政府各部門的公共外交的目標主要有（Rugh, 2006: 116）：告知海珊及伊拉克軍民從科威特撤兵是明智之舉；如果堅持不撤兵，美國將聯合多國部隊強行驅離伊軍；強調美國所為具有正當性，必然獲得世界廣大的道義支持。

為了鼓舞士氣，爭取民意支持，結合盟友，減少阻力，美國充分發揮公共外交攻勢，運用幾乎覆蓋全球的新聞傳播網絡，老布希政府充分協助國際媒體，讓圍繞採訪的記者大量報導備戰實況，展現強大說服力，間接降低反戰氣氛，重要的做法有（Ibid.）：

（一）不斷推出核心幕僚，包括副國務卿 Robert Kimmitt、美國駐聯合國大使 Thomas Pickering 及國防部副部長鮑威爾等，以各種不同角度向媒體闡釋出兵中東的正當性。

（二）派遣副總統、國務卿、國防部長、參謀首長聯席會議主席等相繼前往中東視察及慰問官兵；老布希還偕同夫人巴巴拉及國會議員等，在感恩節前夕前赴沙場勞軍，說明出兵的理由與目標。

（三）老布希更在 *Newsweek* 發表親撰文章〈我們為何在波斯灣〉，訴求「能源安全即國家安全」，以及出兵對抗海珊是正義之師之所應為。

此外，在戰爭期間美軍出現傷亡後，老布希接連在美國的三個軍事基地公開表揚犧牲者，並接見傷亡官兵家屬。

Haney & Thomsen（李育慈譯，2010：153）指出，老布希強化盟國支持最成功的做法，就是運用中東回教的文化特性和大

眾媒體,向回教國家的領袖們說明並使他們相信,海珊入侵科威特違反了回教有關同胞不應自相殘殺的律法,而且海珊自己宣稱這是情有可原的「聖戰」,更是不實的大錯特錯。

戰爭爆發兩小時後,老布希總統就在電視上發表了長篇講話(1990至1991年老布希總統重要演說內容參見表6-1),他堅定告訴美國人,「這不會是另一個越南(This will not be another Vietnam)」(轉引自Cheney, 1993: 67)。戰爭的第一天,僅在美國就有超過6,100萬個家庭,約1億5,000萬人收看老布希總統的談話,這是美國史上收視率最高的單一新聞(Tang, 2007: 32)。

Hachten(1999: 143)強調,美國在1991年波斯灣戰爭呈現空前規模的新聞報導,幾乎動用國際新聞媒體的所有資源,在聯合國安理會通過動武授權案後,美國民意支持度達到最高點。Kellner(1992: 169)指出老布希總統建構了有史以來規模最大的媒體奇觀和宣傳攻勢,讓他的支持率上升到90%。

另就英國而言,英國人在戰前對伊拉克或中東的政局與情勢並無特別定見,亦不傾向開戰,然而民意轉變似乎很快,相信此戰勢在必為,且具有出兵的必要性與正當性。

Philo & McLaughlin(1995: 146)指出公眾觀念之所以扭轉,有兩種層面的因素,包括主戰的政治領袖、宣傳者及媒體在短時間內進行成功的大眾說服(mass persuasion),另則是反戰的聲音被主戰聲浪壓制了。

表 6-1：1991 年波斯灣戰爭老布希總統重要演說內容

發表時間	主　要　內　容
1990 年 8 月 3 日	• 伊拉克入侵科威特的第二天，即透過記者會表明沙烏地阿拉伯的完整與自由對美國非常重要，伊拉克如對沙烏地阿拉伯採取行動就侵犯美國的利益。
1990 年 8 月 8 日	• 向全國發表演說，指出美國出兵在使伊拉克無條件撤出科威特，維持波斯灣地區的穩定局勢。
1990 年 11 月 23 日	• 老布希飛抵沙烏地阿拉伯，會晤法德國王，聲明伊拉克必須無條件撤出科威特，波斯灣危機無法接受「局部解決」的方式。
1991 年 1 月 4 日	• 希望 1991 年是和平年，伊拉克必須立即無條件撤出科威特，否則將面臨可怕的後果。
1991 年 1 月 16 日	• 在白宮橢圓形辦公室發表 12 分鐘談話，指出美國的目標很明顯，海珊部隊必須撤離科威特，科威特必將再度成為自由國家，強調此次戰爭目標並非征服伊拉克，而是解放科威特。 • 重申不會變成另一個越戰，美軍不會被綁著手腳作戰，美軍將獲得世界最大的支持。
1991 年 1 月 20 日	• 在美軍及其盟邦展開對伊拉克攻擊行動後兩小時發表演說，說明由 28 個國家組成的聯軍決定對伊拉克採取軍事行動。 • 美國堅信，唯有武力才能促使海珊離開科威特。
1991 年 1 月 25 日	• 在美國後備軍官協會發表演說，保證將海珊繩之於法，指出「全世界沒有人會為他

發表時間	主要內容
	哭泣」。
1991年1月29日	• 發表美國政府自越戰以來的第一個戰時國情咨文，指出唯有美國才具有道義上與物質上的能力對伊拉克發動一場戰爭，激發美國人民的自豪感。
1991年1月30日	• 向參眾兩院發表國情咨文，強調領導世界對抗正義與人道的敵人，重申此次戰爭不可能是另一個越戰。
1991年2月3日	• 老布希剛結束訪問美南地區軍事基地，會晤美軍官兵及眷屬，包括被伊拉克俘虜美軍官兵的妻子，宣佈2月3日為全國祈禱日，呼籲美國人民為波斯灣戰區的美軍將士祈禱。
1991年2月24日	• 多國部隊將在解放科威特行動中粉碎伊拉克的化學和核子武器攻擊能力。 • 多國部隊將盡速戰勝，戰爭不會持續太久，死傷將減到最低。
1991年3月2日	• 老布希對波斯灣地區軍隊發表廣播演說，指出科威特的恐怖夢魘已經結束，海珊的惡行無法原諒，但他的攻擊能力已被消滅，他的政權已失去權威。

資料來源：整理自國防部總政治作戰部（1991e：1-11、23-29）、于朝暉（2008：131-132）。

二、公共事務的媒體運用

1991年波斯灣戰爭在公共事務的媒體運用上，可區分以下主流媒體、*CNN*效應及自控媒體等三種的運用型態。

（一）主流媒體

如前所言，1991 年波斯灣戰爭分沙漠盾牌及沙漠風暴兩階段進行，軍方部分由美國國防部主管公共事務的助理部長威廉斯（Peter Williams）所領導的公共事務部門也根據不同階段進行媒體運用策略。

老布希政府在戰前的沙漠盾牌期間，主要選擇公關公司安排媒體事件，爭取民意與國際輿論的支持。自越戰到現今的所有戰爭，都是在媒體全球化的舞台上爆發，將戰爭設計為一種媒體事件，不僅可加強有利於己的條件，更能創造出兵的正當性（Louw, 2003；胡光夏，2007）。

此一戰爭最有名的假事件（參見第 8 章）是在 1990 年 10 月 10 日科威特少女 Nayirah 出席美國參議院作證，海珊軍隊從一所醫院的早產嬰兒保溫箱內抱走 15 個小嬰兒，並讓他們凍死在冰冷地板上（MacArthur, 1992；Manheim, 1994；Kellner, 1995）。事後證明這是個假故事，是全球最大公關公司之一的 Hill & Knowlton 編造出來的[9]。

老布希總統和多名參議員在演說或接受媒體訪問時都紛紛引用作為控訴海珊的證據，連科威特駐美大使 Sheik Saud Nasir al-Sabah 在 *CNN* 的 Larry King Live 節目中也曾引述這位少女的證詞（胡光夏，2007；于朝暉，2008）。由於這個事件具有催化

---

[9] 事後調查證明該少女其實是科威特駐美國大使的女兒，也沒有嬰兒遭凍死的情形（MacArthur, 1992；Manheim, 1994；Kellner, 1995；Cull, 2005；胡光夏，2007），迄今能確認的，Hill & Knowlton 是科威特王室在伊拉克入侵後所雇用 20 家公關公司之一，但依據美國的法律，公關公司為外國政府在美國進行公關遊說，必須在美國司法部登記備案，所以張巨岩（2004：76）認為美國政府、科威特政府和 Hill & Knowlton 三者之間存在某種默契是完全可能的。

民意的效果[10],蓋洛普的民意調查顯示支持對伊動武的比例急劇上升(于朝暉,2008:135),同時也是促使國會議員支持開戰決議的關鍵之一(Bennett & Garaber, 2009)。

如上章所作分析,在戰爭期間老布希政府廣為運用「資訊流通管理」策略(Deparle, 1991, May 5),主要由美軍在沙烏地阿拉伯的美軍總部及華盛頓的國防部擔綱演出。但是,Bennett(2003)明言,雖然電視螢幕上記者團出現在波斯灣,大部分的新聞材料卻是由華盛頓的政府媒體運用者所提供,以確保新聞播報的內容不致間斷。

一些研究(Hallin, 1989: 10;Cook, 1994;Carruthers, 2000:16)已經指出,政府官員與軍隊是媒體依靠的兩種消息來源,而且大部分官員來自於政府高層部門,他們都「駐紮在華盛頓」。波斯灣戰爭時期許多美國媒體報導的消息主要來自於「金三角(golden triangle)」,即國防部、國務院與白宮,而不是來自於前線。軍方以全國媒體聯合採訪制及例行性的釋放訊息給媒體,這是經過修飾給國內民眾看的,另則是用來協助對海珊與伊拉克軍隊做心理戰。

Géré(國防部總政治作戰部譯,1998a:482)指出,美國在此一戰爭得以全勝,係因嚴格的媒體管理,由於採取嚴格的媒體管理,使得美國政府與軍方有效掌握記者,甚至是電視頻道的運用。

(二)五角大廈運作下的 CNN 效應

CNN 於 1980 年創立全球第一家 24 小時全天候新聞台,

---

[10] 張巨岩(2004:96)指出,有些公共關係學者認為此一假事件的宣傳促成美國走向戰爭,但此種觀點似有誇大大眾輿論對國家決策的制衡作用。

第六章　公關化戰爭的媒體運用策略分析

1991 年波斯灣戰爭使得 CNN 轉虧為盈，奠定全球新聞「即時報導」的聲譽（Vincent, 1992；Hiebert, 2003）。此後政府發言人與政治人物面對 CNN 的麥克風幾乎總要即時反應幾句，「CNN 研究」成為外交、國際新聞中不可或缺的一塊[11]。

CNN 記者 Volkmer（1999: 146）指出，1991 年波斯灣戰爭爆發，巴格達市遭到空襲轟炸，位於亞特蘭大的 CNN 總部比世界其他媒體提前大約兩分鐘知道此一消息，世界是因 CNN 而才開始獲知此一消息。亦由於 CNN 大量提供波斯灣戰爭新聞，使得這場戰爭也被形容為「CNN 戰爭（the CNN war）」（Stech, 1994）。

雖然大多數記者在戰場上被限點採訪，但 CNN 記者阿內特（Peter Arnett）從巴格達傳送伊拉克的現場報導[12]，而其他的 CNN 記者分別從華盛頓和沙烏地阿拉伯傳送美軍和聯軍的相關新聞（Altschull, 1995）。

CNN 以密集、持續且同步的電視實況報導，讓這一次波斯灣戰爭成為大規模的媒體總動員。美、英、伊拉克及其他國家領袖並且藉著 CNN 傳送訊息給對方，取代傳統由外交人員與外國官員溝通的途徑（Wicks & Walker, 1993: 111；Goman & Mclean, 2003: 178）。

它的 24 小時全球新聞網，撼動美國三大無線電視網，許多獨立電視台、廣播電台等媒體唯有依賴 CNN 取得新聞（Alter,

---

[11] CNN 在 1980 年 6 月開播，發展之初不被看好，當時用戶只有 170 萬，每月虧損 200 萬美元，有些評論家還譏諷它是雞湯麵新聞網（Chicken Noodle Network）（參見 Fraser, 2005: 136-137）。

[12] 阿內特是 1991 年戰爭中最受全球矚目的記者之一，他的報導常被批評，甚至懷疑他對自己國家的忠誠度，當他報導美軍所轟炸的是一家伊拉克生產奶粉的工廠，而非美軍宣稱的生化武器工廠時，更受到美國公眾的質疑。

1991, January 28；Stech, 1994）。Vincent（1992: 183）曾分析 *CNN* 在此次波斯灣戰爭期間呈現戰爭的方式主要有七項：

　　1. 新聞簡報、演說及政軍領導者預先規劃的媒體事件。
　　2. 政府或軍隊消息來源所提供的錄影帶與訪談。
　　3. 全國媒體聯合採訪制所採訪到的新聞。
　　4. 事件的再報導。
　　5. 非菁英的訪談。
　　6. 記者對正發生或相關事件的原始報導。
　　7. 新聞人員所選取的新聞事件。

　　從以上七項中的前四項來看，基本上仍是以政府與軍方所主導的新聞取向為主，此在第四章已特別指出它的本質即是政府與軍方預劃好的新聞節目（news program）。Altheide（1995：185）認為，此一戰爭的新聞報導雖不宜簡單的歸納為記者被矇騙或誤導，但究其實是由大規模宣傳與假資訊活動架構下的一個組成部分。

（三）自控媒體的運用

　　美軍在戰前已積極進行一整套的精神激勵，如宣揚 82 空降師和 101 空中突擊師過去顯赫戰功，透過內部資訊傳播可藉重溫光榮歷史，激勵參戰士官兵士氣及穩定家屬情緒，其具體的作為與例子還有（吳杰明，2005：262-263；于朝暉，2008：133）：

　　1. 在戰前及作戰中整理美軍典型事例加以報導宣揚，例如《陸軍時報》連載二戰統帥艾森豪的事蹟，期望參戰士兵以「為美國及全人類的正義竭盡全力」為榜樣。

　　2. 美軍所屬的電台、電視台和軍隊時報，擴大報導執行任務時表現英勇的將領與士兵。

3. 陸軍報刊還專門表揚一名伊拉克血統軍人隨時準備奔赴前線為美國獻身的事蹟，以及一位接到命令的軍人將不到八歲的三個小孩子留在家中的從軍壯舉。

三、心戰媒體的運用

在伊拉克侵略科威特之後的沙漠盾牌行動，美軍心理作戰計畫就立即展開。1990年8月初，美國中央司令部（US Central Command）、特種作戰司令部、以及第四心戰群（空降）軍職及文職人員所組成的心戰計畫群，在佛羅里達州的邁克迪爾（MacDill）空軍基地的美國中央司令部總部成立。

此單位成為部署在沙烏地阿拉伯的心戰指揮及管制單位的核心。傳單、廣播及喊話器作戰行動被整合運用，而且此種組合乃是心戰成功之關鍵（國防部總政治作戰局譯，2005：59）。

由第四心戰群幕僚和第八心戰特遣隊聯合舉行代號「焚鷹（Burning Hawk）」的心戰行動計畫，包括17個特定行動組成的24次個別任務，其目的在降低伊軍戰鬥效能，鼓勵伊軍投降，減少美軍與聯軍傷亡，所設定的主要目標對象是伊拉克政軍領袖，次要目標對象為科威特戰區內與伊拉克東南部的伊軍官兵（Jones, 1994: 22）。

（一）心戰廣播

焚鷹計畫在核准過程中曾奉美國參謀首長辦公室指示劃分成白色宣傳與黑色宣傳兩個細部計畫，前者由國防部負責執行，後者交由中情局處理（國防部總政治作戰部譯，1998b：14）。

老布希在1990年10月至12月間，先後兩次簽署了對伊拉克進行心戰的秘密授權命令，多國部隊在科威特人士協助下，向

伊拉克境內和伊軍佔領地區散發 9,000 多個波段微型收音機，俾使伊拉克軍隊方便收聽到聯軍的廣播（Taylor, 1992）。

對伊軍的心戰廣播曾使用六具無線電廣播載台，包括 193 特戰群的兩架 EC-130E Volant Solo 飛機與四座地面無線電台（兩座在沙烏地阿拉伯，另兩座在土耳其）。Volant Solo 可飛抵伊拉克南部，轉播美國之音的節目，重播 Quaysumah 主台的廣播節目內容，開拓伊拉克軍民的收聽對象，但因須躲避伊軍防空武器射程以外環繞飛行，以致廣播距離限制，但在伊軍航空系統癱瘓後，Volant Solo 立即深入伊拉克無線電網絡，並向伊軍官兵釋出「投降熱線（surrender hotline）」（國防部總政治作戰部譯，1998b：43）。

多國部隊的白色宣傳主要由美國之音與英國 *BBC* 的 World Service 負責執行，同時為了反制伊拉克 *Radio Baghdad* 電台，美國之音則以相同的頻率經由沙烏地阿拉伯傳送進入伊拉克，提供伊拉克人民較為可靠的資訊來源（Taylor, 1992；胡光夏，2005）。

除了美國之音，美軍還在沙烏地阿拉伯境內開設沙漠盾牌電台，播送海珊政權專橫與腐敗，製造海珊被炸死謠言，誇大美軍武器裝備性能、多國部隊優勢陣容，宣傳美國的俘虜政策，藉以瓦解伊軍官兵士氣。

黑色廣播在此次戰爭也被加以運用，Hachten（1999: 150）指出，一些地點不詳的秘密廣播電台被充分運用，最著名的是自由伊拉克之音（*The Voice of Free Iraq*），是以伊拉克反對人士為名播音，計有四個頻道播送。

另一個地下電台海灣之音（*The Voice of the Gulf*）於 12 月間加入軍事心戰廣播，文稿都是由心戰特遣隊第八心戰特遣隊人

第六章　公關化戰爭的媒體運用策略分析

員撰寫，並由知名的科威特廣播人員播音。該台持續廣播 40 天，每天平均廣播 18 小時，內容包括新聞、音樂與運動等，反制伊拉克電台的宣傳或誤導的資訊，並鼓勵伊拉克軍民起義或投降（Makelainen, 2003a）。

多國部隊地下廣播電台還包括由美國中情局經營的 *Voice of Free Iraq* 與 *Radio Free Iraq*，電台設在沙烏地阿拉伯境內，主要播出的內容在呼籲庫德族與回教什葉派伊拉克人奮起反抗海珊領導集團（Taylor, 1992）。

Jones（1994: 26-27）指出，結合美國、英國、沙烏地阿拉伯、埃及、科威特等國宣傳發展小組製作的錄音帶與劇本，由地面轉播站全天候播放；在為期 72 天的廣播期間，計實施了下列內容：播報 3,200 餘則新聞節目、訪問 13 名伊拉克戰俘、40 則訪問報導、散發 189 條心戰訊息。

根據戰後統計，在科威特戰場投降伊拉克軍人大約 87,000 名，在接受審訊時高達 98%的戰俘說，他們投降的直接原因是心理戰的遊說與鼓勵（袁志華、王岳，2002：156；胡全良、賈建林，2004：198）。

（二）心戰傳單

1991 年 1 月起，MC-130 戰鬥鷹爪機開始在沙、科邊境南方空投 150 萬份傳單，藉著風力飄過邊境。空戰開始後，F-16 戰機及各式飛機攜行 MK129 傳單容器，將心戰訊息及警告遍灑於巴格達及伊拉克部隊所在位置。美國海軍陸戰隊（USMC）的 A-6 攻擊機則在科威特投下不同版本的傳單。UH-1N 型機則運用擴音器及阿拉伯語言學家，來說服在科威特邊界的伊拉克士兵投降（國防部總政治作戰局譯，2005：22-23）。

散發傳單方法有許多種，主要是經由 MC-130、HC-130、A-6、F-16、B-52 等飛機，以及特製的砲彈發射，另外還有人員攜帶、傳真機傳真、放置瓶內漂流到科威特海灘等（國防部總政治作戰部譯，1998b：48）。

Jones（1994：26-27）整理以下的心戰傳單輸運方法：

1. 藉水上輸具滲入或海漂、人力散發及其他各種作戰方式，發送 342,000 份傳單。

2. 由 MC-130 運輸機高空投放 1,800 餘萬份傳單。

3. 運用空軍 F-16 戰鬥機及目測 36 次的個別任務，空投 M-129A1 傳單炸彈散發 330 萬份傳單。

4. 運用美國空軍 B-52 轟炸機與目測 20 次的個別任務，空投 M-129A1 傳單炸彈，散發 220 萬份傳單。

5. 將 110 萬份傳單與海報散發張貼到科威特城市。

Toffler & Toffler（1993：196）指出，美國心戰專家對科威特的伊拉克軍隊共施放以 33 種不同語言寫成的 2,900 萬份宣傳單，指點他們如何投降，承諾會以人道方式對待戰俘，鼓勵扔下武器，以及警告即將爆發的戰爭有多可怕。

這些心戰傳單不但呼籲伊拉克人投降，而且警告遠離他們的軍事裝備，因為那是聯軍空襲的目標，據 Hachten（1999：150）的描述，許多在科威特的伊拉克步兵，的確人人手持一張「安全指引（safe conduct）」的宣傳單走出來向盟軍投降。

（三）心戰喊話

美軍各個戰術機動作戰旅，均配有擴音器心戰喊話小組，計有 66 個心戰喊話小組，事先預錄具有投降訊息的錄音帶，以阿拉伯文警告轟炸攻擊即將來臨，鼓勵伊拉克官兵棄械投降，並告

訴伊軍官兵將會以人道及公平的方式對待（國防部總政治作戰局譯，2005：60）。其中還有讓沙烏地阿拉伯軍人冒充伊拉克俘虜，以喊話方式勸降（袁志華、王岳，2002：156）。

在此次戰爭中，美軍心戰戰術喊話的運作已經脫離傳統隨軍推進的作業方式，美軍負責火線喊話的心戰直接支援連喊話組運用飛機將高空距離的野戰喊話器，帶到敵軍後方進行心戰喊話，既能避免喊話人員傷亡，也帶給敵軍後方部隊強烈震撼（國防部總政治作戰部，1991c：61-62；國防部總政治作戰部，1991e：38-39）。

（四）錄影帶及錄音帶

在戰略嚇阻階段，美軍第四心戰群製作名為全世界嚴陣以待（Nations of the World Take a Stand）及沙漠之線（A Line on the Desert）兩卷心理宣傳戰錄影帶，以及一卷錄音帶 Iraq the Betrayed，陳述多國部隊相對優於伊拉克軍隊的重大優勢，以及海珊繼續佔領科威特可能導致的嚴重後果。

該錄影帶經跨部會公共外交政策協調委員會（Interagency Public Diplomacy Committee）審查後，由美國新聞總署翻譯成五種語言，對 19 個國家發行，並成功地將 200 份拷貝送入巴格達。Iraq the Betrayed 在 Volant Solo 戰機上廣播外，並將一些拷貝錄音帶發送至巴格達（Jones, 1994）。

第四節　2003 年波斯灣戰爭的媒體運用策略分析

與 1991 年的波斯灣戰爭有所不同，發生於 21 世紀初的波斯灣戰爭並未經聯合國同意而逕行動武。自 911 事件以來，美國

宣傳與戰爭

從「宣傳戰」到「公關化戰爭」

政府以反恐、捍衛國家安全為名,以取得宣傳的正當性,民眾與媒體變得不願意質疑白宮或國會,若有質疑反被多數美國人認為不愛國,雖然亦有人認為不質疑才是不愛國。

美國民主制度中的政府、媒體與民眾三者之間往往是相互約束的關係,但當對外戰爭時,除非死難過多,媒體與民眾幾乎都給政府極大的寬容與默許。以下就此一戰爭在公共外交、公共事務與心理作戰的媒體運用策略加以分析。

一、公共外交的媒體運用

在 911 事件之前的 2001 年 5 月 1 日,小布希已先拋出「無賴國家論」,譴責伊拉克等國。911 事件發生當日的三次演說及隔日清晨的對美國人民演說,小布希已經完成對敵人的描述,他將恐怖主義行動定調為「蓄意的與致命的(deliberate and deadly)」的襲擊,而且誓言未來的反恐行動將是一場「善對惡的戰鬥(the fight of good against evil)」(Helfrich & Reynolds, 2002: 329)。

小布希在 2002 年 1 月 21 日聯合國演講中,「邪惡」的字眼就提到 5 次(Kellner, 2005: 31),而「戰爭」的字眼提了 12 次,副總統錢尼、國務卿鮑威爾、國防部長倫斯斐在公開談話也不斷重複同樣的語言(倪炎元,2009:154-155)。在 2002 年 1 月 29 日對國會的國情咨文中,小布希又以「邪惡軸心(axis of evil)」將伊拉克、伊朗及北韓連接在一起(Corn, 2004;Kellner, 2005;Wheeler, 2007),爭取國內外輿論對伊用兵的支持。

在 2002 年 6 月 1 日西點軍校演講,小布希首次勾畫「先發

制人戰略（Preemptive Strike Strategy）」，取代冷戰時期的圍堵政策，強調美國「不能坐視威脅成真，否則將措手不及」，國務院政策計畫處主任 Richard Haas 將這項原則界定為「主權的極致（limits of sovereignty）」（轉引自 Pollack, 2002: 411-424）。

Corn（2004）指出，「先發制人戰略」的訴求重點在於「威脅出現之前迎擊」，但小布希並未明確界定什麼是「威脅」、何謂「威脅出現之前」，結果是伊拉克成為此一戰略的第一個試驗品。

小布希的聲望在 911 之後不斷攀升，尤其藉由紀念 911 事件週年的「政治儀式與祭典」規劃與操作，大多數的新聞頻道都轉播這場紀念盛會（詳參倪炎元，2009：295-297）。

在 911 事件後，美國國務院立即設立《反恐怖主義》網站，國務院國際資訊局的官方網站也設立〈美國的穆斯林生活〉及〈伊斯蘭教在美國〉兩個網頁（http://usinfo.state. gov/ products/ pubs/ errornet.），國務院公共外交與公共事務辦公室創立阿拉伯語部落格，雇用兩名母語是阿拉伯語的人，每日的工作職責就是與部落客討論（于朝暉，2008：206-207）。

在比爾斯主持下，於 2002 年 12 月推出《伊拉克：從恐懼到自由》、《伊拉克：慘遭壓迫的人民》、《伊拉克人追求自由的呼聲》等反恐宣傳手冊，翻譯成 30 餘種文字向全球發行，另針對阿拉伯青年的喜好創辦《你好（Hi）》流行雜誌（Seib, 2004；于朝暉，2008：206-207）。

比爾斯曾在美國國會舉行公共外交系列聽證會中，提出四點主要訊息：（一）對世界貿易中心和五角大廈的攻擊不是對美國的攻擊，而是對全世界的攻擊；（二）這場戰爭不是針對伊斯蘭教的戰爭，而是對恐怖份子和支持及包庇他們的人的戰爭；

（三）美國支持阿富汗人民，因而布希政府提供阿富汗人民提供3億2,000萬美元人道援助；（四）世界所有國家必須站在一起，消除國際恐怖主義的蹂躪（張巨岩，2004：14）。

如前所言，美英兩國在戰爭前，始終無法獲得聯合國安理會授權，最後選擇與西班牙總理艾茲納在亞述爾舉行高峰會，宣佈外交努力已到盡頭[13]。其實這個高峰會並不具任何外交上的意義，實質上是一種公共外交、一場媒體公關秀，意在向國際社會宣示開戰實非得已。

開戰前的三月五日晚上，白宮緊急通知各大媒體，小布希將於次晚八時在白宮東廂舉行大型記者會（2003年波斯灣戰爭小布希總統重要演說內容參見表6-2）。這是很不喜歡和記者打交道的小布希上台兩年多來第二次在夜間黃金時段舉行記者會[14]，原因在於：白宮不願意美國媒體一天到晚報導法、德、俄反對美英攻伊，同時對聯合國安理會聽取武檢報告做先發制人之舉（林博文，2003）。

另以美國國務卿鮑威爾2003年2月5日在聯合國的演說而言，他強調小布希決定出兵正當性時，當時媒體反應出一片頌揚之聲，後來出現駁斥鮑威爾的說法，乃遲至8月美聯社特派員漢利（C. J. Hanley）才開始。McChesney（2004）批評上述美國政

---

[13] 即使如此，美國始終未曾放棄聯合國這個國際舞台，其具體做法包括（蔡政廷，2003：63）：（一）抓緊聯合國1441號決議案營造國際壓力，迫使伊拉克配合聯合國武檢小組；（二）小布希親赴聯合國發表演說，爭取支持對伊動武，並多次透過全國電視演說，指控海珊政權違反聯合國決議，擁有大規模殺傷性武器；（三）開戰的前一天，美國國務卿鮑威爾（C. Powell）宣佈全球有45個國家支持美國的軍事行動；（四）戰爭爆發第二天，美國就向聯合國安理會遞交對伊動武的理由，宣稱伊拉克實質違反聯合國安理會的有關決議。

[14] 第一次是在2001年10月。

府的製造輿論,對照於德國二次大戰時的納粹宣傳幾乎一致,當人們消費媒體資訊愈多,就愈不能明辨事情,也愈加支持傳播者。

2003 年 10 月,美國馬里蘭大學國際政策態度計畫(Program on International Policy Attitudes)公佈一項關於此次戰爭的研究,內容包括美國人對於戰爭的態度、對議題的認知,以及收看了哪些媒體等。研究結果顯示收看商業電視的戰爭報導愈多,他們所關心其它主題則越少,且傾向支持小布希政府的戰爭立場[15]。

表 6-2:2003 年波斯灣戰爭小布希總統重要演說內容

發表時間	主 要 內 容
2002 年 9 月 7 日	• 小布希在和英國首相布萊爾會面時,指出依據國際原子能機構報告,伊拉克將在六個月後就能製造出核子武器。
2002 年 9 月 12 日	• 小布希在聯合國大會上指出,美國反對的是海珊,而不是伊拉克人民;伊拉克人民應該享有自由,解放伊拉克人民是一項具有道德意義的偉大事業。
2002 年 10 月 5 日	• 小布希在全國講話中指控伊拉克儲存生化武器,重建製造生化武器的設備,而且長期以來伊拉克和恐怖組織有聯繫,這些恐怖組織有能力且有意向使用大規模殺傷性武器。
2002 年 10 月 7 日	• 小布希在俄亥俄州講話中指控伊拉克窩藏

---

[15] 在 2003 年波斯灣戰爭中,蓋洛普民意測驗顯示,戰前小布希的支持率大約只有 50%,但後來 76% 美國人都成了小布希的支持者,戰後由於傷亡或伊拉克重建,小布希的支持度又開始走低。

宣傳與戰爭
從「宣傳戰」到「公關化戰爭」

發表時間	主　要　內　容
	恐怖份子，培訓基地組織成員，也可能將生化武器提供給恐怖組織。
2002年12月12日	• 在聯合國大會上，小布希強調海珊政權是一個嚴重的、不斷加劇的威脅；如果有人認為海珊懷有善意，那他就是以數百萬計的生命在做賭注。
2003年2月6日	• 小布希針對聯合國安理會在伊拉克問題上的責任發表講話，指出大規模殺傷性武器可能會落在恐怖份子手中，他們會毫不猶豫的使用。
2003年1月28日	• 在國情咨文中，小布希向伊拉克民眾喊話，強調他們的敵人不是外人，而是統治者海珊；海珊政權垮台之日，即是恢復自由之時。
2003年3月17日	• 白宮舉行記者會，小布希向海珊發出最後通牒，限令48小時下台離開伊拉克。
2003年3月19日	• 宣佈對海珊政權發動代號「伊拉克自由行動」的戰爭。
2003年3月20日	• 小布希發表電視講話，宣佈對伊拉克開戰，以解放伊拉克人民，保衛世界免除重大威脅。
2003年3月22日	• 小布希發表廣播演說指出：（1）攻伊行動已獲40個盟國的支持；（2）聯軍將協助伊拉克重建家園；（3）不能將摧毀性武器由獨裁者掌控；（4）戰爭會比預期的久；（5）為聯軍感到驕傲。
2003年3月24日	• 小布希對美國士兵在伊拉克被捕表示悲哀，同時還威脅說，迫害戰俘的人將會被視為戰犯。

發表時間	主　要　內　容
2003 年 3 月 28 日	● 小布希與英國首相布萊爾在大衛營舉行高峰會並發表聲明，聯軍的軍事行動已有重大進展，而聯軍必將獲得最後勝利。
2003 年 3 月 29 日	● 小布希指控海珊政權殘暴虐待伊拉克人民和戰俘。他並表示，聯軍對伊拉克人民積極提供人道援助的光榮行為，與海珊殘害人民和戰俘的犯罪行為，形成強烈對比。
2003 年 5 月 1 日	● 小布希在林肯號航空母艦上宣佈，結束伊拉克戰爭主要戰事，美國取得勝利。

資料來源：整理自蔡政廷（2003：86-99）、Kuypers（2006: 52-54, 76-80, 99-103）、Wheeler（2007: 13-14, 20-22）、仵勝奇（2010：299-310）。

二、公共事務的媒體運用

在公共事務的媒體運用上，可區分為主流媒體、立場不同媒體、愛國媒體及自控媒體等四種運用型態。

（一）主流媒體

上章已指出，此次戰爭美國開放有史以來規模最大的一次隨軍採訪，包括來自世界各地的媒體及經常批評美國的半島電視台（*Al-Jazeera*）在內，計有 775 位記者加入美英聯軍隨軍採訪的行列，這些隨軍記者立即獲得美國與美英聯軍許多訓練、食宿交通、安全保障等方面的協助。

美國在此次聯軍攻伊戰爭中採行開放的「陽光政策」（陳希林，2003 年 3 月 26 日），此一新政策不再採取限制與截堵消息方式，而是以「將欲取之，必先與之」的方式來影響媒體（張巨

岩，2004：76）。張巨岩（2004：53）指出國際政策的聯盟理論中有一種觀點，如果不能戰勝對手時，那就邀請對手加入己方的陣營，五角大廈的記者嵌入策略就是此一觀點的實現。

美英聯軍對於媒體採取軟硬兩種措施，軟措施在於定時餵食，硬措施則是確保餵食策略順利進行。軟措施是由政府控制公關網絡與資訊，並直接擁有調控消息的多種手段，如記者招待會、新聞發佈會等；硬措施則是以行政與法令的手段，如反間諜法、煽動言論法、第一戰爭權力法等系列戰時法規，對媒體自由加以限制（姜興華，2003：29）。

小布希亦曾對「用詞不當」媒體表達憤慨，當媒體唱反調時，國防部長倫斯斐也對媒體宣洩不滿，來達到促使媒體小心謹慎報導的目的（黃建育，2003年3月30日）。

（二）立場不同媒體

以半島電視台為例，戰爭一開始，就以「戰爭降臨伊拉克（War on Iraq）」作為新聞報導的總標題，這和英國 *BBC* 的用字一模一樣，唯一差別是阿拉伯文與英文的不同（Miles, 2005：241）。

但在 21 天的波斯灣戰爭報導期間，半島電視台從未將美英聯軍行動與民主自由連接一起。半島主持人都是以這一句話來結束新聞節目（Ibid.: 242）：「現在就讓我們用來自巴格達的現場畫面來結束這次播報」，接著出現俯瞰巴格達城市的鏡頭，螢幕上只打著「巴格達正在燃燒（Baghdad is burning）」一行字，畫面會持續播放數分鐘，好讓觀眾看到的就是這個城市正被烈火與濃煙吞噬。

戰爭初期，半島電視台播出由伊拉克提供的聯軍部隊士兵死

亡及被俘畫面，顯然不符合日內瓦公約的規範，立即引起美英兩國的強烈抗議，但半島總編輯 Ibrahim Hilal 的辯解是：「我們只是呈現出實際狀況，那些屍體並不是偽造的，也不是用動畫表現的。」（轉引自 Seib, 2004: 108）

半島電視台自開播[16]以來，逐漸扮演中東地區主要媒體的角色，它顯然帶有強烈的地域政治偏見，卻非官方經營，也沒有得到國家的財政支援（Price, 2002: 200）。在 2001 年 911 事件後經常播放賓拉登（Osama bin Laden）錄影帶與凱達組織發佈的新聞稿，開始吸引全球廣泛的注意，從此美國外交官就經常在該電視台利用阿拉伯語「佈道」，力圖使該電視台中立化（于朝暉，2008：187）。在阿富汗戰爭期間，它特別著重平民傷亡的報導與民眾對戰爭的反應，美國國務卿鮑威爾曾打電話給卡達（Qatar）國王 Sheikh Hamad bin Khalifa al-Thani，希望敦促半島緩和對美軍的報導（Price, 2002）。

Price（2002: 5-6）分析美國曾對半島施展的策略運用有：首先是想說服半島電視台停止播放賓拉登的錄影帶，其次是讓美國官員接受該電視台的採訪，第三是美國國務院研究購買半島電視台廣告，最後又想出扶持該電視台競爭者的種種辦法，例如提供財政支持向其他衛星電視，設法把半島電視台的觀眾拉走，或透過美國的國際傳播機構在阿拉伯世界建立分支機構。

---

[16] 半島電視台的前身是一個實驗失敗的新聞台──創立於 1994 年的 *BBC* 阿拉伯電視台（*BBCATV*），當時該台播出〈公主之死（Death of a Princess）〉的紀錄片之後，即遭主要出資者沙烏地阿拉伯王室撤資而停播。不過，一些較為開明的阿拉伯領袖認為獨立的新聞媒體有益於阿拉伯世界的現代化，於是在卡達（Qatar）國王 Sheikh Hamad bin Khalifa al-Thani 出資 1 億 4,000 萬美元之下，雇用前 *BBCATV* 舊成員為半島電視台的班底，於 1996 年 11 月 1 日正式開播（Dadge, 2004；Fraser, 2005；Miles, 2005）。

Seib（2004）指出，美國雖然對半島的反美立場感到不快，但他們更明白半島在阿拉伯世界的 3 億 1,000 萬收視人口中擁有 3,500 萬的觀眾，具有極大影響力，因而如何去扭轉半島的報導，是美國在媒體運用策略中的一個重要部份。

（三）愛國主義媒體

大多數美國媒體在 911 事件後，變得比較具有愛國意識，最引人注意的是有線電視新聞網的後起之秀 *Fox*。屬於梅鐸（Rupert Murdoch）新聞集團（News Corporation）的 *Fox News* 於 1996 年成立，媒體產業專家原本不看好，想不到 *Fox* 竟以旗幟鮮明的右派立場，在 911 事件後收視率超過有線新聞網的老大哥 *CNN*，成為最受歡迎的電視媒體（Fraser, 2005）。

上章曾指出，五角大廈網羅 75 位退役將領與校級軍官，扮演戰爭輿論推手，置入最多的就是 *Fox*。如同 1991 年波斯灣戰爭是 *CNN* 發展的關鍵事件，2003 年波斯灣戰爭則提供了 *Fox* 千載難逢的機遇。

Fox 將美國國旗飄揚在電視螢幕上的一角，並且還在美軍行進的畫面播放軍樂配音（李明穎、施盈廷、楊秀娟譯，2006：379）。Fraser（2005: 145）指出，*Fox* 之所以超越 *CNN*，係以民粹的、愛國的新聞報導（populist and patriotic coverage）取勝；Oates（2008: 125）強調 *Fox* 特別高舉愛國主義與國家主義（patriotism and nationalism），對戰爭報導的塑造過程及其風格頗符合偏好愛國主義而非喜好客觀平衡報導的觀眾。*Fox* 一直與這類觀眾保持良好互動關係，並向其他電視媒體證明愛國主義的有效性。

Morris（2005）與 Oates & Williams（2006）等學者，也認

為 Fox 過於強調國家主義與愛國主義，偏離新聞報導的客觀中立理念，秉持鮮明的保守主義旗幟、親共和黨路線的價值觀；連英國 BBC 總裁 Greg Dyke 也提醒英國媒體，如若採取 Fox 的報導方式，將會有失去觀眾信任的危險（Seib, 2004）。

Kellner（2004）則另指陳，Fox 在伊拉克戰爭中成為大贏家，連帶影響了 CNN 與 MSNBC 兩家有線新聞台也採取偏向愛國主義的立場。

（四）自控媒體的運用

正如《星條旗報》的廣告詞「你們到哪裡，我們就到哪裡（Wherever you go, We go）」，2003 年波斯灣戰爭開打一個月，由於長期駐軍的考量，《星條旗報》正式發行中東版，從此該報計發行歐洲版、太平洋版及中東版三個版本，三者內容都是針對海外駐軍，沒有社論，最受歡迎的版面是「致編者的信」（金苗，2009：110-111）。

當中東版發行後，戰爭仍在緊張進行中，即接到許多駐伊美軍表達不滿的來函，隨後該報還於 2003 年 8 月對 1,900 餘名士兵進行問卷調查，並於 10 月公佈調查結果（詳參金苗，2009：116）。

美軍自控媒體除平面媒體外，還有具資訊發佈、意見交流等功能的網站，基本上有三種類型（同前引：187-188）：1. 是建立在平面媒體的資訊上，例如《星條旗報》在母版的基礎上建立網路子版，歐洲、太平洋、中東三版內容合併，將原來對海外駐軍的發行範圍推廣至全球，美軍其他平面媒體包括基層媒體大都採取此一形式，由內部資訊轉換為網路公共資訊；2. 是融合及連結五角大廈及其分支機構、各軍種通訊社等資訊共構的美國國

防部 Defense-Link；3. 是臨時成立的網站，例如 911 事件之後在 2001 年 10 月建立的 *DefendAmerica* 網站。

《今日美國報（*USA Today*）》曾將 *DefendAmerica* 稱為「當時一周最熱門網站」，它的目標對象定位為「公眾」，而不是「軍事專家」，所關心的問題比較人性化，包括有多少軍隊、如何使用火力，以及作戰部隊的過冬問題種種（同前引：187-188）。

（五）家鄉新聞服務

《紐約時報》曾報導，國務院的廣播服務辦公室（Office of Broadcasting Service，約有 30 名工作人員）與美國國防部所屬的陸軍和空軍家鄉新聞中心（約有 40 名記者與製作人）等單位，均在波斯灣戰爭期間克盡家鄉新聞服務。

廣播服務辦公室在 2002 年收到白宮指示，開始製作美化美軍在阿富汗、伊拉克的軍事行動，以 2003 年 6 月報導美軍在伊拉克南部分送食物與飲水給當地居民為例，這則國務院拍攝的「新聞」大量被地方電視台播放，到 2005 年初，國務院製作了 59 則類似報導（轉引自沈國麟，2007：107）。

陸軍和空軍家鄉新聞中心為地方電視台製作士兵向家鄉問候的片子，每年拍攝成千上萬；該新聞中心還提供自製新聞影片，影片中的記者不曾表明自己的軍方身份，送給各地方的內容也不一樣，目的在使士兵成為每個家鄉的驕傲，2004 年一年製作計 50 則，被地方電視台播放 236 次，有 4,100 萬個美國家庭收視。該新聞中心副主任 Larry W. Gilliam 曾表示，「很少有電視台播出的時候標明這是軍方製作的。」（同前引）

三、心理作戰的媒體運用

心理作戰的媒體運用可區分心戰廣播、電戰機直播影音內容、心戰傳單、心戰喊話、電子郵件與電話傳真、置入敵方的媒體等六個層面。

（一）心戰廣播

美國對伊的心戰廣播自 1991 年波斯灣戰爭以來未曾間斷過，到 2003 年 3 月 20 日戰爭爆發，至少有 27 個電台各自向伊拉克進行廣播。有些是美國中情局暗中資助的地下電台，如 *The Future*、*al-Mustaqbal*、*Radio Tikrit*、*Radio of the Two Rivers* 及 *Voice of Iraqi Liberation* 等（許如亨，2003：39；Makelainen, 2003a）；聯軍的地下電台則有 *Twin Radio Tikrit*、*Radio Free Iraq*、*Republic of Iraq Radio*（Makelainen, 2003a）。

Twin Radio Tikrit 初始先假扮為親海珊電台，但不過兩周之後，轉而訪談人民悲慘生活狀況，嚴厲批判海珊及其政權，號召伊拉克軍民起義（Ibid.）。能讓人覺察它非本地電台的唯一跡象是它每天在節目開播與結束時從不播放伊國國歌，而這是伊拉克所有電台及電視台的慣例（魯杰，2004：280）。

白色宣傳電台除上次波斯灣戰爭的美國之音與英國 *BBC* 的 World Service 外，另有由美軍心戰單位所開設的資訊電台（*Information Radio*），以及英軍心戰單位設立的 *Radio Nahrain*。

美軍資訊電台於 2002 年 12 月 12 日開始播音，節目內容由美英兩國多種部隊製作，再經由賓州空中國民兵 193 戰聯隊的 EC-130 Commando Solo 飛機播送，後來也採用機動性的地面廣播，從軍用漢馬車傳送訊號，2003 年 2 月 17 日起傳送器也擴展

到從波斯灣和阿曼灣的海軍軍艦（Makelainen, 2003a；Makelainen, 2003b；Lamp, 2005）。

2003年3月1日資訊電台出現明顯轉折，廣播目標對象從伊方官員與軍人，逐漸擴大及於一般平民，而且出現「伊拉克人民需遠離軍事設施」的警訊（Grace, 2003, March 17）。戰爭時期的媒體報導如此形容資訊電台（陳希林，2003年3月21日）：

> 在伊拉克周圍打開收音機，FM100.4電台播放著加拿大歌手席琳狄翁、美國歌手雪瑞兒克羅的迷人歌聲，夾雜在其中的是美國冷峻的警告：伊拉克軍民請遠離軍事設施。

據美軍中指部（CENCOM）所公佈的資料顯示，心戰廣播稿內容訴求可區分為三大主題：1. 宣傳聯合國的和平原則與武檢計畫，訴求聯合國安理會1441次決議案內容、國際原子能委員會對伊拉克實施武檢目的、推崇伊拉克軍人的榮耀與尊嚴；2. 爭取伊拉克軍民支持，旨在呼籲伊拉克軍民支持國際和平，不應該放任海珊專制政權，宣傳美國總統布希與聯合國秘書長安南的談話錄音，以及3. 批判海珊的獨裁與貪婪，包括海珊不關心伊拉克的軍隊，不顧人民生活，只貪圖個人權力及個人享樂（蔡政廷，2003）。

（二）電戰機直播影音內容

將戰爭期間的資訊傳送給伊拉克軍民及阿拉伯地區的其他國家，可以反映出政府的利益與觀點，美英聯軍的做法是直接生產與直接傳送影音內容給目標對象。根據《衛報》報導，美英兩國

共同製作一個每天五個小時、配有阿拉伯語發音的節目，由 EC-130 Commando Solo 向伊拉克發射電波（White, 2003, April 11）。

英國政府邀請一家民間的媒體公司為名為「邁向自由電視（Towards Freedom TV）」製作 30 集節目，每集長達一小時，總共製作費 1,700 萬美元（Ibid.）。英國的世界電視（*World Television*）每天用衛星將節目內容傳至美國北卡羅來納（North Carolina）布雷格堡（Fort Bragg）美軍第四心理作戰群的基地，製作成錄影帶，並裝載到 EC-130 Commando Solo 飛機上的放影機。EC-130 Commando Solo 能在鎖定區域內控制電台、電視及軍事通訊波段的電子頻譜，以及入侵、操控或癱瘓敵方電腦系統（Shanker & Schmitt, 2003, February 24；謝奕旭，2003；Lamp, 2005）。

布雷格堡能傳送所有節目內容至伊拉克的任何地方重新播放，也能傳送到美國電視廣播系統，此系統於 1997 年啟用，稱為「B 式特種作戰媒體系統（Special Operation Media System-B, SOMS-B）」，由一組機動廣播系統（Mobile Radio Broadcast System）與一組機動電視系統（Mobile TV Broadcast System）組成（謝奕旭，2003；Makelainen, 2003b；Lamp, 2005）。

小布希在白宮發表對伊拉克的國家政策演說，小布希與英國首相布萊爾（Tony Blair）向伊拉克民眾發表聯合演說（配有阿拉伯語字幕），承諾尊重回教的偉大傳統，強調是站在伊拉克人民一邊的朋友，而非征服者，這些內容都是運用 SOMS-B 經由 EC-130 Commando Solo 經空中向伊拉克發射電波，以原伊拉克國營電視台的第三頻道播出，直接向伊拉克的軍民做訴求（Grace, 2003, March 17；Byrne, 2003, April 10；Hiebert,

2003；Seib, 2004；Snow, 2006）。

Allen（2003, April 11）指出，上述做法使伊國人民覺察他們國營電視台節目內容已經改變，但無從得知伊國民眾的反應或效果為何，美軍也不在意有多少伊拉克人民收視，他們要的是透過美英節目，營造海珊政權已成過去的印象。

（三）心戰傳單

自1991年波斯灣戰爭之後，美國在伊拉克上空建立「禁飛區（No-Fly Zone）」，1998年伊拉克與聯合國武器核查人員產生分歧，隨著聯合國人員退出巴格達，美國隨即擴大禁飛區範圍，並利用巡邏任務的機會，空投大量的心戰傳單。

美軍中央指揮部中將副指揮官布魯克斯（Vincent Brooks）於2003年4月7日主持新聞簡報時曾指出，「聯軍已投下超過4,000萬張傳單，且數量持續增加中」。依據美軍中央指揮部資料顯示，此次戰爭美軍對伊拉克傳散的心戰傳單共計60則，自2002年11月8日起至2003年4月4日止，計實施54天（計57梯次），預估投放逾4,000萬份傳單（Makelainen, 2003b）。

另據美國軍事專家寇茲曼（Anthony H. Cordesman）研究美軍2003年波斯灣戰爭的資料顯示，美軍心戰小組共製作了81種形式的傳單，出動158架次的各式飛機，對伊拉克境內軍隊陣地與平民地區共投下約3,200萬份傳單（轉引自王俊傑，2006年12月27日）。

美軍的心戰傳單攻勢大致分為兩波，前一波是美國尚未下定決心攻伊的前階段，心戰內容以嚇阻伊軍不得阻礙禁飛區巡邏任務及分化伊軍內部團結為主，但自2003年1月31日起則進入動武明顯的新階段（蔡政廷，2003；許如亨，2003）。

2002年12月6日，美軍在巴格達南方的Amarah、Samawah展開第七次大規模散發傳單48萬份。2003年1月31日的空投量增至84萬份，投散區域為巴格達南方An-Nasiriya、Amarah、Basrah；2月12日向北延伸至伊拉克中部的Al-Hillah、Al-Qasim、Madhatiyah、Al-ashimiyah、Safwan等地；3月1日又伸向伊北的Mosul，3月4日再增Al-marah、Az Zubayr、Abu Hayyah、Al-Uthaylat、Qalat Salih及Al-Kut等地，隨後的3月5日及6日，又增加巴格達東南方的11個目標區，3月8日的單日空投量為72萬份，目標區包括Basrah及Al-Faw的「優先目標」，3月10日的空投量續創新高，在巴格達地區投下90萬份（許如亨，2003：40-41）。連美軍從小鷹號航空母艦起飛的大黃蜂F/A-18C戰鬥機也參加投放傳單的行動（胡鳳偉、艾松如、楊軍強，2004：89）。

美軍心戰傳單多為彩色印刷，以阿拉伯文書寫顯著的標語訴求，傳單的目標對象包括伊拉克軍政要員及一般軍民，內容性質可區分為：宣傳性、威嚇性、及招降性三種（蔡政廷，2003：69-70；Lamp, 2005: 48-49）。宣傳性傳單主要訴求為：聯軍目的在推翻海珊專制政權而非伊拉克民眾、指控海珊的罪行、美軍資訊電台頻率及時段表、聯軍攻擊目標是軍事設施而不是風景地標，以及不要妨害聯軍行動以免誤傷無辜等；威嚇性傳單主要在：警告伊軍勿對聯軍飛機開火、勿在水域內佈雷、勿破壞油田、勿使用大規模毀滅性及核生化武器、勿修護軍用光纖電纜及宣傳聯軍強大的軍力等；招降性傳單的主要在：指控海珊罪行，呼籲伊軍不要為海珊做無謂犧牲，聯軍的強大軍力，要求伊軍放下武器，懸賞提供海珊及黨羽消息者，以及伊軍投降聯軍的相關規定等（Lamp, 2005: 49-51）。

王俊傑（2006年12月27日）的研究顯示，美軍針對投降所設計的「安全通行證（surrender pass）」傳單，會將「投降者並非如此令人厭惡（the surrender isn't so terrible）」的訊息植入其中，而且傳單效果遠高於心戰廣播與心戰喊話。

（四）心戰喊話

美軍戰術性心戰喊話係透過喊話器，在與敵軍距離兩公里內的接戰範圍實施（Makelainen, 2003b），例如進攻巴格達時為減少傷亡至最低，每支裝甲部隊中都配置有400瓦高音喇叭的戰術心戰喊話組。

戰術性心戰喊話指向「海珊敢死隊（Saddam Feyadeen）」等特定目標，喊話內容具有辱罵性、譏諷性與挑釁性，在以阿拉伯語不停播放刺激敵軍是「膽小鬼」時，常激怒「海珊敢死隊」成員從隱藏地點向前衝出，成為美軍M1A2坦克和M2步兵戰車的射擊目標（蔡政廷，2003：69-70）。

（五）網路、電子郵件、手機與電話傳真

美國白宮、五角大廈、中指部等官方網站，都分別提供新聞記者會的新聞發佈稿、首長談話內容、戰爭進展等資訊。網路在戰爭中扮演雙重角色，可以讓任何人快速取得資訊，亦可以藉此管道傳播假資訊，例如美國政府曾散播使用有關電磁脈衝炸彈（electromagnetic pulse bombs）等高科技武器的訊息，藉此希望達到打擊伊拉克軍隊作戰意志與信心的效果（張梅雨，2003）。

美國白宮網站以「10年的挑釁與欺瞞（A Decade of Defiance and Deception）」為標題，列舉要進行「伊拉克自由行動」的原因，包括拯救伊拉克、保護美國人，以及防止恐怖主義者的攻擊等。國防部網頁則以「伊拉克：面對威脅（Iraq:

Facing the Threat）」為題，認定伊拉克擁有核子和生化武器（胡光夏，2007：323）。

美軍運用以網際網路為基礎的心戰活動，還包括由網路戰士（cyber warriors）寄發電子郵件、撥打手機等，敦促伊國官員盡速與海珊劃清界限（Shanker & Schmitt, 2003, February 24）。另路透社 3 月 17 日曾報導（轉引自許如亨，2003：40-41），早於 12 年前波斯灣戰爭時已經實施的傳真，在此次戰爭仍被美軍沿用傳達訊息給巴格達市民，突顯伊拉克電腦網路極不發達。

電子郵件行動大約於 1 月 11 日展開，寄件對象不只是心戰計畫中列舉的伊拉克高級軍官、政府官員，也包括社會意見領袖，但無法及於家裡普遍缺乏電腦的伊拉克平民，伊拉克曾經採取「封鎖網路入口」的措施，企圖阻絕美軍電子郵件，但成效不彰（許如亨，2003：40-41）。

根據《紐約新聞日報（*New York Newsday*）》引述美國前中央情報局反恐怖主義負責人 Vincent Cannistraro 的看法，報導指出電子郵件並沒有產生作用（謝奕旭，2003）。然而，另外不同觀點的 ABC 駐巴格達記者曾採訪三名伊拉克軍官，這幾名伊軍軍官承認，美軍的心理戰的確動搖伊軍抵抗的信心，但真正起作用的，並不是數以千萬計的傳單和強大的廣播，而是美軍發出的電話傳真和電子郵件。他們認為美國人能夠如此容易的和任何一名高級軍官聯繫，那伊軍指揮官又如何能夠確保整個師的安全？（馮俊揚，2003 年 4 月 24 日）

（六）置入敵方的媒體

布雷格堡第四心理作戰群所製作的訊息或內容，也以其他名義或匿名方式運用在伊拉克、阿富汗等回教地區的媒體上，偶爾

也花錢讓人刊登他們的消息，或給電視台播出沒有署名出處的影片，或和報紙撰稿人訂約撰寫評論文章。

五角大廈文件顯示，在伊拉克及阿拉伯國家的媒體置入超過 1,000 篇「好消息」的文章，還在一個伊拉克網站發表社論，但在事情曝光之後，白宮及五角大廈均矢口否認（Gerth, 2005, December 19）。

自 2001 年 9 月 11 日遭受恐怖攻擊後不久，白宮成立一個秘密小組，協調五角大廈、政府機構及民間包商的資訊作業，工作重點是針對伊拉克和阿富汗，美軍在這兩個國家經營報紙和電台，但不公開他們和美國的關係，在這些媒體報導或刊播的新聞資訊有時以無法查詢的「國際新聞中心（International Information Center）」掛名（Ibid.）。

為美軍在伊拉克及阿拉伯世界媒體內置入文章的外包廠商是一家戰略性傳播公司、總部位於華府的林肯集團（Lincoln Group），只要以新聞或廣告的方式刊出，即可獲得 40 到 2,000 美元。Scanlon（2007）指出，此舉無疑是一種黑色宣傳，且係由公共事務部門所為，在事情曝光後難免損及美國政府及美軍的國際信用。

第五節　結論

本章分析美軍在 1991 年與 2003 年波斯灣戰爭中的媒體運用作為，歸納公關化戰爭的媒體運用可區分為以下三大層面進行：（一）公共外交的媒體運用，此部分主要是戰前由政府各部門統合施做，經由國家領導人及軍政要員的政策聲明及媒體事件，為

創造戰爭合法性加強媒體曝光,目標對象指向以國內外閱聽眾及敵國軍民為主;(二)公共事務的媒體運用,主要由國防部主導,透過自控媒體及國內媒體與國際媒體,對內及對外傳播訊息,以及(三)由前線作戰的心戰部隊因應心理作戰所需的媒體運用,其目標對象則為敵軍的作戰人員。

老布希政府在 1991 年戰爭中,在公共外交方面幾乎動用國際新聞媒體的所有資源,不斷推出核心幕僚以各種不同角度向媒體闡釋出兵中東的正當性,老布希廣泛運用了電視與廣播直接向國內民眾做訴求,還在 Newsweek 發表親撰文章,尤其為強化盟國支持,運用中東回教的文化特性,向回教國家的領袖們說服海珊入侵科威特乃違反回教律法的不義之舉。在公共事務方面,雖然新聞簡報會不斷舉行,媒體聯合採訪記者團在波斯灣的採訪行動也出現在電視螢幕上,但大部分的新聞材料卻是由華盛頓所提供,在五角大廈運作下經由 CNN 供應各主流媒體新聞,以及美軍所屬的電台、電視台和軍隊時報口徑如一,這都顯示美國有心且已經跨越越戰時期消息來源相互牴觸的障礙。在心理作戰上,則結合心戰廣播、EC-130E Volant Solo 轉播美國之音的節目、心戰傳單、心戰喊話、錄影帶及錄音帶等分頭進行。

2003 年戰爭公共外交的媒體運用,早於 911 事件發生後即已積極展開,小布希總統及其政府高層官員藉用聯合國、紀念 911 事件、國際峰會、大型新聞記者會等來界定戰爭框架,統合國家與盟邦所有力量,發揮精準的備戰成效。在軍隊公共事務上,美英聯軍提供來自世界各地主流媒體隨軍採訪,並對立場不同媒體如半島電視台祭以說服、拉攏、購買廣告、稀釋其影響力等不同策略,《星條旗報》開始發行中東版,並整合內部自控媒體資訊匯流功能,將美軍資訊傳播能量推廣至全球。在心理作戰

上，更結合傳統與最新心戰技能，包括心戰廣播、EC-130 Commando Solo 電戰機直播影音內容及入侵、操控或癱瘓敵方電腦系統，以及心戰傳單、心戰喊話、電子郵件、手機與電話傳真、置入敵方的媒體等齊頭並進。

其實，美軍非常了解自己本身所從事的公共事務或心戰手法所散播訊息的可信度，容易遭到伊國民眾質疑，因而，公關化戰爭的背後還會透過委外公關公司來操作，例如 1991 年雇用 Hill & Knowlton 編造的科威特少女 Nayirah 假事件，以及 2003 年林肯集團（Lincoln Group）置入敵方的媒體，使美軍的「好消息」達到更好的閱讀率，均是典型的例子。

但在講求新聞自由的傳統上，美軍公共事務部門的責任是告知，向以美國國內民眾為主要目標，與心戰部門的責任是與敵軍「作戰」及影響敵方民眾有所區隔。而且公共事務與心戰所產生的資訊可能有所不同，彼此卻不可產生矛盾，心戰與公共外交及公共事務三者的確需要加以統合協調，以避免相互衝突與徒勞無功的後果。

在理想與現實之間，軍隊公共事務確實比較無法展現如心戰功能的即時效果，並由於戰爭時期須與公共外交、心戰就國家階層與戰區階層分工合作，在協調上有其既有的模糊與限制，但根本之計，仍在於如何區分不同目標對象，施以不同層面的資訊。戰爭經常充斥謊言與掩飾，現代戰爭以有效的媒體運用從事訊息傳播有其必要性，但不可忽視區分不同目標對象的重要性，若此方能走出真相與欺騙的糾葛，才是贏得心靈、意識與輿論的正途。

第七章　公關化戰爭的訊息規劃策略分析：以兩次波斯灣戰爭的美軍作為為例

第一節　前言

　　有限戰爭與以往有所不同，政府利益不見得等同於國家利益，政治人物與媒體的關係亦經常處於比較不確定的情況，更不能輕忽媒體報導的影響力（Mercer, Mungham & Williams, 1987: 6-7）；當今任何軍事行動，比過去總體戰爭或冷戰時代更需要想辦法獲得公眾及媒體的支持。

　　公關化戰爭不僅重視最終目的，同時亦重過程中各階段的目標達成，此正如 Hiebert（1991: 115-116）對 1991 年波斯灣戰爭所做評論：「面對一場戰爭，政府不僅要贏得勝利的成果，而且還要贏得公眾的心理；……亦即要對大眾進行說服，說明為何非贏不可」。

　　就宣傳者而言，要對公眾進行說服贏得公眾心理，最基本與普遍的方式即是透過修辭（rhetoric）來進行。Frederick（1993）揭示宣傳的方法論沿襲自西元前 500 年古希臘的修辭學，「群眾領袖（demagogue）」所指即是靠著三寸不濫之舌鼓吹民眾輿論的希臘政治人士。

　　Jowett & O'Donnell（1999: 294）指出，語言的符號表現（verbal symbolization）能創造權力感（a sense of power），使自己的目標神聖化，而將對手極盡醜化。Toth & Heath（1992）

強調，傳播過程中的關鍵人士（如領導者或發言人）的修辭與語言表達能力、應對技巧是否良好具有重要意義，倘若處理良好，就能改善或整合社群關係。

在戰時，軍隊公共事務將戰爭視同公共關係的危機管理及危機傳播（Hiebert, 1993: 31-33），政府與軍方會有計畫的將所欲傳達的目標、立場等訊息，透過各種人際傳播與媒體運用，傳播給廣大閱聽眾（包括己方、敵方、中立國或同盟國等）。根據Benoit（1995）的研究，如果一個機構或組織在應對危機的戰略中備有良好修辭戰略，有助於反擊對手批評，降低對手可信度，增進危機管理效果。徐蕙萍（2007）亦指出，危機發生時組織對外的言語說辭，是處理危機的重要符號資源。因而，無論修辭或公關，政府與軍方都是希望達到改變內部與外在環境，形構有利於己的力量極大化，裨益軍事戰鬥作為與目標達成。

本章延續第五章戰略管理的定義，視訊息規劃策略為組織考量當前面臨的使命和環境條件，以協調內部與外部要素，而擬定目標與執行行動的訊息傳播過程。本章擬歸納整理相關學者（包括 Lasswell、葉德蘭、俄羅斯學者 B. A.利西奇金與 JI. A.謝列平、Toffler & Toffler、Bennett & Garaber、Sharkey、O'Heffernan 等）的看法，建立公關化戰爭訊息規劃策略的分析架構，作為分析兩次波斯灣戰爭訊息規劃策略的立論基礎。

本章主要研究美國政府與美軍在兩次波斯灣戰爭為何及如何以公關化訊息策略，正當化戰爭的發起及進行，遂行媒體框架競爭，消除戰爭殘酷印象和越戰症候群的不好記憶，以及取得大後方的認同與支持。

本章計分七節，除第一節前言外，第二節進行相關文獻檢視以建立本章的分析架構，第三節戰爭正當化的訊息規劃策略分

析，第四節是敵我二元對立的訊息規劃策略分析，第五節為新聞淨化及消除記憶的訊息規劃策略分析，第六節大後方「支持軍隊」的訊息規劃策略分析，第七節為結論。

第二節 相關文獻檢視

本節將針對修辭學與戰爭論述、公眾與感知管理、公關化戰爭的訊息管理策略等相關理論及文獻進行探討，以形成後續分析的參考架構。

一、修辭學與戰爭論述

口語傳播可追溯至古希臘與羅馬時期[1]，柏拉圖的學生亞里斯多德（Aristotle）是第一位做系統化整理的學者，他的著作《修辭學（*Rhetoric*）》被公認是口語傳播（speech communication）學門的基礎（林靜伶譯，1996：6）。

亞里斯多德將修辭學界定為「尋找所有可行說服方法之藝術」（轉引自林靜伶譯，1996：6）。同一事物可以有很多種表達方式，有的方式能說服人，有的方式不能，所以亞里斯多德對修辭學的定義，是在發現存於每一事物中最有說服力的方法，以與顛倒是非的詭辯家（sophists）有所區別（劉海龍，2008：44）。

亞里斯多德認為成功的演說，除內容邏輯、情感訴求，演說

---

[1] 西方的口語傳播與政治修辭理論經歷了三個發展階段：從亞里斯多德的規勸說，到柏克的認同說，再到 20 世紀後期的後現代主義認知論，其發展脈絡可參林靜伶譯（1996：3-15）及張曉峰、趙鴻燕（2011：192-195）。

者的品格亦會影響傳播效果。此一古典學者特別關注的修辭道德與人本精神綿延至今，美國文學批評家柏克（K. Burke）在 1939 年著述《希特勒戰爭的修辭（The Hitler's 'Battle'）》，就曾給納粹宣傳極其嚴厲的批評，而且將其排除在修辭學歷史之外（Jowett & O'Donnell, 1999）。

猶裔德國學者克倫貝勒（Victor Klemperer）對納粹帝國的語言所作研究，則指出納粹善於運用當時情勢，將人群分為「鄉親（volk）」與「異類（artfremd）」，藉以強化政治正確，鑄造獨特納粹心靈與思維方式，並透過造勢、宣傳、威嚇，創造出做什麼都對的語言氛圍，形成上下一體執行帝國命令的不可阻擋之勢。克倫貝勒還認為，語言從來就不是中立、客觀的工具，它是可以在特殊狀態下被運用操作的（轉引自南方朔，2004 年 5 月 31 日）。

Lull（2000）強調，語言並非一種封閉系統，而會因字彙、片語、句子的組成激發出某些特定反應與理解；當它為人們使用時，可能存在著誤解、意見分歧的空間，但也是可以共享傳播內涵與形成協調行動的符碼。

Smith（1989: 6-7）在論述政治戰時，強調古典修辭學的藝術正是從事宣傳所需基本技能。但他認為，所有藝術都是中立的，就如任何工具，可有建設性，亦有破壞功能，至於其中的道德價值判斷，在於運用者的意圖，而不在器物。

Britzer（轉引自彭芸，1986: 183）則指出，在印刷媒體出現後，修辭[2]的意義有所轉變，廣義言是「詢問、傳播的方法」，適用於人與人間語言文字的交談或大眾傳播媒體等不同情

---

[2] 彭芸（1986: 181-184）將 rhetoric 翻譯為辭辯。

況,講求的是如何利用方法及技巧來達成有效的表達與溝通。

　　樓榕嬌(2005)指出譬喻、對偶、排比、反覆、錯綜、層遞等的運用,能因表達內容的魅力而形成有力的語言;Jowett & O'Donnell(1999: 325-326)強調使用隱喻與比喻(metaphor and imagery),可以創造出民眾對宣傳者立場的認同,甚至形塑民眾的感知;Arthur Bentley(1926,轉引自祝基瀅,1990:23)將政治語言傳播的表達方式分為婉轉語(euphemism)、誇張(puffery)與隱喻三種。

　　Thompson(1980: 51)明示,「早在第一顆飛彈發射前,敵我已在修辭及抽象的概念中相互廝殺好幾回」。葉德蘭(2003)則指出戰爭論述(the war rhetoric)在戰爭未起[3]、戰爭中[4]及停戰前[5]會有不同的修辭策略。

　　Beer(轉引自葉德蘭,2003:221)指稱,傳播學界對戰爭論述的語藝分析,顯示它是一個強而有力的工具,政治領導者可以藉此傳達和平或戰爭的意圖,並且動員本國人民,對外可進行宣傳,尋求國際支持。Frederick(1993)指出,戰爭用語幾乎擁有共同的特徵,經常是以迷惑、委婉與掩飾的言詞,使原先語詞,搖身一變而為漂亮的修飾辭。像這類掩飾的言詞,亦常蘊含雙面意義(於己方、敵方各具不同解讀),來包裝戰爭的真實面

---

[3] 在戰爭未開打之前,語藝傳播就先為大眾作心理準備,會以直接、具體而情感強烈的言詞來吸引觀眾,並提供開戰各種必然性及迫切性的理由,以及醜化、妖魔化對方。

[4] 一旦正式開戰後,醜化、妖魔化對方的語藝論述逐漸減少,取而代之的是對戰事發展的說明及如何修飾戰爭,告知敵我進退傷亡的最新情報,使用非常隱諱的言語來敘述己方的傷亡。

[5] 當戰爭接近尾聲,代之而起的是為善後做心理建設,盡力停止激發敵意,從異中求同,訴諸雙方共同的道德標準與價值觀。

目。另方面,將敵人的形象予以妖魔化(demonization)和非人化(dehumanization)則是戰爭宣傳常見手法之一(Toffler & Toffler, 1993: 197)。孫秀蕙、陳儀芬(2011)曾以 11 世紀末教宗烏爾班二世(Urban II)呼籲第一次十字軍東征的演講(部分內容參見第三章第三節)與美國 911 事件後小布希發表講稿的符號結構做比較,顯現宣戰文稿的基本架構可能並不因歷史時空而改變。

有學者的研究還指出,戰爭語藝顯現主事者簡單、直接及絕對的論述特質,而且經常訴諸以「除了戰爭別無其他解決方案」,也因此將其他思維角度、審慎從事的呼籲或強調和諧協商的意見刻意排擠,甚至冠以「不愛國」之名(Kuusisto, 2002;葉德蘭,2003)。

無論將敵人妖魔化或排擠異議者,均與發動戰爭必須塑造認同及建立同體感有關。以色列學者 Avishai Margalit(轉引自 O'Shaughnessy & O'Shaughnessy, 2004: 57)指出,與動物透過舔或聞的面對面接觸取得聯繫有所不同,人可以經由象徵性事物(例如國旗等)和共享記憶[6]建立同體感。Margalit(轉引自 O'Shaughnessy & O'Shaughnessy, 2004: 81)還認為,許多國家之所以結合,其盟約經常奠定在憎恨他者(hatred of others)上。O'Shaughnessy & O'Shaughnessy(2004: 136)進一步指出,戰爭宣傳有個共同的吸引力,那就是感情放縱,即使人們理智上知道修辭運用過於誇張,卻仍願意沉溺,因為它餵養了人們的恨意

---

[6] Margalit(轉引自 O'Shaughnessy & O'Shaughnessy, 2004: 80-81)區分共享記憶(shared memory)與共同記憶(common memory),後者只是團體中個人記憶的集合,前者涵蓋後者且須有持續不斷的溝通與共鳴,若能確定某種記憶為人們共享,就能在團結或懷舊的訴求中加以運作。

（feed our hatreds）。

　　總而言之，戰爭論述是經由宣傳者與宣傳組織有系統性的管理運作，藉以傳達國家的和戰意圖，不僅對內動員本國人民，而且對外進行宣傳，尋求盟國與國際支持。戰爭論述的另一特徵是充滿委婉、掩飾或簡單、直接及絕對的言詞，在必須聚集與動員力量一致對敵的情境下，修辭扮演對內消除雜音、餵養恨意及凝聚同體感，對外尋求建立同盟，以及醜化與妖魔化敵人形象的功用。

二、公眾與感知管理

　　戰爭不只是軍事武力對決，如前面所探論，也是言詞修辭的爭鋒，因而牽涉其中的不僅是戰場上的軍人，還有戰場之外廣大的平民；美軍在這方面的體制性運作稱為「感知管理」，係對各種不同的公眾進行。分別加以分析如下：

（一）公眾與戰略性公眾

　　Grunig & Repper（1992: 139）在許多研究中[7]將公眾（publics）區分為四種類型：

　　1. 全議題（all-issue）公眾：對所有議題都積極關心的公眾。

　　2. 冷漠型（apathetic）公眾：對所有議題都不積極關心的公眾。

　　3. 單一議題（single-issue）公眾：只對特定議題或相關議題的某層面關心的公眾。

---

[7] 此處參自 Grunig & Repper（1992: 135-137）。Grunig & Repper 以問題認知（problem recognition）、受限認知（constraint recognition）、涉入程度（level of involvement）三變項來解釋人們在某些行為過程中會進行溝通的原因，並區分公眾類型。

4. 熱議題（hot-issue）公眾：只對大眾關注或媒體大量報導的議題關心的公眾。

就現代公關的角度，Grunig & Repper（1992: 136）認為找出活躍積極的公眾具有特別意義，因為他們就是一個組織所需要的戰略性公眾（strategic publics）。Grunig指出戰略性公眾是戰略性公共關係的重要一環，其中要件包括（轉引自陳一香，2007：204）：

1. 找出組織必須與之發展關係的戰略性公眾。
2. 藉由相關計畫的企劃、執行與評估，建立與戰略性公眾的關係。
3. 測量與評估組織和戰略性公眾的長期關係。

（二）感知管理及其目的

Metz（2000）提出「心理精準度（psychological precision）」在軍事戰略上的重要性，與感知管理相關。他認為過度依賴科技的精準，常忽略對其他種族與文化的深入了解，而心理精準在於影響敵方與其他旁觀者的態度、信念與感知，所謂旁觀者包括作戰區的非戰鬥人員，以及全球閱聽眾。

感知管理（perceptions management）與宣傳類似，但前者更為專門精細，主要是指影響他國的感知所做一切聲明、決心與行動（Jervis, 1976；Heuer, 1999；Cimbala, 2002）。

Lahlry界定感知（perceptions）是「人們詮釋資料的過程」（轉引自Severin & Tankard, 2001: 73），很多研究已證實人在感知過程中會受到植基於過去經驗的預存立場（assumptions）、文化預期（cultural expectations）、動機、情緒與態度所影響（Ibid.: 74-78）。

Cimbala（2002）指出，改變對真實性的感知等於改變客觀的事實。真實性即是民眾認為確有其事的事實，而感知管理即是遂行符號與訊息的操控，使各個不同層面受眾接受我方所要傳達的真實性。

依據美軍聯合心理作戰準則的界定（JP 1-02），感知管理是指對「他國對象」及「他國各層級領導人」傳達或不傳達資訊，以影響他們的情緒、動機、客觀推論所採取的作為，是與欺敵、心理作戰等相互結合的行動。可見，感知管理為對外作戰的「武器」之一。另據胡光夏（2007：172）的研究，感知管理是公關化戰爭的必要作為之一，也是一種「民眾的知覺管理」，目的及作用在將戰爭合法化與道德化、掩飾戰爭本質、將敵人妖魔化，以及消除戰爭失敗的記憶等。

由是可知，無論對國內民眾、中立者、敵軍及其平民，乃至各種不同公眾的知覺管理是發動戰爭的必要條件之一。尤其對公關化戰爭而言，揮師出征的人力與經費來自於人民，亦須顧及國際觀瞻，若無法遂行良好的感知管理，可能就會缺少國內或國外民意支持，甚至遭到國內及國際反戰團體的群起抗爭。

三、公關化戰爭的訊息規劃策略

本單元目的在梳理公關化戰爭的訊息規劃策略，首先擬由訊息策略規劃的要素入手，續探議題設定與框架作用，然後依據學者的研究成果整合出公關化戰爭的訊息管理策略要領。

（一）訊息策略規劃的要素

Tucker & Derelian（轉引自孫秀蕙，2009）曾就公關的訊息策略規劃提出七項要件：如何界定公關目標？目標對象為何，是

否確實了解其人口特質與心理需求？能否確認目標對象關切的主題？能否提出符應人心的訊息？能否運用多元化的傳播方式及管道，做到充分的溝通？是否有合適人選擔任發言人？能否妥善包裝訊息，滿足目標對象的需求與興趣？

Bennett & Garaber（2009: 120）指出，大多數公關專家認為戰略性傳播的成功要素必須涵蓋以下五項：

1. 要清楚界定政治目標。
2. 要認清自己的缺點，避免遭到對手還擊。
3. 要確認公眾對於達成此階段政治目標的重要性。
4. 運用民意測驗與市場研究等方法作為訊息策略規劃的依據。
5. 製造新聞事件。

此外，「訊息簡單化」是一重要準則，使用最簡單的語詞與表達方式，並將這些語詞概念一而再、週期性的重複，能在公眾心理達到鞏固深化作用。俄羅斯學者 B.A. 利西奇金與 JI.A. 謝列平（徐昌翰、趙海燕、殷劍平、宿豐林譯，2003：30-31）指稱，這是建立在人們無法同時加工處理大量訊息假設上一種有效訊息傳播的方法。

（二）議題設定與框架作用

媒體本來就有教導民眾，喚起民眾關心公共議題的責任，一方面有助於凝聚社會共識，另也反映其他異議觀點，這是民主政治的正常運作。

媒體如何決定民眾關心的議題，一直是議題設定研究的重要範疇，但自 1980 年代開始，有些學者（Cobby & McCombs, 1979；Rogers & Dearing, 1988；McCombs, 2004）探問：「是誰

設定了媒介議題？」也有學者特別重視議題框架作用（framing），探討經由公關運作如何使某些特定議題突顯，佔領媒體議程，成為引領民眾關切的公共議題。

　　Iyengar & Kinder（1987: 2）在提出「立即聯想效應（priming effect）」（詳參林東泰，2008b：278-279）時即指出，一般美國民眾很少有參與政治重大事件的經驗，須借助他人對訊息的解釋與分析，在現代社會尤賴大眾媒體。Bennett & Garaber（2009: 118）則指出，不僅政治人物，軍方也不斷演變為卓越的訊息管理者[8]。

　　Bennett & Garaber（2009: 124）強調，新聞並不只是訊息公告，還是一種講述故事的過程，而框架則對正在發生的故事中心涵義進行概括和提示，框架有時先由領導階層界定，然後經由媒體傳送給社會大眾。

　　Bennett 將此一現象稱為「官方化新聞（officialized news）」，其作用在「幫助政治人物將自己的議題轉變為公共議程，而且這樣的議題設定有助於問題的解決。」（Bennett & Garaber，2009: 116）在此同時，政府與軍方為了要使自己的議題轉變為公共議題，則在面對媒體傳播時愈來愈趨向於政治「表演化」[9]。

---

[8] Bennett & Garaber（2009: 118）指出，早年政府部門對民眾傳達政治訊息，還有政黨、工會與教會等機制參與訊息過濾，如今已藉由媒體直接進行。

[9] Smith（1988）指出，表演政治已構成冷戰時期政治或有限戰爭的一大特質。複雜的政治經過簡化，愈來愈像電影或電視一般成為表演藝術，有如肥皂劇中有主角、配角及反角等角色，才能使「劇情」吸引到公眾的注意。Bennett & Garaber（2009: 41-42）指出新聞與戲劇已別無兩樣，戲劇化新聞強調衝突性、戲劇性及故事性，包括照片、圖像與錄影等視覺方法的運用，使新聞具備了戲劇性，甚至新聞變成戲劇。Franklin將此稱之為「政治包裝（packaging of politics）」（轉引自 Jones & Jones, 1999: 208）。若此，舞台的控制變得

根據 Entman（1993: 52）的說法，框架具有倡導特定問題（problem definition）、解釋因果（causal interpretation）、道德評價（moral evaluation）及處置建議（treatment recommendation）等四種功能。Entman（2003）還指出，反恐戰爭（war on terror）就是公共議題框架作用的例子，政治人物運用特定說詞影響媒體議程，作為發動阿富汗戰爭與 2003 年波斯灣戰爭正當化的理由。

（三）公關化戰爭訊息規劃的策略與手法

第一及三章已指出，學者 Lee & Lee（1972）歸納整理出廣被重視的宣傳策略與手法計有七種：命名法（name calling）、裝飾法（glittering generality）、移轉法（transfer）、見證法（testimonial）、平易法（plain folks）、堆卡法（card stacking）和樂隊花車法（band wagon）。

葉德蘭（2003）整理多位學者有關冷戰論述的修辭手法，計歸納出以下八種：1. 絕對名詞（absolute terminology）：如上帝、民生、進步、真理；2. 兩極對立（stark polarization）：如誠實 vs.謊言，民主 vs.共產；3. 恐懼訴求（fear appeals）：如秘密警察、勞改營、處決；4. 死亡意象（death image）：如在死亡邊緣掙扎、失去美國立國精神；5. 敵人之暴行（savagery of the enemy）：如共產專政、蠻橫挑釁；6. 美國之正義（righteousness of America）：如合作、公平原則，以人類福祉、和平願景為重；7. 自由之脆弱（fragility of freedom）：如

重要（Smith,1988）。控制舞台的方式都經過事先安排，包括新聞記者會、電視演說、與民眾握手聊天（walkabouts）、簡短聲明及聲刺（sound bites，即在電視或廣播中播出的影音段落）（Jones & Jones, 1999: 208-209）。

人類自由或自由政府（free government）即將不保，我們所篤信之生活方式會被摧毀；8. 基督教用語（Christianity association）：如信心、犧牲、毒蛇、十字軍聖戰（crusade）。

俄羅斯科學院院士 B. A. 利西奇金與物理所研究員 JI. A. 謝列平（徐昌翰等譯，2003：27-48）指出，信息心理戰有如人類第三次世界大戰，是對社會意識與個人心靈施加影響的新型態戰爭，以美國為主的西方社會經常運用的方式與方法有：1. 神話技術（以神話拼湊馬賽克式、虛假的世界圖景）；2. 用歷史做武器[10]，將某些人頌揚或妖魔化；3. 透過符號運用（包括語言、神話、藝術、宗教等），有如魔鬼附身般，撤換對方觀念的實質，改變對方的思維。

Toffler & Toffler（1993）指出，軍方為贏得戰場勝利，經常採取扭轉思想「經典工具」（classic instruments）有六種：1. 控訴敵人暴行；2. 將一場戰役或戰爭利害關係的「賭注」加以誇大（hyperbolic inflation of the stakes）；3. 將敵人形象妖魔化與非人化；4. 兩極化，不是同志就是敵人；5. 宣稱奉神的旨意強化師出有名，以及 6. 以反宣傳（meta-propaganda）和破壞敵方宣傳，全盤否定敵人所說的一切。

誠如 Toffler & Toffler（1993: 198）所言，宣傳花招會隨媒體工具的進展而調整變化，經典的宣傳策略與手法則會為戰爭宣導專家（spin doctor[11]）一再反覆運用。然從上述各學者的分析

---

[10] 包括以歷史的過去偷換當代問題（即從往事攫取對己方有利的部分）、將現代問題導入過去（從今天的利益出發，以古證今）、將對方的民族英雄與傑出人物在道德上加以誅殺等（詳參徐昌翰等譯，2003：38-40）。

[11] 在如美國的民主國家裡，政府部門與媒體經常處於對立狀態，如何巧妙運用媒體並主導新聞，而不受制於新聞，遂成為政府日常性工作之一，將新聞議程主導權從媒體手中搶過來的作法，雷根政府稱為「政治柔道（political

或整理看，可以看出除 Toffler & Toffler 所指的第四及第六項外，大部分策略與手法幾乎都是著重於平時或戰前塑造輿論。

平時或戰前塑造輿論，主要在為戰爭尋求正當化。Coker（2002: 69-70）曾在《沒有戰士的戰爭（Waging War Without Warriors？）》明示這是充滿資訊時代，也是正當性（legitimacy）重於一切的時代；他強調法治雖是西方民主的精神，但當一個國家要對外從事某項重大軍事作為時，正當性顯得比嚴格守法（strict legality）來得迫切與重要。

McNair（1998: 51）亦有同樣論調，民主國家的政治領導人推動重大政策時，得先贏得大眾認可，「他們必須擁有正當性，否則無法執政」。正名幾乎是任何一種型態戰爭的必要作為，戰前為說服國人及尋求同盟國與中立國支持，須以更充分理由說明「為何出師」及「為何終須一戰」，因而如何將戰爭正當化，顯然為首要訊息策略。

綜合以上學者看法，正當化策略至少包括敵人是邪惡的，我方是正義的化身，以及為人類文明與秩序而戰等要素。此外，不可或缺的是得有一個被拯救的對象，所要拯救的對象必須很清楚具體（但不見得為真正目標），例如科威特被蹂躪或美國遭到威脅等。因為敵人是邪惡的，所以必須將敵人妖魔化和非人化，必

---

jujitsu」（Smith, 1988: 553-554）。

一些對美國政府的宣傳研究（如 Kurtz, 1998；Grattan, 1998），或有關軍方宣傳的探討（如 Toffler & Toffler, 1993），都曾以「旋轉劣勢（spin）」來形容有效率的宣傳機制。政府首長的演講詞或電視訪談透過精心設計的修辭，使負面訊息減量到最低，或使真相變得模糊，甚至被遮蓋，將可能造成損害的事件扭轉朝向有利方向發展。而那些協助將總統、政府首長、軍方將領或國會議員的意念化為行動的宣傳人員，則被呼之為「新聞訊息包裝師或宣導專家（spin doctor）」。Clare（2001: 79）則喻稱 spin doctors 為「21 世紀的煉金術士（twenty-first-century alchemists）」。

第七章　公關化戰爭的訊息規劃策略分析

須控訴敵軍暴行，Taylor（1995: 179-180）強調，暴行故事（atrocity stories）永遠是戰爭宣導家的一大利器。由於我方是正義化身，所有的絕對名詞、神話與宗教用語都被派上用場，好為人類文明福祉、和平願景與秩序重整而戰。宣稱遵從上帝旨意乃經常之舉，藉此可與現實世界做比較以呈現世界圖景。其實這是將一場戰爭的利害得失加以誇大，具有提醒之意，喚起戰場上戰士與後方民眾珍惜現在所擁有的價值、理想及一切，並為開創美好未來而戰。

其次，兩極對立（stark polarization）幾乎是所有戰爭奉行的基本原則（Cheney, 1993；Toffler & Toffler, 1993；葉德蘭，2003）。這是二元對立、非此即彼，以及沒有中間灰色地帶的修辭與論述（Coe, Domke, Gaham, John & Pickard, 2004: 234-236）。但是，為圖控制戰爭影響面，取得更大幅度認同，盡速達成戰爭目標或早日結束戰爭，公關化戰爭均盡可能將所要打擊的那一「極」縮小，限於敵人中為首的少數「壞蛋」及其從屬份子（胡光夏，2007）。

Elliott（1986: 1）強調，「我們（Us）」與「他們（Them）」的感知貫穿所有人類的每個族群與社會，即使從古至今未曾有人說得清楚，但對任何個人與國家而言，這兩個概念永遠不被質疑的存在。曾任美軍臨床心理醫師的心理學者雷山（L. LeShan）指出，只要戰爭一起，整個世界就被嚴格區分為「我們與他們」、「好與壞」兩個陣營，這一切非黑即白，完全沒有灰色地帶（劉麗真譯，2000）。

兩極對立有賴創造符號來確保訊息流暢，以順利傳達到公眾身上，以及為媒體所採用。早於 1935 年就從符號觀點分析世界

政治[12]的 Lasswell（1950: 39-44）曾論述備戰與戰爭進行時期為統一口徑對外，經常運用的宣傳符號包含以下情緒要素：1. 殺氣騰騰（aggressiveness）：將一切矛盾指向對手；2. 罪惡感（guilt）：使所有對自己不利的指控，轉為敵人的不道德；3. 弱點（weakness）：敵人必敗，我方必勝；4. 情義（affection）：拋開對敵人的情感，換上對「集體我們（collective "We"）」的情感。Lasswell & Blumenstock（1970: 9）認為，宣傳者藉著操縱符號來控制人們的想法與態度，目的無它，就是試圖掩蓋真實情況，將勝利擴大化，而對任何的失手一概否認。

現代戰爭尤須仰賴建構符號與形象（the construction of symbols and images），藉以管理新聞框架（Bennett & Manheim, 1993: 348）。Bennett（2003）指出，符號是人們交流的基本單位，符號的運用在使敘事者與未曾經歷的人得以分享某些體驗。Bennett & Garaber（2009: 125-126）認為每一個符號都以認知的（它只負責符號訊息的基本意涵）與情感的（可以透過激發感情來發揮作用）兩種方式影響人們，而且符號大致可區分為兩大類：

1. 指示性符號（referential symbols）：只能傳遞狹隘意涵、不含有什麼情感符號；通常它被用於希望縮小影響範圍及民眾關注度時。

2. 濃縮性符號（condensational symbols）：包含廣泛的意涵、強烈情感的符號被用於宣傳者想要擴大影響範圍，以及期望民眾積極參與時。

---

[12] Lasswell 以對共產黨在芝加哥所進行活動的研究，將符號區分為要求符號、認同符號與事實符號三大類（彭懷恩，2007）。

他們亦指出，符號的意義並非固定不變，其傳播效果取決於如何被運用在特定的背景中，例如 MIA[13]即是一例。

前幾章多處已指出，美軍在波斯灣戰爭中所要爭取的，不只是軍事作戰成果，動機之一是要克服越戰症候群，消除越戰的失敗記憶。當社會發生重大事件，特別是戰爭時期為避免新聞對社會大眾造成恐慌或負面印象，戰爭的傷亡數字之類資訊就會遭到封鎖（Jones & Jones, 1999: 94）。

因而，在媒體管理上透過新聞檢查、以新聞記者會與背景說明會牽制記者無暇另尋其他消息，這是管控新聞流量的做法。但是，媒體管理的一個重要目的在於淨化戰爭殘酷事實，如 Sharkey（1991）所言，重要策略包括透過言詞的使用淨化戰爭形象及以控制視覺淨化戰爭形象，還有減少討論傷及敵方平民的報導、減少討論敵軍的傷亡等。

公關化戰爭另一個重要訊息策略，基於戰前與戰爭期間甚至軍事戰鬥後均須贏得民意的支持，向大後方積極訴求愛鄉愛國意識，作為前方軍事作戰的奧援，這也是越戰失敗的深刻教訓所致。在此一策略下，通常針對不同受眾，透過不同傳播方式，營造並擴散「支持軍隊」（而非訴求「支持戰爭」）的氛圍與效應。

上章曾提及美軍一向重視「草根性公共事務」，1991 年波

---

[13] 例如在越戰早期，五角大廈用 MIA（missing in action）來指稱失蹤的美國士兵。但隨著 MIA 逐年增多，反戰風潮興起，造成美國社會的不安與對立，當時尼克森總統向美國民眾解釋越南和平協商失敗，關鍵在北越拒絕承諾對戰俘和 MIA 做完整說明，而他遲遲無法結束越戰，主要考量是對這些 MIA 的美國子弟兵不能置之不理，就此瞬間冒出許多支持尼克森觀點的人。這個符號遂從一個模糊性的指示性符號，轉變為一個很有情感訴求性的濃縮性符號（Bennett & Garaber, 2009: 126）。

斯灣戰爭時，更實際地以地方性媒體作為訴求對象，藉以扭轉媒體框架的方向[14]。O'Heffernan（1994: 240-241；臧國仁，1999: 182）指出，為了限制全國性媒體檢視發起戰爭的原由，美軍經由公共事務建制的運作，將重點訴求對象轉向社區電視台與報紙。如此一來，媒體報導的主題內容變成為地方子弟參戰的人情味故事（local human-interest）。Cloud（1994）的研究發現，這是個人化新聞（personalized news）以戲劇化形式，將國際、國內事件與個人家鄉的真實生活連結起來，具有象徵意義，使閱聽眾認同某種國家價值觀。

依據伯穆勒與凱芬那夫（Blumer & Kavanagh，轉引自彭芸，2002: 29-30）的說法，我們正處於政治傳播的第三代[15]，傳播途徑不斷擴充，媒介訊息多元，人們也透過不同的接收方式接觸來源多元的管道訊息。這是因新傳播科技帶來新挑戰，訊息傳播的技巧與內容亦須因應不同頻道、認同、情境、品味而設計。

上文提到創造符號可以管理新聞框架，Lull（2000）則強調符號形式[16]（symbolic form）的資源無窮無盡，須透過不同敘事方式，結合廣告[17]與新媒體科技。他指出，軍事武器的經費預算

---

[14] 在平時，美國地方性媒體大都扮演社區服務的功能，但公關教材與研究則常強調其具有影響力。Clare（2001: 51-52）特別強調地區性、地方性媒體的重要，它們對所在社區具有實質重大的影響力。

[15] 有關政治傳播第三代的說法，可詳參彭芸（2002）《新媒介與政治》之第一章。

[16] 所謂「符號形式」是指透過印刷品、照片圖像、電影、聲音、電視視覺影像或數位科技中介的傳播內容（Lull, 2000: 161）。

[17] 廣告一般區分為三種：商業廣告、社會廣告及公共關係廣告（advertising of public relations），後者在學術研究上稱為形象塑造廣告（金苗，2009: 256-258）。根據Nimmo的說法，政治宣傳與政治廣告都是對多數人的傳播，宣傳訴求的對象是群體成員，廣告則是針對單獨個人（參自彭芸，1986: 177）。談到政治傳播的影響時，學者大都分成認知、情感與行為的影響三面向（彭

有時而窮，唯有符號力量（symbolic power）不會用盡。Lull（2000: 160-161）認為將符號形式塑造成敘事（narratives）、類型（genre）或論述（discourse）已是當今傳播的重要方式，而這些方式若能與電視遊樂器、電腦遊戲等媒體科技相結合，更能強化傳播內容。

總而言之，公關化戰爭的訊息規劃策略主要有四，其一是為出師正名的戰爭正當化，其二為區分敵我陣營的二元對立，其三是消除戰爭殘酷的新聞淨化，其四是取得大後方支持作為前線作戰軍隊奧援。其中第一項主要用於戰前，第二、三項用於戰時，第四項則用於戰前與戰爭期間甚至軍事戰鬥後，另第三與第四項與因應越戰失敗教訓有直接密切關係，或可說是為擺脫越戰症候群而進一步深化的產物。

第三節　戰爭正當化的訊息規劃策略分析

如前面所言，戰爭正當化主要在於說明「為何出師」及「為何終須一戰」。公關化戰爭經常運用的策略包括命名法、誇大及

芸，1986）。Schwartz（1973）強調政治廣告在打動目標閱聽眾回應的心理層面，甚而引發其起而行的追隨行動。

第二章提出，Ellul（1965: 65）指出社會性宣傳主要透過廣告、公關等營造社會情境，美國政府擅長於此運用。自 1775 年美國國會通過決議組建陸軍起，傳單與海報即被用在革命戰爭中鼓舞軍隊的愛國熱情，1963 年林肯發表「解放宣言」時，聯邦軍隊也透過海報徵召獲得自由的黑人入伍參軍。經過豐富的經驗累積，美軍公關廣告逐漸走出徵兵的直接訴求或感官刺激的方式。

最著名公關廣告應屬一次大戰期間的徵兵廣告，以山姆大叔目光直視、伸出手指對準觀者，配上標語「我要你加入美國軍隊（I Want You for U.S. Army）」（金苗，2009；倪炎元，2009）。臉部表情、手勢、身體姿態及各式視覺變形（visual morphing）等技巧都是廣告中常用手法，以期召喚閱聽眾的情感（Messaris, 1996；倪炎元，2009）。

使用婉轉語，顯現戰爭的罪責在於敵人，發動戰爭乃最後唯一選項。

一、為終須一戰命名

命名法幾乎是戰爭的首要策略，這是為凝聚民心與戰力做準備。公關化戰爭的動員，首先需要製造一個足以清晰辨識的敵人，而且這個敵人必須是集合當時所有問題及終須一戰理由於一身。最直接的手法係將一切罪過歸因對手，予以妖魔化和非人化（Toffler & Toffler, 1993: 197），且須同時呈現亟待拯救的受害者（胡光夏，2007：180），這兩項要素共構為發動戰爭的前兆。

Kellner（1995: 206；Cull, 2005）形容，如同一次大戰的德國被指控為「比利時的蹂躪者」，美國也將海珊入侵科威特描繪為「科威特的蹂躪（rape of kuwait）」。Cheney（1993: 62）指出，老布希在戰爭發動前，就不斷塑造海珊過去和現在（was and is）是獸性的（brutal）、獨裁的（dictatorial）、殘忍的（merciless）、凶殘的（savage）、邪惡的（evil）、亡命的（desperate）、具威脅性的（threatening）的「希特勒再世（another Hitler）」。

根據甘尼特基金會（The Gannett Foundation）的研究，自1990年8月1日至1991年2月28日止，美國平面媒體將海珊比擬為希特勒的報導計有1,035次（Gannett Foundation, 1991: 42）。但是，為什麼非得是「希特勒」呢？

Bennett（1994: 32）首先強調，將海珊與希特勒連結在一起，具有歷史割裂的作用，一方面切斷伊拉克與海珊和美國的過

去種種,再從全新的輿論製造中建立一個可供美國人民與全球民眾情緒宣洩的對象。

　　Keeble(1998: 74)分析,相對於後冷戰開啟時期共產體系瓦解,「共產威脅論」不能夠作為美國軍事行動正當化的藉口,反而希特勒在一般人認知中早已是危險與邪惡的最大象徵,比較能夠直接激起一致對敵情緒。Géré 則指出,一位中東獨裁者(指海珊)的形象比較模糊及「異國」,為戰爭所需,得建立敵人圖像,宣傳的訊息就是要使此一圖像變得可怕及令人憎惡(國防部總政治作戰部譯,1998a:482)。

　　Jowett & O'Donnell(1999: 7)分析,海珊經常將美國總統 George Bush 稱呼為「惡魔布希(Devil Bush)」,老布希技高一籌,始終將海珊的名字「Saddam」發錯成第一音節的重音,變成「SADdam」。Toffler & Toffler(1993: 197)還對敵我兩方有這樣敘述:

> 在海珊眼裡,伊朗與美國都是大撒旦(the Great Satan),老布希更是白宮的魔鬼;反之,在布希口中,海珊則是希特勒;巴格達的無線電台廣播中,美國飛行員不是鼠輩(rats),就是嗜血的牲畜(predatory beasts),另如一位美國上校的說法,敵人就像是夜晚打開廚房電燈下四處亂竄的蟑螂,於是大開殺戒。

　　小布希複製同樣的命名策略,一再重複導引美國民眾和全世界人的感知框架[18]。有學者統計,從 2001 年 911 事件至 2003 年

---

[18] 參見第六章第四節。

3月31日戰爭發起，美國白宮網站公佈的小布希總統演說中，使用「邪惡（evil）」一詞的演說，共計有48篇（潘亞玲，2008：301）。小布希策動戰爭主要有兩項論點：海珊擁有大規模毀滅性武器[19]（weapons of mass destruction, 簡稱WMDs），可能隨時偷偷轉手給互相勾結的基地組織。兩者中的前者更為嚴重，代表對美國人的直接威脅（Corn, 2004）。小布希據此向美國人民承諾，如果海珊不解除WMDs，美國終將一戰（Wheeler, 2007: 13）。

Oates（2008: 122）強調老布希將敵人特徵化的修辭具有最後終須一戰的連結（link）作用，訴求著美國已盡力尋求和平，不肯罷手的是敵人海珊；Corn（2004）指出，「邪惡軸心」的說法讓人感到威脅且足以毀滅美國的生存，除了剷除外，別無更好的選擇；O'Shaughnessy & O'Shaughnessy（2004: 63）指出小布希接二連三將「911、蓋達組織（al-Qaeda）與海珊」串聯在一起，喚起美國人相信海珊與另外兩者有直接關聯，這是聯想（associations）策略運用的效果，也操作了重複曝光效應（repeated exposure effect）。

無疑的，此一策略隱含恐懼訴求成分，卻亦是團結訴求的說服策略，揭示唯有團結才是唯一的出路。O'Shaughnessy & O'Shaughnessy（2004: 81）指出，「製造恐懼也是很有效的團結

---

[19] 2003年小布希政府聲稱伊拉克擁有大規模殺傷性武器，主要情報來源係由中央情報局得自代號「曲球（Curveball）」、1990至1995年間服務於伊國軍方化學部門和政府農業部門的投誠者賈納比（Rafid Ahmed Alwan al-Janabi）。2003年2月5日，美國前國務卿鮑威爾在聯合國大會發表一場為什麼對伊拉克發動戰爭的演說，所引述的依據即是賈納比的情報（並參第六章），但賈納比於2011年接受《衛報》獨家專訪時坦承，所謂的伊國大規模殺傷性武器是他捏造的謊言，他也沒想到華府會把他的謊言當成開戰藉口（詳參江靜玲，2011年2月17日）。

性訴求,往往可以在災難當頭操控心靈」。

二、誇大:奉上帝與正義之名

伊拉克入侵科威特,雖為世界輿論所不容,但美英若要出兵也須有一番正當性說詞。如 Géré 所言,1991 年波斯灣戰爭三個宣傳與反宣傳的主要議題是(國防部總政治作戰部譯,1998a:481):敵人就是罪惡,這是一場正義及合法的戰爭,這是一場正當的戰爭。

即使戰爭的背後是石油或經濟利益,但這不是戰爭修辭學該出現的用語,始終圍繞的主題是「正義或非正義」,為己方正名或醜化敵國形象。Géré 認為,美國不僅要在這三個議題取勝,還得克服「不能用任何一滴美國人的血來換取一滴油」的難題。

老布希因而將波斯灣戰爭描繪成「為一個美好秩序新世界而戰」,而且獲得「上帝的支持」;Toffler & Toffler(1993:197)認為這是將一場戰爭的賭注加以誇大:「不是只關係到科威特的獨立、全球石油供應的安全,海珊潛在核武威脅的消除,甚至還包括全部人類文明的命運。」

美國的「全球信使(The Global Messenger)」於 2003 年 3 月 31 日開戰時傳送的一則訊息是:

>……世人看到了代表我們聯軍而戰的年輕人的特質。他們正向伊拉克人民展示自己的友好和尊敬,並且不遺餘力地寬恕無辜者的生命。我們的軍隊正給心存感激的伊拉克民眾送去食物和水(轉引自陳敏、李理譯,2005:6)。

德國愛爾福特大學教授 Hafez 對《泰晤士報》戰爭報導的研究（裴廣江譯，2005：19）指出，該報刊登許多美英士兵的英雄形象消息，包括「士兵在戰鬥」、「士兵收到伊拉克人民送來的鮮花」、「士兵為孩子分發食物」、「我可愛的兒子為自己國家英勇捐軀」等等。

孫吉勝（2009）的研究也顯示「自由」是自 911 事件以來貫穿小布希政府的重要語言，尤其顯現在戰前及戰時。小布希經常強調伊拉克人對自由的渴望，自由是上帝的禮物，他告訴全世界「建立一個自由、和平的伊拉克的願望把聯軍團結在一起」（轉引自孫吉勝，2009：229）。

Kellner（2005: 62）與 Snow（2006: 234）指出小布希政府與五角大廈的語言展現出「歐威爾[20]式雙重話語（Orwellian features of doublespeak）」的特色，包括將戰爭說成為和平而戰，佔領伊拉克領土是為解放伊拉克人，轟炸伊拉克城市是為了能夠執行人道協助，殺害不計其數的伊拉克人是為催生伊拉克的自由與民主等。

人類文明、自由、和平、正義及上帝，通常是戰爭前及戰時出現頻率最高的名詞，都是用來彰顯己方的價值與信念。公關化戰爭為取信於世人，不時將這些說詞掛在嘴邊。

三、軍事行動以代號為名

民主國家的任何形式戰爭都是國之大事，得動用大量人民納稅錢，還有寶貴性命，因而無論對內對外，都須以比較委婉的方

---

[20] 歐威爾（George Orwell, 1903-1950）是英國著名的記者與作家，著有《動物農莊》、《一九八四》等作品傳世。

式包裝戰爭的本質。

　　Ignatieff（2000）曾指出，國家領導者雖然有權做出宣戰決定，但應尋求代表人民的國會議員認可，只是美國從韓戰以後，往往略過國會這個關卡與程序。因此，更須編織一個正當性說詞，以杜悠悠眾口[21]。

　　戰爭婉轉語（euphemism）的版圖擴充從不間斷，軍事戰略家 Anthony Cordesman 形容，當代戰爭所學到的許多教訓之一，就是現在不會直接將戰爭稱為戰爭，而改以行動代號稱之（Cordesman, 1999: 9）。

　　例如，1991 年波斯灣戰爭稱為「沙漠之盾行動（Operation Desert Shield）」與「沙漠風暴行動（Operation Desert Storm）」，2002 年阿富汗戰爭被稱為「持久自由行動（Operation Enduring Freedom）」；2003 年 3 月 19 日，小布希宣佈推翻海珊政權的代號為「伊拉克自由行動（Operation Iraqi Freedom）」等均是[22]。

第四節　敵我二元對立的訊息規劃策略分析

　　如上節分析，兩次波斯灣戰爭為突出敵人形象，將敵人污名

---

[21] 美國將越戰大舉轟炸北越的行為，稱為「保衛性行動（protective action）」，將防止越共隱藏的焚燒越南村莊行為，稱之為「綏靖（pacification）」；福特政府時期為緩和美蘇關係緊張，有所謂「和解（detente）」的政策，但在遭受批評後，改稱為「以實力求取和平（peace through strength）」（祝基瀅，1990：23），又如科索沃戰役被稱為「攻擊與嚇阻外交」。

[22] 有關歷次公關化戰爭的軍事行動代號參見第四章。

化、妖魔化發揮得淋漓盡致。然而,為求盡快達成戰爭目標與取得認同,則將要討伐的敵人縮小化,限於敵首及其助紂為虐份子。這樣的訊息策略,通常「將敵人說得十分可怕」卻不堪一擊,充分顯現「我族／他者(us／them)」二元對立的觀點,並強化勝券在握的必然性陳述。

一、運用符號區別敵我陣線

Coe, Domke, Gaham, John & Pickard(2004: 234-236)強調,二元對立的論述植基於非友即敵、一極否定另一極的對立價值。這種黑白分明、淺顯易懂的修辭策略,在使閱聽眾易於接受,並有助於公共議程的新聞建構中突出傳播效果。此不僅可以在戰前強化愛國主義與出兵的道德性及正當化[23],在戰時則有區別敵我陣線的效果。

公關化戰爭有賴媒體配合。Allan(2004: 157)綜合Anderson及Billig的說法指出,新聞從業人員預想(prefigure)了民族的意識形態,將民族視作由「類我之人(people like us)」所組成的家鄉或想像共和體(a homeland or imagined community),而戰爭新聞學中的敵人就自然處於「他者(foreign other)」的狀態了。

《衛報週刊(The Guardian Weekly)》蒐集英國新聞報導波斯灣戰爭時所用新聞詞彙有一目了然的對照整理(參閱表7-

---

[23] 美國學者Fareed Zakaria(轉引自潘亞玲,2008:349)提出「銀子彈(silver bullet)」理論,說明小布希政府運用二元對立論述,強化了美國的愛國主義與出兵的道德化及合法性。他指出,每個國家都希望擁抱民主,唯有獨裁者才會斷絕民主的假設,小布希藉著「我們vs.他們」、「善vs.惡」,勾勒出一幅「殺死暴君,政府民選,從此伊拉克人過著幸福生活」的視覺圖像。

1)。例如海珊是「瘋狂、目中無人、邪惡暴君、狂人怪物」,老布希是「沉著冷靜、果決、具有政治家精神、自信」;伊拉克年輕人參戰的動機是由於「畏懼海珊」,我們年輕人的動機是基於「傳統使命感」;他們的年輕人「畏縮在混凝土坑內」,我們的年輕人「飛入地獄險境」;他們進行「瘋狂掃射」,我們則是「精確轟炸」(轉引自 Allan, 2004: 162-163)。

表 7-1:波斯灣戰爭的敵我二元對立詞彙

他們有	我們有
戰爭機器(a war machine)	陸、海、空武力(army, navy and air force)
言論審查(censorship)	報導準則(reporting guidelines)
宣傳(propaganda)	新聞記者會(press briefings)
他們在從事	我們在從事
破壞(destroy)	除去(take out)、平息(suppress)
屠殺(kill)	消除(eliminate)、削弱(neutralise)
屠殺(kill)	斬首、除掉首惡(decapitate)
他們發動	我們發動
飛彈偷襲(sneak missiles attacks)	第一出擊(first strikes)
未經任何挑釁(without provocation)	先發制人(pre-emptively)
他們是……	我們是……

宣傳與戰爭
從「宣傳戰」到「公關化戰爭」

被洗腦（brainwashed）	專業（professional）
紙老虎（paper tigers）	勇猛（lionhearted）
懦夫（cowardly）	謹慎（cautious）
沮喪（desperate）	信心十足（confident）
走投無路（cornered）	英雄（heroes）
炮灰（cannon fodder）	膽大過人（dare devils）
巴格達的無賴（bastards of Baghdad）	空中年輕戰士（young knights of the skies）
盲目順從（blindly obedient）	忠誠（loyal）
瘋狗（mad dogs）	沙漠之鼠（desert rats）
冷酷（ruthless）	堅決（resolute）
極端狂熱（fanatical）	勇敢（brave）
他們年輕人的動機是	我們年輕人的動機是
畏懼海珊（fear of Saddam）	傳統的責任感（old-fashioned sense of duty）
他們的年輕人	我們的年輕人
畏縮在混凝土坑內（cower in concrete bunkers）	飛入地獄險境（fly into the jaws of hell）
他們的飛彈造成……	我們的飛彈造成……
平民傷亡（civilian casualties）	附帶損傷（collateral damage）
他們……	我們……
瘋狂掃射（fire wildly at anything）	精確轟炸（precision bomb）
他們被俘士兵是……	我們被俘士兵是……

發育過度的學童（overgrown schoolchildren）	英勇的男孩（gallant boys）
海珊是……	老布希是……
瘋狂（demented）	沉著冷靜（at peace with himself）
目中無人（defiant）	果決（resolute）
邪惡暴君（an evil tyrant）	具有政治家精神（statesmanlike）
狂人怪物（a crackpot monster）	自信（assured）
他們的飛機	我們的飛機
被擊出天空（are shot out of the sky）	受到高速磨擦（suffer a high rate of attrition）
挨打（are zapped）	未能從任務中返回（fail to return from missions）

資料來源：Allan, 2004: 162-163。

OGC 貼在網上的 39 條「伊拉克自由」訊息中（並參上章），將聯軍形容為熱愛自由、尋求宗教多元化、盡力避免平民傷亡的正義之師，而伊軍被描述成殘忍、專橫、腐敗、不道德，並且使用大規模殺傷性武器的軍隊（陳敏、李理譯，2005：6）。

這裡還要分析區分敵我的符號不僅用於人的身上，也擴散用於武器系統上，此在表 7-1 已見端倪。Cheney（1993: 69）指出，「我族／他者」的對人修飾語也移用在戰爭科技上，像美國的飛彈被形容為「聰明的（smart）」、「準確的（accurate）」

與「精密的（precise）」，伊拉克飛彈則是「粗糙的（crude）」、「野蠻的（wild）」與「缺乏準確性的（unpredictable）」。

王俊傑（2004、2005）對兩次波斯灣戰爭美軍心戰傳單內容分析的研究，將武器符號區分為伊拉克武器與美軍武器兩類，結果顯示只要有伊拉克武器裝備出現，就呈現故障或被摧毀狀態，而美軍武器則呈現威猛態勢。

這種敵我分明的符號運用，當然不單純是媒體的預想而已，其實這些符號或術語大都來自政府與軍方（參見下節）。

二、區分敵首與一般軍民

公關化戰爭的訊息策略將敵人妖魔化，並創造涇渭分明的敵我區別符號，但通常只用來對付其設定目標的「少數壞蛋」。美軍兩次用兵都將伊拉克統治階層與一般平民區隔開來，一方面顧及國際觀瞻，另則避免將伊國人民的向心力推到海珊政權一邊，維護敵國民眾自尊是必須兼顧的事。

王俊傑（2004：50-51）研究指出，在這兩次戰爭期間，美軍較常運用的心戰主題之一是「將海珊與伊拉克軍隊或人民做一區分」，此類主題強調海珊生活的優渥、人民生活的痛苦，以及軍隊為海珊權力運作的犧牲品，軍隊只是維護其政權的工具等。

美英聯軍將 2003 年波斯灣戰爭的揭幕戰命名為「斬首行動」，其意甚明，絕不是針對伊拉克人民、宗教和這個國家，而是海珊政權。魯杰（2004：299-300）認為，這就是要向伊拉克軍民表明他們與這場戰爭「沒有關係」。

「追緝撲克牌」的發出也是在這一貫思考脈絡下的行動。美軍攻入巴格達未能捕獲海珊，遂將海珊等 52 名高官列為通緝

犯,海珊是黑桃 A,其次是海珊兩名在軍隊與情報單位擔任要職的兒子(庫賽與烏岱)。此一作為頗符合主流媒體新聞價值,曾經由媒體大肆報導。

公關化戰爭的另一特徵是儘量不傷及敵國的民心,例如美軍在阿富汗戰爭的宣傳上不使用「投降」,而勸說「放下武器」與「停止抵抗」(朱金平,2005:250);在伊拉克戰場上,美軍對海珊政府的稱呼採用中性的「政權」一詞;攻佔城市時不稱佔領,而稱為「解放」;不隨意炸毀或侵占清真寺等宗教場所,不允許在伊拉克各城市插美國國旗,美軍指揮官若發現官兵插上美國國旗,會立即命令拔掉,以免加深伊國人民產生國土被占領的屈辱感(余一鳴,2003:130;朱金平,2005:250-251)。

三、強化必然性陳述

必然性陳述的作用主要有兩種,其一是如 Lasswell 所言散佈敵人必敗的訊息,另則對一般軍民給予指示。王俊傑(2004:50-51)研究指出,在 1991 年波斯灣戰爭與 2003 年美伊戰爭期間,必然性主題在強調戰爭結果的必然性。除強調美軍強大軍力必然獲勝,也針對目標對象的心理弱點提出說明,如遠離軍事裝備將會保障個人生命安全,依照傳單指示投降將會得到妥善照顧等。

美英聯軍攻陷伊拉克每一座城市時,基本任務之一是立即撕毀海珊畫像及搗毀海珊、銅像與塑像。這種舉動具有假事件或媒體事件的效果,媒體都會以圖文並茂的方式加以報導(此在下章有較完整討論)。例如,2003 年波斯灣戰爭期間的《泰晤士報》,幾乎每天頭版都被軍事訊息佔據,僅在其他版面刊載一些

反戰聲音，新聞標題顯現「薩達姆的家鄉將成為他的墳墓」、「殘忍暴君不能賭贏這場戰爭」之類文句（裴廣江譯，2005：19）。

藉著這些必然性訊息的傳播，美英聯軍的意圖十分明顯，就是要告訴伊拉克民眾及軍人，海珊政權已成過去式，海珊再也回不來了，以減少抵抗，盡速結束流血戰鬥。

第五節　新聞淨化及消除記憶的訊息規劃策略分析

前幾章多處提及美軍一向有所謂「越戰症候群」的陰影與教訓。因而，對老布希或小布希而言，打贏波斯灣戰爭的戰場，不僅在伊拉克或中東，尤在美國民心與世界輿論，其前提就是要「使美國擺脫越戰陰影」，越戰症候群已經消失。

新聞報導的「淨化（sanitized）」，目的在驅除以前不美好的記憶，又能隱匿戰爭殘酷的本質，Virilio 稱之為「消失美學（the aesthetics of disappearance）」（轉引自胡光夏，2007：172）。經常可見的策略包括透過言詞修飾淨化戰爭形象，以視覺控制淨化戰爭形象，還有隱匿或減少討論敵我雙方有關軍民傷亡等。

一、以軍方術語與體育詞彙淨化戰爭形象

一些學者（如 Shepard, 2004: 70；Allan, 2004: 160）對波斯灣戰爭的研究指出，血腥之類的文字難以見諸媒體報導，取而代之的新聞用語是軍隊術語（military jargon）。Taylor（1992: 45）認為這種策略在於創造「術語迷霧（terminological fog）」，將原本詞變換成新語詞，將對戰爭殘酷可能產生的惡感迷霧化與模糊化。

　　Allan（2004: 160-163）分析指出，常用的軍事術語有「外科手術式攻擊（surgical strikes）」、「精靈炸彈（smart bombs）」、「可容許的損失（acceptable losses）」，將伊拉克城市描述為「柔性目標（soft target）」，把平民傷亡（civilian casualties）稱為「附帶損傷（collateral damage）」等（另可參Seib, 2004: 65），又如以「弱化實力（degrading capabilities）」代替「轟炸（bombing）」（Carruthers, 2000: 143），以「軟化伊拉克目標（softening up Iraqi targets）」代替「殺戮伊拉克人（killing Iraqis）」（Shepard, 2004: 70）。

　　同樣軍事的用語另還有：將封鎖（blockade）說成隔離（isolation）；將美國海外的軍事調動（U.S. overseas military deployment）說成美國前進所在（American forward presence）；把侵略（invasion or aggression）說成攻擊（attack）、先發制人（pre-emptive action）、涉入（involvement）、干預（intervene），或是解放戰爭（war of liberation）；把轟炸（bombing and blasting）說成弱化抵抗（softening up the resistance）；把摧毀敵方武器裝備（destruction of enemy weapons）說成強制性繳械（assertive disarmament）；把誤炸（shelling or bombing of one's own troops through wrong judgment or identification）淡化為善意炮火引發的意外傷害（accidental delivery caused by friendly fire）等（轉引自李智，2007：126-127）。

　　美軍搶救平民及受傷敵軍，或是受到佔領地區人民熱烈歡迎，是兩次波斯灣戰爭經常可見的新聞報導，這是經過公關處理後比較直接表達的方式（並參下章），另一種是經由隱喻，將自

己比喻為冒險行動或運動比賽的英雄（葉德蘭，2003）。

包括「堅韌的」、「勇敢的」、「有男子氣概的」、「有進取心與犧牲精神」、「熱愛祖國」等體育報導語詞，都被用來讚揚波斯灣戰爭中為美國和西方盟軍榮譽而戰的將士；美軍中央司令部指揮官史瓦茲科夫（H. Norman Schwarzkopf）將地面作戰稱為「橄欖球比賽的觸地得分」，一名完成首次空襲巴格達任務的飛行員接受媒體訪問時把空襲行動描述為「一場盛大的橄欖球比賽」（曹晉譯，2007：277）。

在美國總統的演講及五角大廈官員的新聞用語中，都有意識的大量運用體育／戰爭相融合的專業術語，Jansen（曹晉譯，2007：291）指出，此具有符號學大師羅蘭巴特（Roland Barthes）所指的「強制吸引力特徵（imperative buttonholing character）」，發揮促進美國民眾與全球閱聽眾感知多國部隊戰爭進展的作用。

透過橄欖球等體育用語來形容戰爭行動，一方面號召球迷（公眾）為「家鄉隊（我軍）」加油，另方面則將民眾的注意力從戰場上的恐怖氣氛轉移，好讓人們以為其與平時生活再自然不過的活動毫無差別（Edelson，1991；Kuusisto, 2002；葉德蘭，2003）。

軍隊術語的功能即是 Bennett 所謂指示性符號用來縮小影響範圍及民眾的關注度。此有利於遂行感知管理，改變公眾對戰爭的本質感受，掩飾平民在炮火下喪生的事實。體育詞彙與戰爭報導相融合，可掩飾戰爭現實，使人們覺得戰爭宛如體育運動。

二、以視覺控制淨化戰場影像

第五章已有分析，兩次波斯灣戰爭期間，美國國防部對新聞報導制定了一系列管理規則，包括不許拍攝士兵「痛苦或極度震撼」、造成「損害傷患形象」的影像等。

控制視覺的另一方法在於主動提供空襲、飛機發射導彈的攻擊畫面給媒體，媒體攝影記者只被限定拍攝飛機的起降等畫面，此舉在展現現代軍事科技的精準，並轉移新聞報導關注傷亡情形。

CNN 提供給各媒體的戰爭畫面很少現場實況轉播（Live report），大部分是由美國國防部供應（Donovan & Scherer, 1992；Kramer, 2003）。Donovan & Scherer（1992: 313）強調：「只有少數飛毛腿飛彈攻擊，以及愛國者飛彈的攔截是即時報導，整場數百小時的地面作戰很少是即時連線報導的」。

伊拉克電視台在播出五名被俘美軍的畫面及四名陣亡美軍棄屍荒野的鏡頭後，半島電視台繼之不斷重播，美國國防部長倫斯斐立即加以言詞反擊（曹國維，2003 年 3 月 24 日）。這樣畫面的衝擊不亞於 20 世紀 90 年代 CNN 播放的索馬利亞軍事干涉中美軍士兵屍體被拖過摩加迪沙街道的情景，接下來美軍不得不策劃「女兵林琪拯救事件」（參閱下章），此舉不僅為挽回輿論上的頹勢，亦是考量淨化戰場影像的當然之舉。

Seib（2004: 65）還曾以「開始放煙火（Let the fireworks begin！）」來形容軍方控制視覺淨化戰場影像：

> 畫面的確很壯觀，現代戰爭就像一場華麗的煙火秀（a son et lumiere extravaganza）。然而在這樣的新聞報導

中,遭受轟炸的城市民眾卻被遺忘。斬首目標應是海珊及其侍衛隊,但最後他們並不是主要的受害者。震撼與威懾是個巧妙的婉轉語詞,但足以讓身陷其中的人深感恐懼。

NBC 駐伊拉克戰地記者 Ashlee Banfield 說(轉引自 Tang, 2007: 197):

人們看不到美軍打下米格十六戰鬥機那驚心動魄的一幕,也看不到炸彈落到地面一剎那時爆發的驚天巨響和燃起的熊熊火焰,更看不到巴格達老百姓驚恐萬分的表情和哭天搶地的掙扎⋯⋯,這些媒體所拍攝戰爭殘忍的一面全都從我們的文稿和攝影鏡頭中刪除了。

軍方對媒體日益嚴格的操作過程,其實就是想以強大武力集中進攻,減低傷亡人數,以求盡速結束戰爭,以及控制人民所看到的事件(Strobel, 1997)。McNair(1999)指出,很多觀察家都認為波斯灣戰爭的媒體戰如同一場電腦遊戲,展現軍事效率的迅速與乾淨俐落,不像越戰拖泥帶水。

Levidow(1994: 326-327)從科技角度反思新聞畫面再現新武器的魅力,往往使人們忘卻武器的任務在殺人,反而為飛彈能擊中目標喝采。

三、隱匿死亡與受傷數字

以下一些具有爭議性的數據,足見公關化戰爭對於戰地敵我傷亡極其敏感,以及盡可能不讓外界知道的情形:

第五章已有指出，1991年戰爭曾有33位美軍遭火焚身，家屬在好幾個月後才獲告知（Kurtz, 1993: 215；Hachten, 1999: 145）。

美國國防部情報局（US Defense Intelligence Agency）估計1991年波斯灣戰爭中伊拉克死亡100,000人，也有一說是8,000人（張美惠譯，1996：22）；美國哈佛大學一項由Keeble（轉引自Allan, 2004: 161）主持的研究顯示，1991年1至8月間，計有46,900個五歲以下伊拉克兒童死於戰爭。

當美國政府戰爭目標確定在摧毀伊拉克共和衛隊精銳部隊後，鮑威爾（Colin Powell）下令停止戰鬥，唯射殺無抵抗能力的伊拉克士兵行為依然持續，通往巴斯拉的道路被媒體稱之為「死亡公路（the highway of death）」。即使如此，Ploughman（1999: 397）指出刊載在美國三大新聞週刊（即 *Time*、*Newsweek* 及 *US News and World Report*）總計1,104張沙漠風暴作戰的圖片中，僅有39張是實戰畫面，最大宗的卻是與軍事武器大觀風格類似的圖片。

根據《紐約時報》報導，自2003年波斯灣戰爭發生至2008年7月，有4,000多名美軍在伊拉克喪生，但經搜尋相關的報導和訪問，拍攝美軍死亡畫面的照片頂多只有六張。《紐約時報》報導指出，小布希政府怕傷亡照片傳回國內，助長反戰聲勢，不但不准拍攝美軍傷亡照片，連覆蓋著國旗的陣亡官兵棺木都不准拍，陣亡官兵的喪禮也禁止採訪（田思怡，2008年7月27日）。

不論關於敵方或我方，包括美國國防部情報局在內的許多官員都反對公佈確實統計數字，五角大廈拒絕任何有關的新聞報導（Allan, 2004: 161）。聯軍統帥史瓦茲科夫直言，「我反對傷亡

人數的報導,傷亡數字不代表什麼意義,絕對毫無意義。」(轉引自 Sharkey, 1991: 147;Carruthers, 2000: 143)

一名電視台女性主管指出 2003 年戰爭有許多畫面從媒體蒸發:「我們看不到挖掘壕溝掩埋幾十名伊軍士兵屍體的畫面,也看不到美國士兵手腳傷殘、屍體躺在地上的畫面。」(轉引自 Shepard, 2004: 70)但曾報導一名伊拉克士兵橫屍燃燒的裝甲車旁的 CNN 記者 Rodgers,也道出電視台的一個困境:「電視觀眾喜歡看戰爭,喜歡聽到 bang-bang 的聲音,但當提供真實血腥畫面時,他們就紛紛轉台了。」(Ibid.)

新聞淨化的結果之一,是敵方人民幾乎在媒體上「不見了」。聖塔克魯茲加州大學電影及數位媒體教授哈斯泰說:「當我看著電視新聞,好像沒有人被殺或沒有人面臨喪生的危險,甚至好像沒有人住在伊拉克。」(馮克芸,2003 年 3 月 24 日)童靜蓉(2006:178)指出:「戰爭似乎並沒有帶來任何的災難。布希和布萊爾似乎送了微笑、愛心和和平去伊拉克。」

第六節　大後方「支持軍隊」的訊息規劃策略分析

如 Dunnigan & Macedonia(1993)所關切,前線作戰官兵士氣與大後方的支持密切相關。但是,政府與軍隊不可能憑空獲得支持,更何況戰爭隨時有傷亡,民意若發生轉向,媒體態度即可能產生變化。前已有言,公關化戰爭面臨的嚴肅課題之一,是越戰失敗的陰影必須驅除,波斯灣戰爭的經驗之一就是「用安慰撫慰現實(temper reality with reassurance)」(Cloud, 1994: 161)。因而,如何贏得大後方支持自然是另一個必須關注的重點。

第七章　公關化戰爭的訊息規劃策略分析

　　自越戰後的每一場戰爭，當美國總統及軍事將領面對媒體時，都會不斷強調「不會成為另一場越戰」，同時他們也至少要克服兩個問題，其一是贏得媒體在新聞報導的支持，其二是贏得後方民意支持以作為戰爭遂行的後盾。來自「大後方」或家鄉的慰藉行動，可以經由敘事或媒體事件（有關敘事與媒體事件的探討見下一章）來傳達，亦可以鼓勵從軍的方式喚起支持軍隊的感知或行動，或如文獻探討中 Lull（2000）所指出的結合新媒體科技的傳播方式等，均可達成訊息傳布的目的。

　　對一般公眾或特定公眾進行訴求，期以創造出多數支持效應，即文獻探討所歸納改變媒體訴求框架及宣傳策略之樂隊花車法的實踐。在戰前及戰時的宣傳裡，樂隊花車法常被使用來號召人民及軍人為戰爭犧牲（Severin & Tankard, 2001）。以下藉由一些相關案例進行分析。

一、水晶泉市的樂隊花車效應

　　以 1991 年戰爭為例，《自由論壇（*Freedom Forum*）》的一份研究報告曾蒐集 1990 年 8 月 1 日到 1991 年 2 月 28 日的 66,000 則報紙、晚間新聞或新聞頻道的新聞報導，發現「越南」總共出現 7,299 次；「另一個越南（another Vietnam）」也甚為流行，在每三次「越南」中，就出現兩次（Lamay, 1991a: 41-44；Jowett & O'Donnell, 1999: 316-317）。

　　為抵抗越戰陰影，訊息策略所要傳達的主題就是：「我們將奮戰到底」、「即使你不支持戰爭，但要支持我們的軍隊」與「讓我們滿懷感恩迎接部隊回到家鄉。」（Jowett & O'Donnell, 1999: 317）

事情發展終於出現不一樣的態勢,《自由論壇》的另一項研究指出,在二、三月號「廷德耳報告(Tyndall Report,主要分析電視聯播網的新聞報導)」中發現,出現所謂「黃絲帶因素(yellow ribbon factor)」,包括 CNN 等美國電視網在戰爭期間有關黃絲帶及支持軍隊的新聞報導,要比有關戰事的硬新聞要長得多,兩者的比例幾乎是 2:1(Lamay, 1991b;Jowett & O'Donnell, 1999: 324)。

自 1990 年 11 月 1 日到 1991 年 3 月 17 日,美國三大無線電視網 CBS、ABC 及 NBC 晚間新聞共播出 115 條關於軍人家庭及國內支持戰爭的報導,其中 NBC 有 45 條,ABC 有 36 條,CBS 有 34 條(Cloud, 1994: 161-162),這有助於建構凝聚公眾支持軍隊情感的和諧空間。

之所以有黃絲帶因素現象的產生,主要原因有二:其一,由於美國幅員廣大,平時比較缺乏一些共同的社區意識來凝聚對國家的向心,而波斯灣戰爭以「支持軍隊」作為訴求,正好起了意識形態上的引導作用(Shoemaker & Reese, 1996;陳炳宏,王泰俐,2003);其二,老布希在一月初發表的國情咨文也產生一定效果。

透過軍隊公共事務運作,地方電視台與報紙正是黃絲帶因素的重要支持者,O'Heffernan(1994: 240-241)指出 1991 年波斯灣戰爭三大類新聞報導之一的「嗨,老媽(Hi Mom)」的故事[24],就著重家鄉子弟兵參戰的個人報導。Reese & Buckalew(1995;陳炳宏,王泰俐,2003)研究美國地方電視台的新聞產

---

[24] 另外兩種波斯灣戰爭故事類型是針對男性公眾的「武器奇觀(gee whiz)」及由 JIB 例行性記者會發佈的「非故事(the non-story)」(O'Heffernan ,1994: 240)。

製,也顯示相當符合老布希政策宣示,他們在面對支持戰爭與反戰公眾的對立反應時,特別突顯了「愛國心」的主題,無論拍攝角度、剪接技巧、影像並列或訪問內容的選擇等等,都用來營造社區居民普遍支持美軍的氛圍。

Jowett & O'Donnell(1999: 324)指出,老布希加重呼籲,支持在波斯灣奮鬥的「孩子們」,同時對於他們應享權益也表現如家長般關心;另依據甘尼特基金會解釋老布希的修辭運用,係以團結民意為目標,將整個國家團結在支持軍隊這把傘下,而不是去說服那些抗議或懷疑政府用兵的人(Cloud, 1994: 161)。

Cloud(1994)分析,平面報章與電子媒體的新聞處理,幾乎都是以兩種模式出現[25]:

其一,儘管有些男人留在家裡等待軍隊回來,但報導聚焦於焦慮不安的軍人妻子與其孩子們身上;

其二,對這些焦慮的軍人家庭提供有效治療的新聞報導,使沙漠風暴行動與大後方的「沙漠安慰行動」遙相呼應。

這類報導模式有個共同特質,通常是將政治議題轉化為有關家庭、女性的個人化新聞(personalized news),透過宣洩個人焦慮情感,凝聚出整個國家人民「支持軍隊」、是一個「團結大家庭」的氛圍。

以《新聞週刊(Newsweek)》為例,它將戰爭新聞分為沙

---

[25] 這類的電視新聞報導表現節奏大致是(Cloud, 1994: 161):1. 接受採訪的軍人家庭成員一開始呈現憤怒或矛盾不安的情緒;2. 輔以支持團體(美國各地、各城市或軍事社團都有幾十個此類團體)協助受訪者因應戰爭所導致的情感壓力;3. 報導結束時,受訪者會以肯定態度去面對情感壓力或恐懼,而且願意提供他人協助;4. 新聞播完時,電視台會以愉悅的口吻「包裝」這一整天的事件,留給觀眾所需的安全感,但另須強調的,電視新聞不會忽略反戰抗議的聲音或畫面,只不過把他們夾在大量支持團體報導的中間。

漠風暴和大後方兩大部分，後者的新聞又區分關於抗議、媒體報導分析、民意測驗，以及參戰軍人家庭的報導；在團結 vs.抗議的新聞報導裡，關於「水晶泉市（Crystal Springs）」的報導是一典型（Cloud, 1994: 161）。

〈水晶泉市的大家庭（'One Big Family' in Crystal Springs）〉是一篇刊在《新聞週刊》的加框短文，夾在抗議報導中，敘述該城市有 160 名市民參與戰爭，指出雖然擔心家人可能會受傷或陣亡，卻一致表達對政府、軍隊及戰爭的支持，以及市民們為「力量與撫慰（strength and solace）」而團結起來，並且已為付出戰爭代價做好準備。

這給媒體閱聽人一種感覺，亦即有子弟參戰的家庭都站出來支持戰爭，包括反戰者在內的其他人又有什麼理由堅決反對呢？Cloud 認為，團結的「大家庭」和抗議者的新聞並排在一起，隱含著一種論點：「言外之意是反戰示威者缺乏力量與撫慰」。他還將以上的新聞報導稱之為「黃絲帶式新聞學（yellow ribbon journalism）」（Cloud, 1994: 158）。

Jowett & O'Donnell（1999: 324）分析，「黃絲帶因素」出現的主因在於樂隊花車效應（jumping on bandwagon），是當人們普遍支持軍隊遠赴戰場時，其他人不願和大多數人意見相違所採取的一種反應。

二、十歲賈斯廷中士的網路媒體事件

2003 年波斯灣戰爭開戰前，在美國國防部長倫斯斐親自關切下，美國陸軍公共事務部門非常成功的處理一起「十歲陸軍中士」網路媒體事件。整起媒體事件持續兩個多月，來自各地的民

眾與軍人訪問他的個人網址（www. caringbridge. org/ny/JustinBryce），為他和他的家人留言。

　　十歲的美國小男孩賈斯廷（Justin Bryce）不幸罹患肝癌，據小孩母親說法，與病魔搏鬥數月期間，他始終很勇敢，臉上帶著微笑。賈斯廷的故事傳開後，夢想成真基金會（the Make- A- Wish Foundation）請他說出一個最想實現的願望。讓人意想不到的是，他不是想去迪士尼樂園玩，而是希望成為一名陸軍士兵，且軍銜要比在紐約德拉姆堡第十山地師當二等兵的哥哥雷蒙德·布賴斯高。當時倫斯斐獲悉此事，親自下令滿足他的願望（Burgess, 2003, January 16）。

　　2002 年 11 月，賈斯廷在美國五角大廈接受陸軍中士軍銜，美國陸軍用豪華轎車接送他到貝爾沃堡（Fort Belvoir），讓他用帶夜視鏡的 M -16 步槍練習射擊，教他駕駛 M - 111 運兵車，並同意他的要求，以黑鷹直升機帶他在華盛頓上空兜了一圈。賈斯廷在聖誕節後結束小生命，六名國民衛隊士兵每四個小時一班輪流為他守夜，為賈斯廷舉行簡單儀式，正式葬禮於 2003 年春天舉行，他的墓碑上刻著「賈斯廷布賴斯中士（Sgt. Justin Bryce）」。

三、波斯灣戰爭的公關廣告與遊戲式廣告

　　自 1972 年 12 月終止徵兵，如何募集志願役兵員即成為美國國防部的一大頭痛問題，到了 21 世紀更是飽受兵源短缺之苦，尤其都會地區的徵才經常不能施展。Verklin & Kanner（晴天譯，2008）指出伊拉克戰爭前，儘管加派成千招募人員，陸軍仍然無法補足缺額。

一般父母雖然支持軍隊，卻不見得願意支持自己兒女從軍，要擴大兵員，首先要打動父母（沈國麟，2007；金苗，2009）。然而，要走進部隊的畢竟是年輕人（美軍募兵以 17 至 24 歲為限），美軍採取的策略是與一般廣告有別的公關廣告與遊戲式廣告。

(一) 公關廣告

　　如前面文獻探討所指，公關廣告訴諸形象，2003 年由五角大廈推出的《今日美軍（Today's Military）》五支公關廣告顯然想打動為人父母的心。廣告內容講述成功人物的故事，並驗證他們邁向成功源自軍人素質及軍旅經驗。

　　由於廣告目標受眾定位為父母，刊登媒體選擇了《人物（People）》、《華盛頓郵報（The Washington Post）》等菁英報刊。這些廣告主角分別是：曾在空軍服役的國家足球明星 Chad Hennings、前陸軍國民警衛隊中尉、年輕音樂家 Valerie Vigoda、海軍退伍名醫、曾經擔任陸軍巡騎兵的知名商人及曾在海軍陸戰隊服役的知名企業推銷員（金苗，2009）。

　　美國陸軍另製作未來戰鬥系統（Future Combat Systems）系列宣傳短片，強調「陸軍、國防、工業」三位一體理念，採用好萊塢大片拍攝手法，以說故事方式呈現，其中之一為《安全之地（Safe House）》，講述美國女軍醫急救一名阿拉伯孩子，以及美軍武裝力量擊破恐怖份子保護醫院的故事（同前引）。

　　美軍另於 2005 年推出主題為「幫助他們找到他們自己的力量」的知名廣告，訴求對象依然鎖住為人父母者，廣告詞說：「爸媽，你為了孩子已經盡你們所能了，接下來，應該讓軍隊來正確地管教他們了。」這個廣告避開孩子從軍有被送往前線犧牲

性命的危險,而將軍隊描繪成教育青少年成材的學校(沈國麟,2007)。

以上廣告顯與一次大戰時「我要你加入美國軍隊(I Want You for U.S. Army)」的訴求方式大有不同。但也有失策之例,2001 年的 60 秒廣告《一人陸軍(*Army of One*)》曾慘遭其中廣告詞句會將人誤導的批評,軍隊裡重視的應該是服從,而不是個人主義[26](晴天譯,2008:121)。

(二)遊戲式廣告

「遊戲式廣告(advergame)」當然是針對年輕人,最初起於冷戰結束國防預算遭到刪減,美國海軍陸戰隊另行研發訓練戰士的便宜方法,其第一個版本就是「毀滅戰士(*Doom*)」,後來蛻變成對外行銷的電腦遊戲(Jordan, 1999: 189-190)。2002 年 7 月,美國陸軍嘗試以《美軍訓練手冊》作為準則,推出「美國陸軍(America's Army)」,原本不被看好,豈知竟能以真實軍旅經驗敲開潛在新兵的心扉。

參與此一遊戲的人扮演實際軍事角色,如情報(18F)、工程(18C)、通訊(18E)與軍醫(18D)等,使用美軍實際使用的武器(晴天譯,2008)。遊戲直接帶領玩家進入美國陸軍步兵訓練基地喬治亞州本寧堡(Fort Benning)接受基礎訓練,練習使用 M-16 射靶,再前往德州山姆休斯頓堡(Fort Sam Houston)陸軍醫學中心接受醫護訓練後才能投入戰鬥。玩家在

---

[26] 此一廣告部分詞句這樣敘述:「儘管像我一樣的軍人還有 1,045,690 人,我自己就是一支軍隊……而且我還是第一個告訴你的人,美國陸軍的力量不在人數,而在於我。我一人即是陸軍(Even through there are 1,045,690 soldiers just like me, I am my own force.... And I'll be the first to tell you, the might of the US Army doesn't lie in numbers. It lies in me. I am an army of one.)」

團體對抗時,必須遵守交戰準則(Rules of Engagement, ROE)才能累積經驗值(晴天譯,2008:122;謝奇任,2009a:51)。

截至 2007 年 1 月,該遊戲的註冊玩家高達 800 萬人,相比於當時美國陸軍的服役人數 52 萬人,高出 15 倍,到了 2009 年 2 月,已經接近 970 萬人;而且是最多人下載的戰爭類電玩遊戲,據官方統計,該遊戲被下載將近 4,261 萬次,也成功吸引許多青少年志願從軍(謝奇任,2009a:51-52)。

「美國陸軍」平均成本每小時 10 美分,比每小時 5 到 10 美元的電視廣告來得划算。此項遊戲計畫副主任錢伯斯(Chris Chambers)說:「他們找上門來,而不是我們找他們。」(轉引自晴天譯,2008:123)

第七節　結論

本章以第三、四、五及六節對兩次波斯灣戰爭的訊息策略進行分析,大致可獲得以下幾點重要結論。

第一,公關化戰爭為求師出有名,首要訊息策略在為戰爭正名,亦即為戰爭提供正當化、合理化、道德化的解釋。其構成要件是先為敵人命名,將一切罪過歸因敵人,並予以妖魔化和非人化,以及描述亟待拯救的受害者,無論敵人或受害者形象均須清晰呈現。

第二,為掩飾戰爭本質,取得更大認同,人類文明、世界秩序、自由、和平、正義及上帝等絕對語詞被用來誇大戰爭正當性,但不會直接將戰爭稱為戰爭,代之以婉轉的行動代號。

第三,為控制戰爭衝擊範圍,節縮戰爭時間,所建構區分敵

第七章　公關化戰爭的訊息規劃策略分析

我的二元對立辭彙、符號與論述,只用來對付目標的「少數為首份子」,盡量將敵人縮小化,凡遵照訊息指示的敵軍及平民就不是敵人。

第四,大量使用軍事用語,將體育詞彙與戰爭報導相融合,控制視覺影像、隱匿死亡與受傷數字,將因戰爭殘酷可能產生的惡感加以迷霧化與模糊化。

第五,來自大後方「支持軍隊」的行動是前方作戰的最大奧援,但須以不同方式傳播訊息,針對一般公眾或特定公眾進行特定訴求,期以創造多數民眾支持的效應。

由以上整理要點,可見公關化戰爭的訊息策略與如何消除越戰症候群存在著密切關係。越戰或許敗在媒體報導,更令人警惕的是後方民心。由黃絲帶新聞學的出現,不難理解美國政府與軍方經營訊息策略用心之深。

黃絲帶還有激發情感與象徵意義的連結作用。每遇戰爭,黃絲帶即媒體報導焦點之一。兩次波斯灣戰爭期間,美國國土境內的工廠煙囪、大樓門窗、建築物,以及大街小巷的樹幹上,隨處可見高高懸掛的黃絲帶。Jowett & O'Donnell（1999: 7-8）指出,黃絲帶代表「支持軍隊（Support the Troops）」,雖然部隊遠離家鄉,但與家鄉力量凝聚、連結在一起。美國此一黃色象徵的意涵,原來不是這樣[27],Sturken（1997: 141）及 Griffin（陳柏安、林宜蓁、陳蓉萱譯,2006）曾對黃絲帶在波斯灣戰爭時期

---

[27] 黃絲帶符號源自 1972 年暢銷流行歌曲〈在老橡樹上繫黃絲帶〉。歌詞描述一名獄中的受刑人服刑三年後,寫信給他深愛的女人,表達他即將出獄並搭巴士返家,如果她仍愛著他,就在家門前的大橡樹繫上一個黃絲帶,他會知道她已經原諒他的過往一切,但如果他沒看到這個「和解」的符號,將獨自一人展開他的生活。這首歌的故事結局甚為圓滿,因為女主角在她家前的大橡樹繫上數不清的黃絲帶。

的運用加以解讀，認為此一儀式行為已超乎個人意義，而轉移到國家或民族的層次。

　　Griffin（陳柏安等譯，2006：462-463）指出，黃絲帶仍有「歡迎回家」的意思，卻已由原始單純的「原諒恥辱」或「個人和解」，轉變成代表「勝利的喜悅、自豪或甚至引以為傲」的民族主義符號，符號運用的確對營造同體感具有重大作用。

　　本章所做分析，無論呈現在敵方或美國國內及國際閱聽眾的訊息與符號，以及軍事用語、新聞影像素材或媒體事件等，無不是經過公關或廣告、政府發言人、戰爭宣導專家和戰略性傳播專家精心包裝。先進傳播科技確有助於戰略性傳播的訊息策略運用，透過電視鏡頭，閱聽眾有著如臨戰場的感受，但也只是經過框架的真實而已，能看到的就是「允許你看的」那些，至於戰爭有多殘酷與究竟多少死傷等不能看到的，永遠是個謎，這也是公關化戰爭一大特徵。

　　對於這類加工形象或修辭符號比真實更真實的「過真實（hyper-reality）」此一發展，Bennett & Garaber（2009）稱為「幻象政治（Politics of Illusion）」，南方朔（2009年12月15日）則以「政治的虛擬化」名之。但是，公關宣傳及廣告行銷的根本仍在於事實，或許為因應戰爭進展及早日贏得勝利成果，非得扭曲事實以爭取眼前效益，事後仍須經媒體與公眾的嚴峻考驗。

　　因而至少有三個問題，是宣傳者主體不可忽略的：其一，宣傳訊息與事件言過其實或名實相符？有做偽否？其二，充斥過分包裝的戰爭訊息或修辭是否使公眾對消息來源產生更多疑問？其三，訊息是不是愈來愈被政府與菁英階層掌控，社會大眾作何想法呢？下章將對這三個問題再做觀察與討論。

第八章　2003年巴格達市「推倒海珊銅像」的假事件分析

第一節　前言

　　2003年波斯灣戰爭開放美國史上最具規模、7百多名記者的隨軍採訪,且被認為是首次完全由電視現場(Live)直播的戰爭,也是第一次網際網路真正參與報導的戰爭,特別是戰爭部落格(blog)的興起與運用來傳遞大量影片,可謂是一場新傳播科技高度參與的戰爭。然而,僅透過這些還不足以完全理解這場戰爭。不容忽視的,一些屬於比較傳統宣傳手法的使用,絲毫未減少其原有與應有的重要性。

　　在這場戰爭的宣傳攻防中,充斥著不少謊言、假訊息[1],或

---

[1] 戰前美國政府一再宣稱對伊動武緣於消除伊拉克大規模殺傷性武器及減少國際恐怖主義的威脅;戰爭一開始,美軍的「斬首行動」與「震撼行動」就獲得國際媒體大肆報導,之後虛實莫辨的新聞接踵而至,如薩達姆海珊(Saddam Hussein)父子被炸死炸傷,伊拉克副總統拉馬丹被炸死,副總理阿濟茲叛逃,伊軍第51師8,000名官兵投降,伊軍千輛坦克從巴斯拉突圍被殲,以及伊軍重要戰地相繼失守等訊息。
伊拉克媒體在戰爭中亦曾進行一系列欺騙性宣傳,最典型的是反覆宣稱將在巴格達與美軍決戰,以及農民用步槍擊落美軍武裝直昇機,這某種程度起了鼓舞士氣、打擊敵軍囂張氣焰的作用(黃文濤,2003)。對此,美軍有一套完整計畫與行動,Knight(陳敏、李理譯,2005)指出,美軍將伊拉克的抵抗描述為「來自海珊敢死隊及外國傭兵的殘餘勢力」,同時指責伊拉克政權以不公正宣傳手法影響世界媒體。美軍為取得議題設定的主動權,創造了一份文件〈說謊的機器:海珊的假資訊與宣傳,1999-2003(Apparatus of Lies: Saddam's Disinformation and Propaganda 1999-2003)〉,列舉了11個所謂「伊拉克假資訊的主要工具」,包括:呈現於螢幕上的疾苦與悲傷;以軍事安全為名隱瞞事實;限制記者行動;錯誤的聲明或揭發材料;錯誤的普通人

所謂的假事件（pseudo-events），都是在為軍事作戰塑造「有利於我」的局勢，並達到打擊敵人的目的。第三章曾分析宣傳戰有白色宣傳、黑色宣傳與灰色宣傳三種類型，以及與黑色宣傳相同宣傳手法的假資訊（disinformation）。Jowett & O'Donnell（1999: 13）指出，黑色宣傳就是包含所有可能詐騙型式的「大謊言（big lie）」，黑色宣傳即由虛假的消息來源與謊言、捏造與詐欺的散佈所構成。假資訊是指宣傳者運用秘密、滲透的或控制外國媒體的手段，向目標的個人、團體或國家，散佈、傳遞誤導的、不完整或錯誤的資訊；假資訊、骯髒技倆（dirty tricks）和共謀的新聞記者（co-opting journalists）等字眼，常被用來描繪與黑色宣傳相同的宣傳手法。

然而，宣傳者運用黑色宣傳與假資訊時可能利弊參半，利在不容易查證，也無法追溯消息來源，便於製造似是而非的訊息，若遇指控時亦可矢口否認涉入（Fortner, 1993: 222），但其成敗關鍵在於接收者對來源與訊息內容認定的可信度，宣傳者必須細

採訪；故意自我傷害給世界看；記錄下來的謊言；偷偷摸摸的傳播錯誤的新聞；新聞審查制度；偽造的或舊的片子與影像；捏造的文檔（陳敏、李理譯，2005：7；Snow, 2006: 235）。

另英國《獨立報（The Independent）》則在 2003 年 7 月 13 日，列舉 2003 年波斯灣戰爭的 20 個謊言（轉引自張巨岩，2004：49-50）：伊拉克為 911 恐怖襲擊負責；伊拉克與基地組織有瓜葛；伊拉克從非洲尋找鈾，用於核武器計劃；伊拉克企圖進口鋁管來研製核武器；伊拉克仍然擁有 1991 年波斯灣戰爭遺留下來的化學和生物武器；伊拉克保留著可攜帶化學或生物彈頭的 20 多枚導彈，射程可以對在塞浦路斯的英國軍隊構成威脅；海珊有能力製造天花病毒；美英聲明得到了武器核查人員支持；以前進行的武器核查都以失敗告終；伊拉克在給武器核查人員設置障礙；伊拉克能在 45 分鐘內將其大規模殺傷性武器部署完畢；伊拉克隱藏基礎設施的檔案；美國將輕鬆贏得戰爭；烏姆斯蓋爾守軍投降；巴士拉發生叛亂；拯救女兵林琪；聯軍部隊將受到化學與生物武器的攻擊；審問伊拉克科學家，他們會供出大規模殺傷性武器的藏匿地點；伊拉克的石油收入將用在伊拉克人身上；大規模殺傷性武器已被發現。

膩的將來源與訊息內容置入目標閱聽眾的社會、文化與政治框架中，否則可能立即引起懷疑而徒勞無功（Jowett & O'Donnell, 1999: 15）。

在戰爭宣傳中，黑色宣傳等不可或缺，亦不會缺席，但宣傳者操作假事件或媒體事件（media event）具有黑色宣傳達不到的好處。不僅容易吸引媒體注意加以報導，而且能夠將一些零散或片段的訊息串聯在一起，形成「火車頭式」的帶頭作用（卜正珉，2009：404-405）。

又如學者 Pfetsch 的分析，美國媒體的制度與生態是媒體中心取向的[2]，政府遂行新聞管理的重心置於如何吸引媒體青睞，創造新聞事件的意涵，以及開展對政府有利的正面新聞報導，就此來說，假事件是達成宣傳目標的可行途徑。

如上章分析，美英發動 2003 年波斯灣戰爭意在推翻海珊政權，整體戰略以斬首行動為核心，因而薩達姆海珊（Saddam Hussein）存亡幾乎貫穿了整個戰爭。開戰前的 2 月 21 日，美國媒體播出海珊將兵權交給兒子庫賽掌管，隨時準備逃亡。聯軍對巴格達實施斬首行動後，美國媒體立即發佈海珊等伊拉克高層喪生消息，但 3 月 20 日凌晨伊拉克國營電視台立即播出海珊的電視講話，隨後美國又放出風聲，質疑海珊「有好幾個替身」，電

---

[2] Pfetsch（1998, 2001，轉引自卜正珉，2009：293-294）曾將西方國家民主政府的新聞管理區分為政治或政黨中心的新聞管理（political or party-centered news management）與媒體中心的新聞管理（media-centered news management）兩種類型。前者主要出現在重視媒體公共服務角色的英、德等歐洲國家，政府與媒體關係較為和諧，新聞管理的優先順序是爭取政黨支持、形成政治聯盟及動員民眾支持；後者出現於如美國等政黨力量較弱、實施總統制的國家，政府與媒體關係通常處於對立狀態，政府進行新聞管理著力於符合媒體的新聞價值與報導型態，終極目標在創造對政府有利的「正面報導」，為「訴諸公眾（going public）」營造有利政府的環境。

視畫面上的並非海珊本人。針對美國的說法，伊拉克在 3 月 22 與 23 兩日，連續播放海珊主持軍政官員會議的錄影，24 日身著戎裝的海珊再次向全國發表電視講話，此後西方媒體才相信海珊毫髮無損。

此後的戰爭過程中，美英聯軍在巴士拉或納杰夫，每攻陷伊拉克一座城市，第一個任務即是撕毀海珊畫像，搗毀海珊塑像或銅像，藉由國際主流媒體向全世界傳播[3]。

Lasswell（1927）曾將戰爭目標，與戰爭罪行、惡魔崇拜及勝利幻想等並列為最重要的宣傳內容。此一戰爭的海珊存亡結局，必須到後來 2004 年海珊被俘時透過 CNN 鏡頭傳播才告正式落幕，但在此之前的「海珊銅像或影像」則是這次戰爭宣傳中具有意義的圖像，連撕毀海珊肖像的舉動，也受到許多西方主流媒體大篇幅的報導（陶聖屏，2003；Kellner, 2004；童靜蓉，2006）。

對於美軍而言，2003 年 4 月 9 日應是個「特殊節日」，這是經過幾度奮戰終於攻克伊拉克首都巴格達市的一天，在此「推倒海珊銅像」和在其他城市從事同樣性質的行為相比，更具象徵意義，只是事後經媒體的追蹤報導，卻被質疑是美軍與其支持的伊拉克流亡分子合作演出的假事件，前來參與「慶典」的伊拉克民眾是動員來的。

國內對於公關化戰爭的假事件研究，已有陳竹梅（2004）的「林琪獲救事件」及胡光夏（2007）的科威特「保溫箱嬰兒暴行

---

[3] 例如 2003 年 4 月 2 日，英軍進入伊拉克南部朱貝爾鎮，隨即推倒一個高約五公尺的海珊雕像，並剁下雕像頭部，再用起重機將身首異處的海珊塑像吊在半空中，一名英軍下士還坐在雕像肩膀上盪鞦韆，路透社等國際媒體立即圖文並茂的加以報導，傳送全世界。

事件」、「林琪拯救事件」等,本章則選擇 2003 年 4 月 9 日「推倒海珊銅像」作為研究主題,主要考量在於此一事件與美軍所訴求的戰爭目標彼此有相互呼應的脈動,亦符應上述假事件具「火車頭式」帶頭作用及亟求「正面報導」的效應。

第一章已提及,現代敘事分析肇始於 1920 年代蘇聯民俗學者卜羅普(V. Propp)對故事結構的研究。他歸納故事中的角色功能計有 31 種,儘管各種不同的傳奇故事,各有不同的傳奇人物,但主要有七種角色:英雄、假英雄、壞人、協助者、信差、救援者、公主和她的父王。羅蘭巴特曾提議,今後應繼續研究敘事之「功能」(如卜羅普所討論之角色功能)與「動作」(如人物角色所完成的行為)外,還應述明「論述」對敘事的重要性。蔡琰、臧國仁(1999:3)亦提出,在新聞敘事的研究上,也是從故事與論述兩個角度來闡釋新聞文本。敘事是一種溝通行為,當有了故事之後,還要有說故事的人和聽眾,Kozloff(李天鐸譯,1993)認為參與者包括六種人:真正作者、隱身作者、敘事者、聽講者、隱身讀者、真正讀者。黃新生(2000)則將故事講述活動分成三項構成要素:講故事的人(teller)、故事情節(tale)及聽取故事的人(listener)。他另依據 Weaver(1975)、Sperry(1981)「電視新聞含有故事的構成要素」的說法,指出「新聞主播記者等於是說故事的人」,「電視新聞是英雄的故事」,「電視新聞以吸引觀眾為主要目的」。

本章採用敘事分析法之功能與動作兩個取向,來探究這個假事件產生的背景、目的與真相為何?故事中的角色如何扮演?情節是如何進行的?動作如何完成?如何被敘述?如何被質疑?並另檢視假事件在戰爭濫用的可能後果,以及合理運用的可行性為何?

本章計有五節,除第一節前言外,第二節進行相關文獻檢視,第三節推倒海珊銅像事件的敘事分析,第四節是對宣傳與戰爭中假事件的檢討,第五節為結論。

第二節　相關文獻檢視

在本節中,擬對假事件與媒體事件、宣傳與戰爭中的假事件等進行檢視,作為本章後續分析的參考架構。

一、假事件與媒體事件

(一)假事件的定義與特徵

「假事件」此一概念首見於李普曼(Lippmann, 1922),而由 Boorstin 發揚(臧國仁,1999:184)。Boorstin(1961)將某些因特定目的而製造出來的新聞事件稱之為「假事件」,他認為民眾所接觸到的許多報導,都是消息來源與媒體彼此互相需要而共同製造出來的,充其量只是一些場面而已,包括政治人物受訪、政黨會議的舉行、記者招待會、新聞稿發佈、新聞洩露等都是。

由於報紙自 19 世紀以來的發行大眾化,以及電視媒體不斷發展,均大量需求新聞素材,形成假事件發展的有利環境。Boorstin(1961: 11-12)歸納假事件包括下列幾項元素:

1. 事件並非自然而然發生(spontaneous),而是經過人為設計、策劃或挑起的。

2. 策劃的目的旨在立即獲得媒體報導或再製,因而事件發生時間係配合方便媒體作業或適合媒體報導而安排。

3. 假事件與真正事實間模糊不清,記者未必詳其內情。

4. 事件本身具有自我應驗的預言性質[4]（self-fulfilling prophecy）。

假事件若能充分結合運用現實生活裡的場景,甚至能產生比自發性新聞更具戲劇性、更吸引人的效果（Boorstin, 1961）,李金銓（1993：58）形容「假事件是像化合物一樣」,經過媒體報導,容易成為一般人的「談資」。Fortner（1993）將假事件視為國際傳播與公共外交的方法之一,包括新聞記者會、高峰會議或國際間高級官員互訪等活動,都可廣泛引起媒體注意,吸引媒體集中採訪,並且達到影響媒體認知或預期的報導效果。

由上可知,假事件未必全為假,卻與真正事實之間有距離,由於它經過宣傳者的預先設計、佈局與包裝,再經由媒體再現,因而公關人員在假事件中扮演著重要角色,翁秀琪（2002：113）強調,「假事件的道理始終被公關人員謹記於心……,他們經常利用假事件來為形象做最精美的包裝、來製造議題」,Bennett & Garaber（2009）指出,新聞越來越傾向依賴公關或政府發言人所提供的訊息,當政府領導者覺察他們的想法無法遍達民眾時,首先想到的是找到合適的公關專家。

然而,從公關運作或公關人員的角度出發,假事件通常以「公關事件」稱之（陳一香,2007：115）。姚惠忠（2007：12）指出,「假」字很容易讓人產生誤解,而認為「事件是一種

---

[4] 所謂自我應驗的預言性質（self-fulfilling prophecy）,是指透過公關的事件設計,對外宣示未來的預測,達到大於或超過現有事實的公關目標。Boorstin（1961）曾以旅館拉抬知名度的造勢活動為例,指在周年慶記者會發佈未來幾年將該旅館發展成某某地區領先地位,則該旅館則像似已具備未來那種規模一樣。

溝通工具」,他並以事件所要達成目標區分事件為行銷性、形象性、公眾訴求性、危機因應性、凝聚性等五種類型(姚惠忠,2007)。

(二)假事件與媒體事件的關係

Boorstin 提出假事件概念後,曾引起諸多重視與討論。有些學者(如 Katz, 1980;Katz, et al., 1981, 1984;Dayan & Katz, 1992;Liebes & Curran, 1998,參見臧國仁,1999:185-186)加以申論,提出「媒體事件(media events)」的說法。由於 1977 年埃及總統沙達特(Sadat)訪問以色列透過衛星電視向全球直播而觸發研究動機的 Dayan & Katz(1992),曾將媒體事件區分為三大類型:競賽(contest)、征服(conquest)與加冕(coronation)。

競賽是指以個人或團體參與的方式,依循遊戲規則進行對抗與競爭,例如奧運競賽、總統競選電視辯論會;征服是見諸歷史與神話故事中的英雄,通常是指他們歷經艱險,超越邊界或極限,在如今媒體發達時代,透過現場直播的事件是元首出訪、慶典遊行等;加冕所體現的是承繼傳統的儀式與象徵,如皇室婚禮、總統就職等,藉此可向民眾傳達意義,引導民眾按既有常規進行意義的解讀(相關論述可再參閱下章第二節)。

以上這些重大事件或節慶假日經由媒體的實況報導或轉播,能讓觀眾停止手邊工作,同時感染事件現場氛圍,這些新聞或節目通常具有強制作用,也能塑造英雄人物(臧國仁,1999)。而且,透過媒體事件或稱「大事件(mega event)」的帶領、牽引作用,可以持續傳播精心設計的訊息,進而影響媒體論述(media discourse)、菁英論述(elite discourse)及民意取向,

建構一個有利的國際輿論氛圍環境（卜正珉，2009：405）。

政治傳播學者 McNair（1999: 133）認為，假事件基本上就是媒體事件（primarily as a media event），與實際的政治事實關係甚微，並非自然而然發生。他指出，政治公關中的專訪與辯論也是一種假事件，但此類活動比較能提供選民觀察政治人物的機會，另如更符合假事件性質的政黨造勢大會，則已於 20 世紀後半葉開始變質，從原先解決政策問題及決策論壇的型式轉變為近乎純粹的虛構事件。

McNair（1999）強調，國外軍事行動等藉由新聞報導，常因媒體往往站在現有體制的立場，不僅強化既有的秩序，亦裨益共識的維持。他指出 Boorstin 雖未曾使用後現代一詞，但「假事件」無疑充滿了後現代意涵。McNair 認為後現代的政治傳播，經常充斥虛妄、捏造與造假的事件或人為故事，宛如一種「媒體造景工程（media landscape）」（McNair, 1999：43）。

Lang & Lang（1966）曾在 1952 年做過「芝加哥麥克阿瑟日（MacArthur Day in Chicago）」的研究，突顯電視媒體拍攝技巧及旁白所造成的特殊效果與親身經歷現場者的感覺差異甚大[5]，30 年後他們重新回顧檢視此一早期研究，還特別指出，媒體真實（media reality）往往在自然環境（natural environment）上附加了一些象徵性的環境（symbolic environment），但任何媒體畫面都無法充分呈現世界真實的複雜狀態（Lang & Lang, 1982）。

---

[5] 詳參翁秀琪（2002：113-114）有關麥克阿瑟自韓戰戰場歸來的歡迎儀式報導分析，翁秀琪指出，傳播媒體也經常在製造假事件。

二、宣傳與戰爭中的假事件

（一）政府或媒體在戰爭中製造的假事件

第三章曾指出，1870年普法戰爭就是俾斯麥一手巧妙安排出來的，導火線則是一封經他篡改的埃姆斯電報（Ems telegram），再將篡改的內容向媒體發佈，藉以激發普法兩國人民的戰爭情緒（Frederick, 1993；Young & Jesser, 1997）。

首次出現政府製造新聞影片的假事件，發生於19、20世紀交替之際的波耳戰爭。英國政府為達宣傳目的，拍攝英國紅十字會醫治傷患過程途中遭敵軍突襲影片，但後來證明出現在影片中的人都是英國政府付費的臨時演員（Young & Jesser, 1997）。

不只是政府，媒體也是戰爭假事件的製造者之一。第三章已指出，1898年爆發美西戰爭之前兩年時間，紐約新聞界的普立茲（J. Pulitzer）、赫斯特（W. R. Hearst）以西班牙人如何對古巴叛亂份子施以酷刑的虛假報導欺騙讀者（Frederick, 1993；Dominick, 1999）。一次大戰開始，北岩勛爵的《每日郵報》為了抨擊德國侵犯比利時有「庫爾別克虐殺事件」，《泰晤士報》（1907年為北岩勛爵併購）也刊登「比利時嬰兒被砍掉雙手」的報導，事後調查係出捏造，而北岩勛爵於1918年被英國政府任命為戰爭宣傳局局長（諸葛蔚東譯，2004：128-130）。

戰爭心理學者LeShan（劉麗真譯，2000）認為在宣傳與戰爭中，不僅有許多戰爭詞彙會轉變，人的心態也由「感覺」轉為「虛幻」。這些轉變可能包含「個人就是國家」或「國家就是個人」等等。前者指個人失去獨特性，和整個國家實體不可分，這時我方會給敵方冠上一些像「小日本」或「德國佬」之類輕蔑性稱呼，頓時敵方陣營中的每一個人都成了清一色的壞人（劉麗真

譯，2000：86-87）；後者就像 Lakoff（2003）分析美國對伊拉克的公共外交戰中將國家比擬為個人的發現，可為發動戰爭的正當性進行辯護，而在國家就是個人的比喻中，常用的幻想故事（fairy-tale）有兩種：自我防衛與拯救（轉引自胡光夏，2007：214-215）。

（二）假事件在兩次波斯灣戰爭中的運用

1991 年波斯灣戰爭的「科威特少女 Nayirah」與 2003 年波斯灣戰爭「伊拉克少女支持對伊動武」（胡鳳偉、艾松如、楊軍強，2004）、「英軍士兵鐵頭功打不死」（胡鳳偉等，2004）、「林琪事件」都是假事件的著名例子。

當伊拉克入侵科威特之後，在美國國會的聽證會上，一名自稱來自科威特的少女 Nayirah 作證：海珊軍隊從一所醫院的早產嬰兒保溫箱內抱走 15 個小嬰兒，並讓他們凍死在冰冷地板上。

雖然 ABC 的《20／20》和 CBS《六十分鐘》都揭發這是宣傳事件，但科威特少女 Nayirah 的證詞，被當時的老布希總統在 40 天內引用不下十次（Jowett & O'Donnell, 1999；Kellner, 1995；Cull, 2005）。

直到 1992 年 1 月之後，MacArthur 在《紐約時報》證實該少女是科威特駐美國大使的女兒，而且這個假故事是由美國 Hill & Knowlton 公關公司編導出來的，這間美國公關公司受僱於「自由科威特人民組織（Citizens for a Free Kuwait）」（MacArthur, 1992；Manheim, 1994；Kellner, 1995；Cull, 2005）。《哈潑雜誌》發行人 MacArthur（1992）指稱「科威特少女 Nayirah」宣傳活動是讓美國民眾認為有出征必要的關鍵。

美軍在 2003 年波斯灣戰爭遭遇挫折之際，特別提供媒體成

功解救女兵林琪（J. Lynch）過程的影片，宛如描述二次大戰電影《搶救雷恩大兵》的翻版（張巨岩，2004：66），藉以鼓舞民心士氣，突出伊軍的殘忍與不人道，但事後林琪屢次抱怨美國軍方及小布希政府虛構她的受難經驗，好把她塑造成英雄來騙取民眾對戰爭的支持（陳竹梅，2004；McChesney, 2004；Kellner, 2004；Kellner, 2005；方鵬程，2007c；胡光夏，2007；延英陸，2007）。

林琪成為 2003 年波斯灣戰爭知名度最高的英雄，然而不久後英國 BBC 首先公開揭發。BBC 記者 Kampfner 在 2003 年 5 月 15 日分別在 BBC 網站與英國《衛報》刊登拯救林琪的調查報告；BBC 接著又於 5 月 18 日製播名為「戰爭公關（War Spin）」的記錄片，指控美國國防部利用此一故事達到宣傳的目的（胡光夏，2007）。

又經過幾個月的沉澱後，林琪接受 Time 及 ABC 等美國主流媒體專訪，否認美國國防部所發佈的部分內容，也不承認自己是英雄，並以《我也是一位軍人（I am a Soldier, Too）》出書，帶給世人重建戰場的真實狀況（陳竹梅，2004）。

第三節　推倒海珊銅像事件的敘事分析

上章已對美國在發動戰爭前為戰爭正當化、極力妖魔化海珊、剷除海珊等同於為伊拉克人民重獲自由與替天行道之義舉等進行分析；本章前言已提到，美英發動 2003 年波斯灣戰爭的目的意在推翻海珊政權，整體戰略是以斬首行動為核心，海珊生死或海珊政權存亡幾乎貫穿了整個戰爭。

然而，在此一戰爭的軍事作戰過程中，美軍並未達到逮捕或置海珊於死地的目標，海珊的影像仍不時透過電視等媒體散播，因而在 2004 年海珊被俘之前，海珊肖像或海珊銅像則是被美軍用來框架媒體報導的最重要圖像（icon），是美國遂行自我防衛與拯救（伊拉克人民）故事中的「大壞蛋」，而撕毀海珊肖像或推倒海珊銅像則被視為具有海珊政權已不存在的象徵。

一、敘事分析

劉雪梅（2004 年 2 月 10 日）指出，「在伊拉克戰爭中，小到糖果的拋撒，大到薩達姆塑像的推倒，都是美國軍方精心設計，多方謀劃的。」從戰爭發起後，美英聯軍每攻陷伊拉克一座城市，第一個任務即是撕毀海珊肖像、畫像，搗毀海珊塑像或銅像。在海珊行蹤依然無法確切掌握的情況下，伊拉克首都的巴格達市海珊銅像自是美軍宣傳下可以大做文章的重頭戲。

（一）故事情節

在經過 18 天軍事作戰後的 4 月 9 日，美軍終於攻進伊拉克首都巴格達市。當日美軍進城時，雖然戰鬥持續進行，卻僅是零星抵抗，美軍可以順遂的開抵全市，守城的伊拉克軍隊已經潰散，見不到先前一再宣誓死守與決戰的景象。

如同巴士拉、納杰夫及朱貝爾一樣的推倒海珊的儀式行為隨即登場，美軍工兵的鋼纜套向了海珊銅像的頸部。經由報紙及 *CNN*、*FOX*、*ABC*、*BBC*、美聯社、法新社等主流媒體報導傳播，連半島電視台也未錯過此一時機，全世界的媒體都在反覆播送巴格達市推倒海珊巨大青銅雕像的畫面與新聞。

CNN 的即時新聞報導告訴全球觀眾：「在美國海軍陸戰隊

的協助下，巴格達市樂園廣場（Fardus Square）一座約四人高的海珊巨大銅像傾倒，伊拉克人手舞足蹈歡呼海珊政權象徵性的瓦解。」（轉引自張巨岩，2004：71）。

FOX 的報導是：「在向全世界直播的勝利與歡慶的鏡頭中，巴格達心臟地區的伊拉克公民星期三在美軍幫助下，推倒了海珊的一座巨大的雕像，並在它倒地後起舞。這是一個歡慶的日子，恐懼的統治政權開始溶解，希望在巴格達各地升起，伊拉克人湧向街頭慶祝，婦女高舉嬰兒向美軍親吻，年輕人以英語歡呼布希第一，布希第一（Bush No. 1, Bush No. 1）」（轉引自張巨岩，2004：71-72）。

在海珊銅像被推倒時，半島電視台記者 Maher Abdullah 也在現場進行詳細報導。他報導廣場上伊拉克人的興高采烈情形，同時以警惕口吻說，此一電視畫面必然會挑起人們錯綜複雜的感情。Abdullah 報導說，「伊拉克和阿拉伯世界現在正進入了一個嶄新卻未知的時代；這個時代不是更好，就是更糟」，「讓我們期望，伊拉克人能夠找到民主和獨立」，他在報導結尾還附加了這句話：「許多阿拉伯人可能也期待著有一天可以推倒他們廣場上的獨裁者雕塑」（轉引自 Miles, 2005: 275）。

以臺灣的電視台來說，也同步報導此一消息，以下是 2003 年 4 月 10 日台視綜合外電報導的一則完整內容：

> 這是歷史性的一刻，巴格達市中心廣場八公尺高的海珊銅像應聲倒下，伊拉克人民高聲歡呼。
> 巴格達九號下午六點五十分市中心出現這個振奮人心的歷史鏡頭，銅像倒下的那一刻，民眾高喊唾棄海珊，不要銅像。美軍用美國國旗矇住海珊頭部，而伊拉克民眾也在海

珊銅像下高舉伊國國旗，斷裂的海珊頭部被民眾用鐵鍊拉著走，兩隻腳孤零零的掛在銅像的基座上，海珊的政權就像這座銅像一樣不堪一擊。

美軍進駐巴格達之後砲轟幾座政府大樓，辦公室人去樓空，共和衛隊也不見蹤影，民眾就在光天化日之下掠奪政府的財務，搬回家當戰利品，舉凡沙發、辦公桌、吊燈、花瓶，管它有用沒有，先搬上車再說，有些人一邊搬東西，一邊吹口哨，擺動身體，神情相當愉快。巴格達現在成為無政府狀態，沒有執政黨，不見政府軍，也沒有警察執法，民眾在大街上肆無忌憚的搶奪政府財務，並且歡迎美軍的到來。

打倒海珊的目標是完成了，但後續重建的工作才正要展開。

在台視報導的該則新聞畫面最後，一位蓄鬍的伊拉克人雙手舉起大拇指，高聲喊著「謝謝，謝謝布希先生，我們非常喜愛布希先生（Thank you, Thank you, Mr. Bush. We very like Mr. Bush.）」而另一個加入搶奪戰利品的伊拉克小孩則說「好極了，不要薩達姆（OK, OK, No Saddam, No Saddam.）」。

上述種情，有另一個可供參酌的記載，來自一位筆名為Salam Pax 的神秘部落客，迄今仍不為人知的他在 2002 年 9 月至 2003 年 6 月間，曾用網路部落格書寫這段戰火歲月。其中，2003 年 4 月 17 日的一段文字寫著（楊瑞賓譯，2005：214）：

那群以前興奮地大喊「海珊萬歲！」的群眾，現在到了電視鏡頭前就換了一句口號：「感謝您，布希先生」，手一

邊還忙個不停，拿得動的東西他們絕不放過。

（二）場景分析

　　事件發生地是巴格達市中心西區巴勒斯坦大飯店所在地「樂園廣場」，這裡豎立一座為祝賀海珊 65 歲生日而興建的海珊立身銅像，銅像右手微舉，像似海珊本人在向他的子民召喚或致意。

　　電視畫面上顯示，有三個人登上銅像台座[6]，以及圍觀人群，都是伊拉克人（胡鳳偉等，2004：86）。當鋼纜繫住海珊銅像頭部強行拖拉後，海珊銅像被拉下只剩下雕像的皮靴部分，海珊銅像頭部還被民眾用鐵鍊拉著走。台視新聞畫面曾出現槍礮聲，突顯美軍曾砲轟伊拉克政府辦公大樓，圍觀的伊拉克民眾蜂擁而上，在海珊雕像身上手舞足蹈，發出陣陣歡呼，另有一些伊拉克民眾從政府大樓搬出物品或裝運上車，有關伊拉克民眾反應的這部分鏡頭占台視新聞報導約三分之二的比例。

　　在此之前，聯軍進展並非十分順利，尤其美軍遭遇傷亡日增及來自伊拉克宣傳戰與心理戰所帶來的衝擊。2003 年 3 月底，美軍在經歷近百人傷亡後，抵達距巴格達 50 英里時，又因顧慮城鎮巷戰將擴大美軍傷亡人數而將攻勢停頓下來。那時，伊拉克電視台曾播出五名被俘美軍的畫面及四名陣亡美軍棄屍荒野的鏡頭，半島電視台不斷對這些鏡頭加以重播，美國國防部長倫斯斐曾以日內瓦公約禁止對戰俘羞辱加以反擊。就以上戰況情勢而言，美國國內民意與媒體報導逐漸顯現焦躁不安，都帶給小布希

---

[6] 台視新聞並未出現伊拉克人登上銅像台座的畫面，而有美軍用美國國旗矇住海珊頭部的鏡頭。

政府不少的壓力。

（三）角色功能分析

2003 年波斯灣戰爭進行如火如荼之際，恰遇第 75 屆奧斯卡頒獎典禮年度盛會如期舉行，世人當時對後者的反應，似乎比不上對戰爭現實的關切。彭懷真（2003 年 3 月 25 日）指出：「當今全球只有一部電影，只有一個主題：美伊大戰。只有兩個真正的主角：布希和海珊。另有一些配角如：布萊爾、安南。……無數的戰士及百姓為了這兩個男人受傷、歷險，甚至死亡，不能像演戲的可假死無數次。」

此一「推倒海珊銅像」故事過程中的主要角色可以分為以下六種：說故事者、反角、協助者、贊助者、英雄及被尋求者。

1. 說故事者

表面上擔任推倒海珊銅像事件的說故事者，是美聯社、法新社、*CNN*、*FOX*、*ABC* 等主流媒體，正如 Weaver（1975）、Sperry（1981）及黃新生（2000）所指的新聞主播或記者，但實際上，隱藏在該事件背後的主要說故事者是美軍與美國國防部。

美軍總部發言人布魯克斯准將說：「對於那裡的人們來說，此舉說明薩達姆政權已經完結，他再也不會回來了。」（轉引自魯杰，2004：308）

美國國防部部長倫斯斐在海珊銅像倒下後說：「和希特勒、斯大林、列寧以及齊奧塞斯庫一道，海珊已經在那些慘敗的殘暴獨裁者的殿堂裡找到了他的位子。伊拉克人民已經在通往自由的道路上了。」（轉引自張巨岩，2004：73）

2. 反角

如彭懷真（2003 年 3 月 25 日）所言，小布希與海珊是這場

戰爭中兩大主角,但在多數西方主流媒體的框架中,海珊所扮演的是反角。他被貼上十惡不赦的壞蛋標籤,他是「斬首行動」的頭號追殺對象,但在斬首行動未遂情況下,「海珊銅像」成了此事件中的祭品(或是替代品),象徵著海珊在巴格達或伊拉克的統治行為已經告終。

3. 協助者

促使推倒海珊銅像事件順利上演,協助整個故事戲劇化與合理化的主要角色有二:美軍與所謂的「伊拉克公民」(其中一部分是美國支持的伊拉克自由軍戰士,詳後有關事件分析與討論部分),是他們合作一起將海珊銅像推倒的,而美軍又是「伊拉克公民」的協助者,提供足以推倒海珊銅像的工具。

4. 贊助者

贊助者即是提供魔法給英雄的人,如前所述的一些西方主流媒體扮演這樣的角色,在每一個海珊銅像推倒戲碼上演時,尤其是巴格達市海珊銅像被推倒時,媒體均適時配合演出。另據 Berger(1997)的分析,反角也常無意中給了英雄魔法的可能,因而在這故事中,海珊本人或海珊銅像也是關鍵的贊助者,倘若伊拉克境內未曾豎立這麼多海珊的崇拜物,此一假事件無從演出;即使硬要演出,亦無多大意義。

5. 英雄

表面上看來,此一事件中似乎沒有真正的英雄或明顯的英雄,執行該行動的美軍官兵頂多是默默無聞的「無名英雄」,接受美國支持的伊拉克自由軍戰士更隱身化為是一般的伊拉克民眾。但這些可能是偽裝的「一般的伊拉克民眾」或前來參與受現場情緒感染而手舞足蹈,並高喊著「布希第一,布希第一(Bush No. 1, Bush No. 1)」、「我們非常喜愛布希先生(We very like Mr. Bush）」或「不要薩達姆（No Saddam）」時，已經透顯出誰是英雄了。

6. 被尋求者

顯然的，「伊拉克公民」扮演著雙重角色，既是事件協助者，也是英雄所要拯救的對象，在某種程度發揮著「自助人助」的效用，而且，任由伊拉克民眾玩弄斷裂的海珊銅像頭部及掠奪政府財物，更可顯示海珊與此一政權遭受人民唾棄的程度。按LeShan「個人就是國家」的分析，這些「伊拉克公民」在被美軍協助解放過程中，亦象徵著「所有伊拉克人」獲得解放。

二、事件分析與討論

以下分就事件真相、假事件目的及為何海珊銅像具有宣傳價值等三點進行分析。

（一）事件真相

前已提及，此一經過設計的假事件，連在現場的半島電視台記者 Abdullah 亦未加以質疑，Abdullah 當時的報導重點指向，推倒海珊雕像的電視畫面肯定會在全世界引起人們複雜的感情。

Kellner（2004, 2005）強調，試圖搗毀海珊雕像的行動並非一氣呵成，因為人力不足，一度陷入困境，最後央請美軍出動坦克和鋼纜來將銅像拉倒。

Kellner（2005: 68）指出，媒體報導搗毀海珊銅像的伊拉克民眾熱烈參與，實際上廣場上大部分是空的，人數並沒有那麼多；大多數人是美國背後支持 Ahmed Chalabi 所領導「伊拉克國民大會（Iraqi National Congress）」的成員，該組織其中的一個

成員在現場還自封為巴格達的新任市長，美軍立刻出面制止這場鬧劇。

胡鳳偉等（2004：86-87）也指出，電視畫面上歡呼人群有許多是美軍早在出兵之前花錢訓練的伊拉克自由軍戰士，他們分成四架美軍 C-17 運輸機先期抵達納西里耶，之後隨美軍攻打巴格達；這些人每月可以領到 1,000 美元報酬，另加供養家人津貼，而且在未來伊拉克政權中有希望成為重要骨幹。

美國獨立新聞網站 *Information Clearing House*（彭馨儀，2003 年 4 月 22 日）指出，圍在銅像周圍的人群，記者占大多數，其中還包括幾十名美國出錢請回來的伊拉克流亡分子，以及美軍從巴格達市郊貧民窟找來的什葉派民眾。

Information Clearing House 提出有力證據指出，大多數媒體都是從近距離拍攝，呈現熱鬧非常的景象，不過從路透社擷取的高空廣角照可以發現，偌大的廣場其實空空蕩蕩，幾輛坦克負責把守開路，現場大約只有 150 到 200 人。胡鳳偉等（2004：86）指出：「在一個空蕩蕩的大廣場上，一二百人聚集在薩達姆的銅像下，只拍攝了局部，熱鬧的效果自然就出來了。」

到底「推倒海珊」這個歷史的畫面是真是假，美國方面在遭受質疑後並沒有回應，*Information Clearing House* 亦引用駐守巴格達、見證戰爭過程的和平組織的看法，指稱電視上的畫面與廣場上所見，根本南轅北轍，巴格達市民對於美軍拉倒海珊銅像的情景，全都默不作聲（彭馨儀，2003 年 4 月 22 日）。

另在五年後的 4 月 9 日，法新社（*AFP*）訪問當時參與的一名伊拉克人 Ibrahim Khalil，當時他是將鋼纜套向海珊銅像頸部的其中一人。他說當時整個廣場是被管制的，海珊銅像倒下時，像似歷史性時刻，感到如獲重生，但五年來戰爭流血依然不斷，

他指出,「有海珊的日子更好」,並質問小布希:「你承諾給我們更好的國家在哪裡?」(http://www.spacewar.com/reports/Iraqi_regrets_toppling_Saddam_statue_999.html)

(二)假事件目的

首先,必須說明對世界輿論的影響作用。此一假事件不僅激發同仇敵愾的士氣,還可以向全世界傳達伊拉克的民心向背,擴大美英聯軍出兵伊拉克的正當性。張巨岩(2004:75)指出,這是一個公共關係中的「偽事件」、「顯然通過策劃的事件」,「對世界輿論有重大議程設定功能」。

張巨岩(2004:75)強調,巴格達市推倒海珊銅像是美軍的一次「精神心理性的斬首行動」,是布希政府給美國民眾情緒波動所注射的鎮靜劑,對世界輿論、媒體報導有著重大議題設定的效果,而且伊軍隨後放棄抵抗不能不說與此一事件的心理效果有關。

其次,一個具有宣傳價值的事件及時傳播出去,具有蓋過過去負面效應的效能。Kellner(2005: 68)認為,推倒海珊銅像恰好提供小布希政府和五角大廈求之不得的一個媒體奇觀,經美國媒體立即將巴格達民眾的慶祝場面傳遍全球,製造一種足以抵消以前所曾出現過的負面效應的勝利奇觀。

但在這裡,必須特別強調美國政府或英美聯軍企求「戰爭勝利」與「儘早結束戰爭」的打算。Keeble(1998)分析 1991 年波斯灣戰爭時曾以「這場戰爭快得不像話」來突顯速戰速決的必要性,不然軍方無法成為戰爭框架的主要界定者,媒體也會有足夠時間挑戰新聞虛構事件。又如同前面幾章一再提及局部戰爭有一個共同特徵,就是將傷亡控制或降到最低,這是民選政治領袖

顧慮民意反映的最重要因素，所有運用在戰爭中的任何假事件、宣傳或心理戰，都有著「戰爭絕不能拖」、「死傷要在控制下」的目的。

軍事專家另分析，小布希在電視講話中曾多次強調伊拉克戰爭要速戰速決，因為背後有五個「拖不起」的原因（兆運、陳輝，2003年3月24日）：1.國際輿論拖不起，沒有獲得聯合國允許，世界和美國國內反戰浪潮迭起；2.戰地氣候條件拖不起，伊拉克的夏季氣溫在攝氏30多度，最高氣溫達攝氏50度以上，而且是沙塵暴天氣，會大大影響美英聯軍戰鬥力；3.戰爭開銷拖不起，20多萬大軍及昂貴精密武器的維持，每日均是龐大開銷；4.人員傷亡拖不起，開戰以來死傷日增，倘進入城市巷戰和游擊戰傷亡更無法預料；5.阿拉伯的民族情緒拖不起，若戰爭拖久，美國將面臨的不僅是伊拉克的民族仇恨，還有可能面對整個阿拉伯民族和穆斯林世界的仇恨。

（三）為何海珊銅像具有宣傳價值？

從巴士拉、納杰夫、朱貝爾，到巴格達市，一個個海珊銅像轟然倒下，無疑都是在向宣傳與戰爭中的民眾宣示距離戰爭結束已經不遠；「這其實是美英軍隊心理戰的一個伎倆，薩達姆的形象是美英軍隊心理戰的重要目標。」（魯杰，2004：308）

顯然，一個豎立巴格達市區中心的海珊銅像與其他各地的海珊銅像相比，更具有高度象徵的意義。因而，相同的事件手法在美軍大舉挺進伊拉克首都巴格達市區時重現世人眼前。

為何是「海珊銅像」呢？

誠如前面進行故事情節「海珊本人或海珊銅像也是關鍵的贊助者」的分析，伊拉克境內倘若未曾豎立這麼多海珊的崇拜物，

情況自是截然不同,然而在巴格達和其他城市的主要街道上,的確到處都可見到海珊的肖像、雕像[7](詳參李學軍,2003)。斬首戰略是此次英美聯軍的最高行動指標,假設軍事武器可以達成這項目標,那「海珊銅像圖像」當然就不具如此高度的意義。

張巨岩(2004:73-74)還分析,斬首戰略含有雙重意義,一是摧毀伊拉克軍事指揮中樞,另一是使敵對國的統治政權消失,「而這第二重涵義如果用象徵性的事件來表達,則效果更佳。巴格達市中心的薩達姆銅像便成了一個絕好的道具」。

童靜蓉(2006)指出,在海珊本人未被擄獲前的「海珊肖像或影像」,則是這次戰爭宣傳中具有象徵意義的圖像(icon)。她在〈仿真、模擬和電視戰爭〉分析(童靜蓉,2006:176):

> 當美國聲稱薩達姆已經在轟炸中被擊斃的時候,伊拉克電視台立即播報了一則錄像,錄像裡薩達姆作了鼓舞人心的演講。從那以後,這個圖像經常地適時地出現在伊拉克電視中。相信美國軍方最不希望看到的就是這個圖像。

在第三章探討法國大革命歷史時,已有指出巴黎兩個重要廣場上的路易十四雕像被破壞。Bennett & Lawrence(1995: 22)分析新聞圖像(news icons),將它界定為產生於新聞事件中的「強力濃縮的象徵(a powerful condensational image)」;

---

[7] 在巴格達和其他城市的主要街道上,的確到處都可見到海珊的雕像和畫像,不但是政府機構,還有任何一家商店內,都在牆壁上掛著兩塊玻璃框,其中一個掛的是《可蘭經》,另一個就是海珊的畫像。海珊畫像並不一定身著戎裝,更多是表現為「慈祥的父親」、「耕種的農夫」或「著傳統服飾的阿拉伯人」等(李學軍,2003)。

Aday, Cluverius & Livingston（2005: 316）指出，圖像（iconic images）與歷史類推（historical analogies）之間經常存在密切關聯。他們強調，海珊銅像傾倒的意涵，有如 1989 年著名的德國柏林牆倒塌與蘇聯列寧雕像消失，被西方國家用來框架戰爭報導或指稱戰爭已經獲得勝利或戰爭已經結束。

但他們也質疑，海珊銅像倒塌和歷史上出現的事件「勝利框架（victory frame）」一樣，「雖意味著美國已經贏得戰爭，也使訊息（敘事及視覺）在媒體報導中突顯出來，卻只不過迅速影響戰爭報導與輿論於一時而已。」（Aday, Cluverius & Livingston, 2005: 317-318）

德國學者哈菲（裴廣江譯，2005：18）指出，英國民意對發動戰爭的批評要比美國多，但海珊銅像被推倒畫面的電視傳播使英國首相布萊爾的支持率獲得突破。然而，哈菲認為，此一事件只有為數不多的伊拉克人走上街頭慶祝，整起事件是演給媒體看的一個假戲而已。

童靜蓉指出，「雕像的手勢可以被看作是向人群揮手也可以看成是作為一個領導人為人民指引方向。雕像可以被看成是薩達姆本人。」基本上，海珊銅像或圖像已經刺激了美英聯軍遂行電視再現（representation）的意義。因而，童靜蓉認為海珊雕像倒塌形同海珊政權崩潰的象徵（symbol），美軍透過媒體鏡頭再現，就是一個「美國意識形態所設計的仿真」（童靜蓉，2006：177），也是對伊拉克電視台反覆播放海珊鏡頭來證明海珊統治不敗的反擊，不過，這對美國總統布希和英國首相布萊爾而言，象徵畢竟比不上真實，一切要等到後來海珊被俘獲時，才算真正目標達成。

第四節　對宣傳與戰爭中假事件的檢討

　　除上節對電視新聞報導分析之外，另依據金苗、熊永新（2009）的研究，美國 25 家主要報紙對 2003 年 4 月 9 日戰況見諸隔日（亦即 4 月 10 日）的要聞報導合計有 340 篇，大致分為 14 項報導主題，而出現頻率最高的三個主題分別是：美軍攻佔巴格達及海珊銅像被推倒、被攻佔的巴格達市景象、美軍的其他行動，有關這三項主題報導共有 252 篇，占當天所有報導的 74%，而且這些報紙在議題設定上有較大的同質性（參見表 8-1）。

表 8-1：美國 25 家報紙要聞版報導 2003 年 4 月 10 日的主題和總體態度

主題	P	N	F	總計
美軍攻佔巴格達，海珊銅像被推倒	89	0	0	89
被攻佔的巴格達市景象（歡呼、抵抗與搶劫）	64	24	5	93
美軍高層警告戰爭還未結束，美軍開展其他軍事行動	4	2	64	70
伊拉克其他城市景象（水、電、生活、醫療情況）	0	2	0	2
阿拉伯世界對美軍攻佔巴格達的反應	0	14	6	20
美軍在伊拉克的下一步任務	6	0	8	14
戰爭勝利對布希和美國的影響	2	0	3	5
對戰爭的回顧總結和分析	6	0	8	14
反戰報導	0	3	0	3

主題	P	N	F	總計
參戰軍人家庭的報導	0	2	0	2
關於美軍傷亡的報導	0	1	0	1
庫爾德人、在美國的伊拉克人對海珊政權崩潰的反應	13	0	0	13
關於聯合國的報導	0	2	0	2
其他與戰爭相關新聞	0	0	12	12
總　計	184	50	106	340

資料來源：金苗、熊永新，2009：418。（P：積極性，N：消極性，F：中性）

　　4月10日當天使用率最高的一個詞語是「陷落（fall）」；提到海珊政權，大部分報紙使用了「凶殘（murderous）」來形容，而對於該政權的狀況，關鍵詞則是「垮台（collapse）」、「被推翻（toppled）」、「完了（coming to an end）」、「破裂（broken）」、「崩潰（dissolve）」、「瓦解（crumble）」等；形容巴格達城內狀況，主要詞語是「歡騰慶祝（jubilation celebrations）」、「歡迎（greet, welcome）」；對於巴格達人的行動，關鍵詞有兩個：歡呼（cheer）和搶劫（loot）；對於巴格達的零星抵抗，多數報紙用「組織雜亂無章（disorganized）」來形容[8]（金苗、熊永新，2009：420-421）。

　　由是可知，假事件在公關化戰爭中作為一種策略的運用，確

---

[8] 《新聞日報（Newsday）》的大標題是「巴格達陷落（Baghdad falls）」；《時代記事報（Times Herald-Record）》的特大標題是「傾倒了（Toppled）」；《紐約郵報（New York Post）》是「自由：巴格達倒台，歡樂的景象（Liberty: Baghdad fall, scenes of joy）」。

實比較容易獲得媒體青睞。Hackett & Zhao（1998）指出，報導個別事件比長期調查追蹤一則新聞容易的多，有權力製作具新聞價值假事件的機構在吸引媒體上佔據優勢；Allan（2004: 74）亦認為，事件有開始、過程與結尾，消息來源提供了可預期性（predictability）及合理性（rationality），可以延伸成為事實，議題卻存在事實與詮釋之間界線模糊，因而事件增加報導過程的確定性。

一般而言，在新聞場域的工作過程裡，常因截稿壓力或採訪路線（beat）等例行常規（routine practices）的關係，經常出現事件（event）較易受到注意與報導，而勝過議題的現象。而且，媒體於戰爭進行中通常一時之間很難加以評估或查證（Kennedy, 1993），但對於一些較具影響力的假事件，通常不會報導過後就算了，事後還會加以檢視追蹤。

McNair（1999：137）曾強調，提供拍照機會（photo-opportunities）是現代政治公關的主要做法之一，但是若毫無節制的製造虛假事件，無異愚弄民眾，媒體不會輕易放過。他指出，政治人物其實很難掌握自由媒體的報導，隨時有失控的風險[9]，因為現代的媒體報導，不但記述事件經過，同時還在事後增加「評論式後設報導（a critique-meta coverage）」，對事件的人為情形及如何被報導加以追蹤批評。他提醒，政治人物在虛構事件之初，必須清楚認知它的虛構本質，並須有相對的應對措

---

[9] 1992年英國工黨為 Neil Kinnock 造勢的 Sheffield 大會，已成為英國政治的一個不解之謎。由於工黨過於驕矜，擺出一副必勝架勢，運用誇張假事件，導致在投票前幾天經歷「最後轉折（late swing）」，輸掉全盤選舉（McNair, 1999: 136）。有些評論家認為這是一個失敗的公關演出，從可以為人接受的公關活動，演變成無所顧忌的操縱行為，Neil Kinnock 傳教士形象亦顯得做作窘迫，留給許多群眾不舒服的感覺。

施。

　　Schramm 亦指出，太多的宣傳與製造出來的新聞或假事件，必有其反效果，會引起媒體的報怨，以及閱聽人「又是公關嘛」的輕忽反應（游梓翔、吳韻儀譯，1994：456）。Bruce（1992）認為，現在的政府或政治人物並不一定依循民調所反映的民意，反而愈來愈依賴公關專家所設計的策略，來說服民眾接受既定的政策。他確信民眾絕對有雪亮的眼睛與足夠的知識來判斷，沒有人可以長期偽裝，尤其在眾目睽睽的電視螢光幕前。

　　英國 BBC 揭發林琪事件，林琪接受 Time 及 ABC 等美國主流媒體專訪，以及美國獨立新聞網站 Information Clearing House 對海珊銅像假事件的追蹤，都是後設報導的顯例。

　　此外，假事件的另一效應不僅如上述情形而已，可能還會引起敵人的仿效，以同樣手法加以還擊。例如 LeShan（劉麗真譯，2000）指出二次大戰期間，美國需要一位英雄來鼓舞士氣，而刻意製造空軍上尉柯林凱利在媒體渲染下成為以機身俯衝日軍戰艦、造成日軍損失慘重的事蹟，但事實上，凱利並沒有做這件事。當戰爭接近尾聲時，凱利的名字突然從媒體消失了，因為日軍也採取這種自殺式的方法攻擊美軍。此一情形雖未曾出現在 2003 年波斯灣戰爭，卻值得施用假事件者加以警惕。

第五節　結論

　　美國政府與美軍在公共外交、軍隊公共事務或心理戰等的經營成效係經過長期努力且得之不易的，特別是在越戰慘痛教訓後更加緊選派官員到民間公司學習，不斷尋求與媒體的相處模式，

因而逐漸累積並具備極高的媒體操作熟悉度。

　　一方面，美國政府與美軍對於主流媒體的新聞價值與作業模式，包括易接近性（accessibility）、圖像質量、戲劇性與動作性、閱聽眾興趣、主題包裝（thematic encapsulation）等（Altheide, 1995）甚為熟稔，美國政府與美軍作為消息來源最重要的掌控者，已經非常熟悉媒體新聞工作的表述方式、作業程序與邏輯。

　　另方面，亦有研究指出，美國政府擅長於汲取主流媒體作業模式與經驗，進入自己對事件策劃與構建的過程當中，而能將被報導的言論或刻意製造出的事件，都運用與新聞從業人員所使用的相同標準，甚且經常比被利用的對象（即媒體）更加老練（Schlesinger, Murdock & Elliott, 1983；Altheide & Snow, 1991: x-xxi；Paletz & Schmid, 1992；Taylor, 1997）。

　　Lee & Solomon（1991: 105）指出，二次大戰期間的美國新聞界就是政府的公關單位，五角大廈根本不需向媒體施威，記者與美軍向來雙方合作愉快，但政府體制性說謊從冷戰起展開了新的規模。Cook 深信新聞是消息來源與記者共同產製（co-production）的過程，他的研究顯示，任何來自白宮的新聞總有記者有意合作的痕跡，但也保有一些記者維持獨立客觀身分的意圖（轉引自臧國仁，1999：363-364）。

　　McNair 曾分析冷戰、越戰、福克蘭戰役及 1991 年波斯灣戰爭等國際衝突，指出宣傳經常使用的操控、扭曲、欺騙等手段在戰爭中幾乎被認可是環境使然的產物；他說：「『敵人』是被創造出來的，『威脅』是軍事公關專家製造出來的，而參與其間的新聞界則被阻止或勸阻報導事實真相。」（McNair, 1995: 207）。

宣傳與戰爭
從「宣傳戰」到「公關化戰爭」

然而，經歷越戰教訓後從新出發的美國政府或軍方，應不致忘記與媒體往來最重要的憑藉是實事求是。以越戰當時專責公共事務的國防部助理部長高爾亭（P. G. Goulding）的話來說，信而可徵的事實才是最好的宣傳，公信力無疑是任何形式傳播最重要的基礎（唐棣，1996：169-170）。

經由本章的探討，2003年4月9日巴格達市「推倒海珊銅像」未必做偽，但美軍為期獲得「正面報導」，並以媒體事件與起火車頭帶動作用，在刻意操作勝利形象上顯然鑿痕過深。換句話說，此一事件雖非欺騙、謊言或假訊息，但確是為贏得媒體青睞，而經過事先設計與鋪排，包括人員（伊拉克公民、什葉派民眾等）與道具（海珊銅像只是現成的道具，而美軍坦克、鋼纜、鐵鍊，或任由民眾劫掠伊拉克政府辦公大樓則是預備的道具）等，都是事前安排妥當，就等媒體一到即按照劇本「演出」，可說是公關化戰爭中非常典型的假事件。

其次，假事件的確具有立即或一時的宣傳效果，但若非實事求是，確實以贏得民心為依據，不見得是扭轉時局或持續影響媒體報導框架的萬靈丹。無須後推該一戰爭得至2010年8月31日由接任小布希的歐巴馬宣佈撤軍，即以巴格達市推倒海珊銅像事件過後一段時間的發展，則為美方所不樂見。那時全球媒體轉而報導伊拉克境內各種反美抗議示威與暴力相持行動仍然繼續，各地更陸續出現各種混亂搶劫的無政府狀態，包括國家博物館、檔案館和宗教事務部遭受搶劫等情形，Kellner（2004）就認為伊拉克戰爭形勢充滿諸多不確定性，小布希政府與五角大廈所製造出來推倒海珊銅像的媒體奇觀經不起考驗，在美國內外受到普遍的質疑。

還有，由本章對於科威特少女Nayirah、拯救林琪事件及推

倒海珊銅像的探討，可知假事件宣傳在運用之初，並未遭到重大質疑，而且的確比較容易獲得媒體青睞，但仍得經過事後追蹤的考驗，唯有通過事後檢驗，才是一個比較「完美」的「公關事件」，而非是留下諸多疑點的「假」事件。第三章已經指出《泰晤士報》所言：「一個好的宣傳戰略可能會節省一年的戰爭」，此應非虛言或謬論，但不能不加以省思的，所謂「好的宣傳戰略」，應不是一連串「假」事件所構成的，此或許是從事戰爭宣傳時必須引以為戒的。

第肆篇　結語篇

第九章　公關化戰爭的過去與未來

第九章　公關化戰爭的過去與未來

　　宣傳在不同的時代或不同視野裡，被賦予不同的立場與意涵，而展現在戰爭上的是在軍事武力作戰之外，政府與軍隊如何用心經營心靈、意識與輿論的場域，發揮爭取人心及團結友好，影響國際視聽，以及打擊敵人士氣，贏得「意志競賽」的效益。

　　尤其兩次世界大戰中的傳統式宣傳在進入冷戰時期後，新興的官僚式宣傳代之而起，傳播科技與媒體產業不斷發展，政府、軍隊與媒體關係產生各種變化，軍隊指揮官從認為媒體充其量只是必須與之打交道的「必要之惡」，一再演進成為波斯灣戰爭中以「公關化」的模式來處理與媒體互動關係及遂行訊息傳播，是本書所關切的核心課題。

　　本章主要是對本書以上章節做連貫性與綜合性的探討，計分三節，第一節本書研究總結，是對前八章所進行過的探討加以歸納論述；第二節對公關化戰爭發展的觀察與思考，是對第一章再界定公關化戰爭定義所提五項意涵，並結合各章及 2003 年波斯灣戰爭後的一些發展做進一步探討與論述；第三節公關化戰爭的適用性、借鏡與未來研究建議，在對公關化戰爭是否僅適合美英等強國適用、能提供政府與軍隊那些借鏡，以及檢視本書所採用的分析架構與研究方法等的侷限性，並對未來相關研究提出一些建議。

第一節　本書研究總結

自有人類以來，人與人之間、國與國之間即有不間斷的衝突與戰爭，在本書的研究中，主要以「宣傳戰」與「公關化戰爭」兩項主要概念來涵蓋宣傳與戰爭的演進與發展。宣傳戰歷經幾千年歷史，並未從人類社會中消失，只不過由於國際情勢變異、新傳播科技推陳出新和政府與軍方因應各種內外在環境等因素，推進邁向至今日公關化戰爭的發展。以下是本書對前八章探討的歸納論述。

一、宣傳戰的發展與功能

本書對宣傳戰定義為：國家或擁有武力的組織團體為凝聚己方團結、力量與戰鬥意志，以打擊敵人的民心士氣，從事於國家對國家，以及對民眾（包括己方民眾與軍人、盟國民眾、中立國民眾、敵國軍民等）的宣傳、說服與教導的行為。

對任何一個國家而言，戰爭絕不僅需面對軍事作戰的戰場而已，還有另一個輿論與心理方面的戰場。從歷史上的經驗看，宣傳戰針對的是「第二戰場」，政府與軍隊均須傾全力經營，藉以提振我方民心士氣，打擊敵方心理，並贏得國內外輿論及盟國的支持，才能確保戰爭的勝利果實。

基本上，宣傳戰是建立於國家層次的基礎上，國家為維持其正當性或生存權，必須盡其所能維繫其所屬國民或民眾的團結與歸屬感，亦須將其意見管理或輿論觀感納入政治過程當中，當戰爭來臨時方能以動員及精神鼓勵的方式遂行同仇敵愾，遠赴戰場殺敵，甚至為國而死。同時，宣傳戰亦建立在盟邦、中立國及敵

人的基礎之上，為的是將自己的力量與影響力擴展到最大，相對的將敵人的力量與影響力限縮到最小程度，甚至將中立或敵對的力量與影響力轉化為己方致勝的力量與影響力。

宣傳戰可以歸納為帝國主義時期、革命戰爭與殖民戰爭時期、總體戰爭時期、冷戰時期四階段的演進與發展。西元前 480 年的薩拉米斯戰爭已將假資訊做有計畫的運用，教宗烏爾班二世係以控訴暴行、醜化敵人的宣傳手法掀起十字軍東征序幕。在英雄創造時代的年代裡，無論亞歷山大、凱撒或亨利都鐸、亨利八世、彼得一世等，均擅長運用各種象徵符號、傳播技術或新傳播媒介，同時將個人權力與國家權勢推向高峰。

在革命戰爭與殖民戰爭時期，法國大革命非常重視口語傳播與視覺傳播，曾設立世界第一個國際宣傳機構，其後崛起的拿破崙被認為是有史以來最擅長運用宣傳手段的征服者。此時期電報、近代攝影術被廣泛用於政府情報傳遞與報紙媒體的新聞報導上，但政府運用宣傳手法不見得為真，例如克里米亞戰爭的假照片，美國南北戰爭雙方運用殘暴事件與虛構圖畫相互污衊，俾斯麥挑起普法戰爭的假電報，波爾戰爭的假新聞影片等。由於《泰晤士報》報導 Balaklawa 戰役揭發假資訊，克里米亞戰爭是首度埋下軍隊與媒體互動的緊張關係，促使政府開始以法律制定戰爭期間新聞檢查制度。美西戰爭則是媒體製造假事件、挑唆戰爭的始例。

由於廣播與電影先後被用於戰爭，第一次世界大戰被視為第一場資訊戰爭，第二次大戰更曾被標誌為廣播戰。冷戰時期的廣播戰比二次大戰時期更加激烈，大功率廣播發射機是主要武器，艾森豪接任美國總統後，更於韓戰中有計畫的將心理戰提升為冷戰的主要戰略。韓戰時期的電視技術未臻成熟，電視機也不夠普

及,戰區的電視新聞採訪以廣播媒體為學習模仿對象,可是到了十一、二年後的越戰,已演進為史上第一次的電視戰爭,電視媒體已是關乎戰爭勝敗的利器。

在人類進化的歷史過程中,新傳播科技不斷向前進展,卻也迅速的轉為人類戰爭中凝聚向心及克敵致勝的武器。但是,傳播工具與媒體的運用僅可視為充分條件之一,構成宣傳戰的要素不止一端。現代宣傳戰的組織或機構在總體戰爭時期有了大規模發展,而且交戰國間彼此在宣傳策略與手法做相互模仿,凡此足證政府與軍隊如何運用當時的傳播科技、有效的宣傳機制、宣傳策略及人才參與等做整合、發揮與控制的重要性。

由一戰德國之例可知,缺乏宣傳戰力即似人斷一臂,甚至在敵方宣傳壓力下不戰自潰。但在宣傳戰中擁有強大宣傳機制亦不一定可以攻無不克,極權體制的納粹德國及蘇聯政權均擁有健全的宣傳機構及強大的媒體能量,更可從上到下改造國民思想,卻終於走向失敗或解體之路,此雖不能全然歸因於宣傳戰之得失,但與政治體制及政府與媒體之間關係不無關聯。

宣傳之名已在二戰後逐漸退位,由國際傳播或國際政治傳播、公共外交、心理戰、政治作戰、戰略性傳播等新的說法取代,但這不也是預告隨著時代發展,另一種新型式宣傳戰正在醞釀或興起。

二、公關化戰爭的衍生與演進軌跡

有別於媒體與軍方「同在一條船上」的傳統宣傳戰,冷戰時期及後冷戰時期的軍隊在面對戰爭宣傳上逐漸呈現不同以往的新型式宣傳。冷戰時期以前所發生的戰爭,媒體在戰爭中基於宣傳

第九章　公關化戰爭的過去與未來

的需要與國家興亡的責任感，幾乎成為軍事體系中的一個部份；即使在冷戰前時期，民眾亦大多明白誰是敵人，也知道為何要展開軍事作戰行動，然而到後冷戰時期，當兩強對抗消失，情況就大不相同了，政府與軍方則須投入更多的努力去說服民眾。以美國而言，冷戰結束後已經沒有可以匹敵的敵人，卻可能要應付的，不單是軍事目標，更重要的是美國的民意與國際的輿論觀感。

　　越戰是發生在冷戰時期的一個區域性戰爭，它既是孕育公關化戰爭的開路先鋒，也是公關化戰爭初次出師立即遭到挫敗的案例。從美國政府以假資訊全面引爆戰爭到美軍撤出戰場，不僅展現人類有史以來最大規模的宣傳戰，而且在宣傳策略與作為上，為日後每個公關化戰爭提供了典型的軍事公關雛型樣貌。正因為它是一個挫敗案例，帶給那些有能力行使公關化戰爭的國家而言，更具警惕和參考作用。

　　越戰經驗及其症候群影響深遠，促使美國政府與美軍從事軍隊公共事務的改革，繼而是公共事務的革命，不斷修正或調整內部與媒體的關係，亦以熟練主流媒體作業模式的條件，以及引進公關廣告及傳播界人才以為己用，促使政府與軍隊所欲傳達的訊息與議題，能在較無阻礙環境下轉換為公共議題。

　　作為公關化戰爭運用主體的政府與軍方，須面對錯綜複雜的媒體關係與國內外環境情勢，因而其所展現的形式必須與時俱進，例如格瑞那達戰役後有 Sidle 小組建議——軍隊公共事務計畫必須納入作戰計畫中；巴拿馬戰爭後有 Hoffman 報告——軍隊公共事務計畫是作戰計畫中的重要一環；1991 年波斯灣戰爭後有新聞媒體採訪國防部作業原則——軍事指揮官應親自參與研擬媒體採訪作戰狀況計畫；波士尼亞維和行動後，規定公共事務軍

官納編作戰計畫參謀群等均是。

從研究中發現,有能力施行公關化戰爭的國家主要以美、英等少數擁有強大傳播力量的強權國家為主。在因緣際會下,首先建立一套媒體管理運用策略實際用之於戰爭上,為公關化戰爭起帶頭及示範作用的,則是福克蘭戰爭中的英國,隨之美國仿效於後,格瑞那達戰役與巴拿馬戰爭都是相當成功的實驗,巴拿馬戰爭戰前妖魔化敵人的做法使得公關化戰爭邁進一個新的里程碑。而大規模的公關化戰爭則見於1991年及2003年的波斯灣戰爭,這兩次波斯灣戰爭都是美國有心徹底脫離越戰夢魘最典型且具代表性的戰爭,是目前為止探論公關化戰爭的最佳案例。

三、公關化戰爭的構成要素

政府與軍隊在遂行公關化戰爭時,無論戰前與戰爭過程中,均要透過現代公共關係來操作,運用協助媒體、媒體操作、資訊流通管理、新聞記者會、假資訊、假事件等作為,使宣傳者成為媒體的重要消息來源,將自己所構思的議題轉變成為公共議題,來影響傳播媒體的再現與框架,達到包裝與美化戰爭的效果。本書歸納出其中重要策略與作為計有媒體管理、媒體運用與訊息規劃等三大項:

(一)公關化戰爭的媒體管理策略

媒體管理策略是指政府與軍方與媒體相處時所採取的方式,尤其在戰爭期間如何透過公關的手法,做到滿足媒體的需求,並經由媒體的傳播贏得各方民眾的支持。美國政府與美軍在1991年波斯灣戰爭所做媒體管理策略與作為,顯現這是一個極其嚴格管理的公關化戰爭,主要由戰地採訪的限制(包括聯合採訪制採

行新聞集體供應、伴隨及限制接近部隊）、餵食（以阻絕及主動提供資訊等構成）、新聞檢查、扭轉媒體報導框架（包括阻礙與拉攏）、封鎖負面新聞等構成。

開放記者隨軍採訪是 2003 年波斯灣戰爭最明顯的改變，且提供較上次波斯灣戰爭更完備的協助措施，而且將資訊流通管理，成功轉型為跨國跨洲的 24 小時新聞傳播循環機制。此一機制符應了「六大構面」（包括隨軍記者、科威特美軍集結點的採訪記者、中央指揮部採訪每日新聞簡報的記者、獨立型記者、白宮及五角大廈的特派員，以及退役將領上電視）的需求。

1991 年波斯灣戰爭呈現的是以媒體管制與限制為主的策略與作為，2003 年波斯灣戰爭則是在開放中做到有效的管制與限制，貫穿兩次波斯灣戰爭的不變手法是「提供大量新聞資訊來掌控傳播」，而於 2003 年波斯灣戰爭更臻純熟運用，藉以達到政府機構間、與主要盟國及作戰戰區指揮部的資訊整合與聯結，以及吸引媒體立即報導，牽動民眾注意力的目的。

（二）公關化戰爭的媒體運用策略

媒體運用策略是政府與軍隊藉由公共外交、公共事務與心理戰等層面，針對不同的受眾，採用各種不同的媒體管道，以確實達到訊息傳播的目的。公共外交的媒體運用主要是於戰前由政府各部門統合施做，經由國家領導人及軍政要員的政策聲明及創造媒體事件等，為戰爭正當性加強媒體曝光，目標對象指向以國內外閱聽眾及敵國軍民為主；公共事務的媒體運用主要由國防部主導，透過自控媒體及國內媒體與國際媒體，對內及對外傳播訊息；另是由前線作戰的心戰部隊因應心理作戰所需的媒體運用，其目標對象則為敵軍的作戰人員及其民眾。

宣傳與戰爭

從「宣傳戰」到「公關化戰爭」

　　1991年波斯灣戰爭中，老布希政府在公共外交方面幾乎動用國際新聞媒體的所有資源，不斷推出核心幕僚以各種不同角度向媒體闡釋出兵中東的正當性，老布希廣泛運用了電視與廣播直接向國內民眾做訴求，並在 Newsweek 發表親撰文章，尤其為強化盟國支持，運用中東回教的文化特性，向回教國家的領袖們說服海珊入侵科威特乃違反回教律法的不義之舉；在公共事務方面，大部分的新聞材料由華盛頓所提供，在五角大廈運作下經由 CNN 供應各主流媒體新聞，以及美軍所屬的電台、電視台和《星條旗報》、軍隊時報口徑如一；在心理作戰上則結合心戰廣播、EC-130E Volant Solo 轉播美國之音的節目、心戰傳單、心戰喊話、錄影帶及錄音帶等分頭進行。

　　2003年波斯灣戰爭的公共外交早於911事件發生後即已積極展開，小布希政府藉用聯合國、紀念911事件、國際峰會、大型新聞記者會等來界定戰爭框架，統合國家與盟邦所有力量；在軍隊公共事務上，美英聯軍提供來自世界各地主流媒體隨軍採訪，並對立場不同媒體如半島電視台祭以說服、拉攏、購買廣告、稀釋其影響力等不同策略；《星條旗報》開始發行中東版，並整合內部自控媒體資訊匯流功能，將美軍資訊傳播能量推廣至全球；在心理作戰上，更結合傳統與最新心戰技能，包括心戰廣播、EC-130 Commando Solo 電戰機直播影音內容及入侵、操控或癱瘓敵方電腦系統，以及心戰傳單、心戰喊話、電子郵件、手機與電話傳真、置入敵方的媒體等齊頭並進。

（三）公關化戰爭的訊息規劃策略

　　訊息規劃策略即由政府領導人、政府各部門與國防部，以及前線的指揮官或公共事務軍官連貫一致，針對各種不同的目標對

象,遂行民眾的感知管理,使國內民意與國際輿論成為助力,化解戰爭的阻力。兩次波斯灣戰爭訊息規劃的重要策略計有以下五項:

1. 為求師出有名,首要訊息策略在於為戰爭正名,亦即在為戰爭提供正當化、道德性的解釋。其構成要件是先為敵人命名,將一切罪過歸因敵人,並予以妖魔化和醜化,以及描述亟待拯救的受害者,無論敵人或受害者均須清晰呈現。

2. 為掩飾戰爭本質,取得更大的認同,人類文明、世界秩序、自由、和平、正義及上帝等絕對語詞被用來誇大戰爭的正當性,但戰爭不會直接稱為戰爭,而以婉轉的代號為名。

3. 為期控制戰爭的衝擊範圍,節約戰爭時間,所建構為區分敵我的二元對立辭彙、符號與論述,只用來對付其設定目標的「少數為首份子」,盡量將敵人縮小化,凡是遵照指示性訊息的敵軍及其平民則不是敵人。

4. 大量使用軍事用語,體育詞彙與戰爭報導相融合,控制視覺影像及隱匿死亡與受傷數字,對戰爭殘酷可能產生的惡感加以迷霧化與模糊化。

5. 來自大後方「支持軍隊」的行動是前方作戰的最大奧援,但須以不同的訊息傳播方式,針對一般公眾或特定公眾進行做特定訴求,期以創造出多數民眾支持的效應。

在公關化戰爭的宣傳攻防中,充斥著不少謊言、假資訊,或所謂的假事件,這些都是在為軍事作戰塑造「有利於我」的局勢,並達到打擊敵人的目的。本書選取 2003 年 4 月 9 日巴格達市「推倒海珊銅像」假事件進行敘事分析,發現此一事件未必做偽,但美軍為期獲得「正面報導」,並以媒體事件興起火車頭帶動作用,包括人員與道具等都是事前安排妥當,可說是公關化戰

爭中非常典型的假事件。

由以上的整理，亦可見公關化戰爭的各種策略運用，與如何消除越戰症候群存在著密切關係。越戰的失敗從無定論，或許在媒體的報導，更令人警惕的則是在民心。這也是日後我們見到美國政府與軍方在每一場戰爭，無論呈現在敵方或美國國內及國際閱聽眾的訊息與符號，以及軍事用語、新聞影像素材或媒體事件等，無不經過公關或廣告、政府發言人、戰爭宣導專家和戰略性傳播專家精心包裝。透過電視鏡頭的攝取與再現，呈現給閱聽眾有著如臨戰場一般的感受，但這也只是經過框架化的真實而已，戰爭有多殘酷與究竟多少死傷等可能永遠是個謎團，這也是公關化戰爭不可否認的一大特徵。

第二節　對公關化戰爭發展的觀察與思考

美國陸軍前公共事務主任 Patrick Brady 少將曾指出，「克勞塞維茲未將資訊列入戰爭準則的要項之一，但在今日，不論我們喜歡與否，一旦漠視民眾知的需求，或疏忽於與媒體打交道，那就馬上遭遇麻煩。」（轉引自 Eder, 2007: 67）但是不是做到這樣的要求，就足夠了？就不會遭遇麻煩了？以下是對本書首章再界定公關化戰爭定義所提五項意涵所做綜合性的探討與論述，亦是對公關化戰爭邁向未來發展做進一步的觀察與思考。

一、民意與第二媒介時代的來臨

過去學者在討論民意與戰爭相關議題時，比較著重的是政府與軍方首長、軍事指揮官等需要獲得專業公關人員的協助，運用

民意調查、形象設計,以及製造新聞等,以維護軍事行動的正當性及其在媒體上的形象,進而獲得民意最大的支持。這樣的見解至 21 世紀初雖未過時[1],然而傳播學者已一再強調,在新傳播科技不斷推陳出新的媒體世界裡,宣傳者如何分辨公眾和以具說服力的訊息吸引他們的注意力,愈來愈顯複雜與困難。

任教英國指參學院(Joint Services Command and Staff College)的學者 Payne 指出,媒體與閱聽人間的互動方式已與以往有別,肇因係晚間新聞與平面報紙的閱聽活動持續下滑,網路線上活動不斷增加,不僅敵人是資訊競爭的參賽者,而且民眾和傳統媒體或新媒體之間的關係,已逐漸轉變成議題辯論的參與者、內容的生產者,甚至是吵雜爭論中的成員(Payne, 2008: 38)。

有異於越戰時期在家中客廳收看電視的觀眾,現代閱聽人已非被動的、坐等訊息的接收者。有線電視的發展與錄放影機的普及,已使傳統的電視觀眾轉變成為「主動閱聽人(active audience)」(Severin & Tankard, 2001: 299-300)。網際網路從 1990 年代起崛起,迄今最大的特色則在以「使用者(user)」為核心(曾瑾瑗,2007),每個人擁有發言權,一個人也可以是個人媒體,不僅是訊息的消費者,而且是「生產性消費者(prosumers)」(Cunningham, 2010: 111)。

「網絡空間」擁有數不清的次媒介,如多人參與的線上遊戲、MSN 線上通訊、電子郵件和全球資訊網等,同時具有可協

---

[1] 詳參 Payne(2008)綜合傳統理論專家 Taber(1970)、Kitson(1971)等的看法,他指出新世紀以來的阿富汗及伊拉克兩場戰爭的成敗關鍵,仍在於透過傳播與溝通的方法「爭取人心(fighting for the support of the population)」。

助任何個人處理複雜資訊的能力,或經由推特(*twitter*)、噗浪(*Plurk*)、臉書(*facebook*)等社群媒體(social media)管道與其他人同時接收、交換和發送訊息。還有,因為新聞記者也使用網路,而且介紹各式各樣的網站與部落格,並將這些資訊作為報導的消息來源,更加強化洩密(leaking)、八卦訊息流通的可能性(Corner, 2007: 224)。

Poster(1995)在《第二媒介時代(*The Second Media Age*)》曾區分廣播電視媒體的時代為第一媒介時代,如今的網際網路媒體為第二媒介時代;在過去的第一媒介時代裡只有電話(在任何時間可使任何發話人與任何通話人交換訊息)具有去中心化的特質,而網際網路的第二媒介時代卻是隨時透過雙向的、互動的、多元的及去中心化的機制發生訊息的流動與傳播。

繼 Poster 的論述,Holmes(1997,轉引自林東泰 2008b:591)又提出,電視時代是傳播媒體的第一紀元,網際網路開啟媒體的第二紀元;Holmes 論稱第一紀元的電視媒體時代為廣播社區(broadcast community),第二紀元的網路時代稱為互動社區(interactive community)。Holmes(2005)認為,具有互動性、去中心化、民主化的第二媒介時代觀點已成為正統論述[2]。林東泰(2008b:564-566)還認為網路時代的特質有 12 項,包括豐富性、即時性、方便性、隱密性、匿名性、高度互動性、個別化、非同步、多媒體、超文本、透明性及去管制化,前三項特質尚與大眾社會的媒體類似,後九項標式網路時代的生活方式與

---

[2] Holmes(2005)歸納第一媒介與第二媒介的主要差異包括:少對多 vs.多對多的傳播、單向傳播 vs.雙向傳播、受政府管制 vs.不受政府管制、不平等的政治體制 vs.民主化、零散的使用者 vs.自主的參與者、意識的影響 vs.個體的體驗。

之前的大眾社會的差異所在。

媒介環境學（Media Ecology）提倡者 Postman（1998: 66）在對電視媒體的研究[3]早已指出：「當一種具巨大影響力的媒體介入一個文化體系時，並不是舊文化與新媒體拼湊混合，而是從此產生了另一種的新文化。」面對愈來愈蓬勃的網路新科技與媒體發展，無論媒體記者或一般在現場的民眾均可以是即時記錄與轉播的傳播者，個人的「一隅之見」，可能瞬間傳達至全球閱聽眾眼前，而且大眾傳播媒體在戰爭中的角色扮演勢將接受更嚴謹的公民監督或公評，此不正說明當今已無任何一人或一方可再獨攬戰爭詮釋權，此後政府與軍方要贏得人心的任務遠較過去複雜，此未嘗不是從事公關化戰爭所需克服的重大問題。

如今的網際網路傳播勢將更大幅改變人類的溝通行為與模式，更對人類社會結構造成衝擊。以往由一群專家決定如何做媒體管理與運用、如何使用術語、符號與訊息，再結合大量人力、物力促其實踐的做法，應是已到改弦更張的時候了。網路讀者與使用者不再只是被動的受眾，而是具有主動性、互動性、有機的智慧社群，政府與軍方首先須更新腦袋，改變思維，對公眾與受眾有新的理解，才會有對的態度，才可能找到適當的傳播方法。

二、新媒體與對話傳播

曾多次參與阿富汗戰爭與 2003 年波斯灣戰爭獨自或隨軍採

---

[3] Postman（1979）曾經指出電視發展成足以與傳統教學活動相抗衡，電視圖像勝過教室裡的文字課程時，此一現實促使學校教育得改變，來適應電視及其他電子媒體所主宰的文化環境。但在此時，Oates（2008）坦言，當學者學著採用網路技術授課時，卻發現學生對虛擬世界（online world）的實用知識已遠遠的超越自己。

訪的戰鬥影片暨研究（Combat Films and Research）中心主任 Billingsley（2007: 32）強調，一項狙擊美軍士兵或攻擊聯軍車輛的行動，可視為戰術層級的行為，但若經由媒體傳播給閱聽眾，就具有打擊士氣、影響輿論的戰略意義。

Payne（2008: 48-49）亦指出，美國政府正在積極努力適應如此的新媒體時代，甚至追隨基地組織的 As Shahab 媒體產製集團，在 YouTube 上傳張貼經過剪輯的美軍影片。因為若不及時跟上時代運用新媒體，只有放任敵人有機可乘，坐視敵人的觀點成為主流觀點（Caldwell, Murphy & Menning, 2009: 3）。

經過越戰的教訓，以及公關化戰爭的推進與事後不間斷的媒體關係檢討改進，美英兩國為贏取每一個戰爭的全面勝利，無論在媒體管理、媒體運用或訊息規劃等層面上，均事前做到謀劃周詳，且於戰爭進行時靈活隨機應變，其成果可說是逐漸累積，且得來不易。從宣傳者的角度看，媒體的確是不可忽視的作戰平台，但若從政府（及軍隊）與媒體（及閱聽人）相互的關係而言，前者是否更加應思考，更應重視「媒體是對話場域」的轉向？

眾所週知，以往傳播歸傳播，通訊歸通訊，而今則從各種媒介原本各自運作走向所謂的「匯流（convergence）」，此係指傳統媒體（如報紙、雜誌、廣播、無線電視、有線電視等）與新媒體[4]（如電腦和網路等）結合並進行內容傳遞的過程（曾瑾瑗，2007）。林東泰（2008b：609-611）論稱，21 世紀通訊傳播科技最大特色在於通訊傳播匯流，此一匯流趨勢銳不可擋，而

---

[4] Kalb & Saivetz（轉引自 Caldwell, Murphy & Menning, 2009: 2）將新媒體形容為有線電視、廣播與電視扣應節目、網路部落格及線上社群、手機與 iPods 等的激動混合體（combustible mix）。

且更貼近人性需求，因為它具有互動性、小眾化、非同時性（在不同時間隨時接收個人想要的傳播內容）、通訊傳播匯流、交互文本性等以前傳統媒體所沒有的特質。

　　Caldwell, Murphy & Menning（2009: 2-3）認為新媒體（new media）以「即時媒體（the "now" media）」稱呼更恰當，其重大功能之一是數位多模式（digital multimodality），內容以一種形式產出，隨後可立即編輯與重組，再以不同的媒體形式即時傳送。亦有學者將新媒體解釋為 We Media，突顯閱聽人只要具有簡易的數位器材及技術門檻，即有能力建構屬於個人的媒體通路和傳播個人的訊息與內容（曾瑾瑗，2007）。Shaw, Hamm & Terry（2006）另指出，傳統媒體是「垂直型媒體（vertical media）」，存在著由上而下的議題設定權力，但其影響力已呈減弱之勢；新媒體則是「水平式媒體（horizontal media）」，衝撞著舊有的遊戲規則，且影響程度不斷增強。

　　Cunningham（2010: 111-112）且強調，傳統媒體的溝通型式是由「單一」的個人或群體將訊息發送給「許多」不同的閱聽眾，新媒體的溝通是「多對多」的訊息交流過程，前者是獨白式傳播（monologic communication），後者則係基於對話傳播（dialogic communication）。他認為，若是繼續沿用傳統方法，例如僅透過記者會或新聞發佈傳遞訊息，卻未能進一步參與新媒體領域的互動與回饋，將是一個不完整的溝通行動。

　　從人類運用媒體來看，大致有以下四種情形：「一對一（one-to-one）」、「一對多（one-to-many）」、「多對一（many-to-one）」、「多對多（many-to-many）」。以前發展的傳播科技，如報紙、廣播、無線電視或有線電視等多集中在前

三種的關係[5]，而因網際網路發展出的新媒體則較符應閱聽眾「多對多」雙向溝通的需求與期望。

　　Dahlgren（2001: 46-47）早已指出，網際網路是大眾媒體的擴展型式，擴充原本大眾媒體「一對多」的邏輯，增加超文本、歸檔與互動的能力。他認為網際網路使人人可能透過架設自己網站，建立「一對多」的傳播管道，還可形成互動式的「多對多」傳播，去和廣大的社群直接討論，實現包括政治目標在內的各種目標。

　　Dahlgren 還強調，網路與網路新聞的出現，對傳統的新聞理念與製作方式構成挑戰，甚至可以引發公共的媒體事件。媒體事件通常經過精密策劃，經由媒體報導取得大量曝光，向為政治人物建構形象時採用。上一章曾提及，Dayan & Katz（1992）將媒體事件總結為三大類型：競賽（contest）、征服（conquest）與加冕（coronation），近幾年他們都分別做了新的修正。Katz & Liebes（2007）將「災難、恐怖與戰爭」列入媒體事件的新類型，統稱之為「衝突（disruption）」類型；Dayan 還提出幻想破滅（disenchantment）與脫軌（derailment）兩種類型[6]，以致三 C（contest, quest, coronation）和三 D（disruption, disenchantment, derailment）對應出兩種不同的媒體事件模式，前一模式與整合共識有關，後一模式則不但鼓吹異見，甚至「創造分化」（Dayan, Qie & Chan, 2009；邱林川、陳韜文，

---

[5] 傳統媒體的傳播必須在其他媒體輔助下才能進行資訊雙向溝通，例如廣播與電視需經由電話進行扣應，報紙需經由郵件或電子郵件取得讀者投書（孫式文，2002：137）。

[6] 幻想破滅與脫軌兩種類型主要可用來分析事件策劃者不再能完全控制閱聽眾如何接收資訊，雖然使了很大力氣推動媒體事件，有時非但不能達成效果，卻還會有相反作用（邱林川、陳韜文，2009）。

2009)。

邱林川、陳韜文（2009）認為，三D模式放到華人語境，即是對底層民眾的傳播賦權（communication empowerment），它改變了傳統事件中政治菁英的主權霸主地位，或至少對其形成挑戰。其實，以此證諸 2010 年底演變至今的北非與中東的「茉莉花革命[7]（Jasmine Revolution）」，大概與 Dayan 與 Katz 對媒體事件新類型論述旨趣相去不遠。

即以茉莉花革命中掀起首波浪潮的突尼西亞來說，係因警方取締無照攤販而引發，事件當事人布瓦吉吉憤而自焚，經由手機與社群媒體推波助瀾，影像在全國傳開，示威隨之蔓延。踵繼於後的埃及為紀念揚言揭發警方貪污，被警察活活打死的一名商人，臉書出現一個獻給他的網頁，數百萬埃及青年看見後聲援，示威抗議如火燎原；波斯灣島國巴林民眾也是用手機拍下軍警的鎮壓行動，再上傳到 YouTube 及 yFrog 網站，並張貼到臉書、推特等社群媒體。

阿拉伯世界經歷這場的「茉莉花革命」亦被稱為「推特革命」、「臉書革命」、「YouTube 革命」，或稱為「網際網路革命」，更精確是「社群媒體革命」。從傳播科技或傳播工具的角度看，近幾年來從摩洛多夫、伊朗到當前處處盛開的「茉莉花革命」，都不斷有人以上述各種稱呼加以形容。

隨著新傳播科技的普及，參與衝突或戰爭的任何一方的確可

---

[7] 2010 年底，北非突尼西亞（昔日的迦太基）因警方取締一樁無照攤販事件，引發民眾爭取自由、民主的抗爭暴動，總統賓阿里於 2011 年 1 月 14 日被迫逃亡沙烏地阿拉伯，非洲媒體將此次事件稱為「茉莉花革命」。繼之而起的是埃及人民以短短的 18 天抗爭逼退總統穆巴哈克這位美國忠實盟友，骨牌效應一路感染開來，席捲了葉門、巴林到敘利亞、阿曼、摩洛哥、利比亞等北非與中東地區的阿拉伯世界。

以運用，立即將每一個衝突或攻擊畫面貼上網路媒體，達到打擊對方的效果。然而，電腦與全球通訊日趨普及，網際網路、電視、數位影音訊號和閱聽眾日趨緊密結合，無疑已經大幅改變以往遂行公關化戰爭的環境結構。當一場軍事記者會剛舉行完，一則新聞剛發佈出去，或任何畫面影音貼上網路時，來自四面八方的討論、行動或活動立即緊接著開始，此意味著溝通並沒有終止的時刻，而且需隨著時間推移持續發展出調適的策略與作為。

衝突或戰爭行為雖發生於戰場、特定場域之中，但若經媒體的刊載傳播，則可一再的被閱讀、收視、點播與複製，甚至是相互傳遞、討論或引發民眾行動的題材，所造成的影響亦絕非僅止於軍事層面而已。

從上述討論，亦可知無論政府或軍方頂多只是諸多消息來源中的一方而已，均不再擁有過去作為主要消息來源的優勢與條件，同時對於新媒體與不同科技工具的認知與運用須做全盤的改變，它們是探求民意、聆聽草根聲音與即時進行意見交流的新興管道，若能加以體察且確認此一轉向趨勢，或許較有機會做好對話傳播的任務。

三、戰略性傳播與戰略性傾聽

如第七及八章的探討，訊息用之於戰爭，或為戰爭開闢正當化論述，或尋求同盟或中立國家的支持，或激起我方民心士氣，或打擊敵方的戰鬥意志，確實可以達到醜化對手，極盡挑唆攻訐，以及激發戰志，凝聚軍心的目的，無疑是公關化戰爭中不可或缺的重要武器，假資訊與假事件亦皆具有扭轉戰局的作用。

公關化戰爭從孵化以迄今日的成熟發展，無論在文字、符

號、圖像，或任何影像畫面、公關事件的製作與輸出，都是政府、軍方和公關專業人員共同策劃的心血結晶。亦正因如此，如上節結尾所指出的，公關化戰爭不可避免的衍生出另一項必須追問探討的課題，亦即經過細心規劃予以框架化的真實，即是贏得民心的唯一方法？

Mclntosh（2007: 65）特別強調，公共事務、心理作戰及民事（civic affairs, CA）等無形戰力皆是威力強大的工具，這種工具的效能並非來自於彈藥（munition）而是訊息（message）。此言不虛，美國自發生911事件後發動反恐戰爭更加積極，重新體認訊息力量的重要性，發展所謂的「戰略性傳播（strategic communication）」，期以整合來自不同國家及政府內部不同機構的大量資訊，獲取國際上廣大的支持與力量的結合。

根據Clark & Murphy（2006: 10）的說法，戰略性傳播可遠溯一次大戰克里爾委員會（參見第三章），其歷史經驗顯示在於政府機構之間訊息協調一致，使能正面報導美國政府的作為，以期達到說服與影響的效果。Eder（2007: 62-64）強調，戰略性傳播展現四種不同於其他公共資訊的重要特質：（一）更加重視為達成特定目標，區隔所欲溝通的目標對象，而施以不同的訊息、主題、方案、計畫與行動；（二）打破各行其是的藩籬（Breaking down stovepipes），要求政府各部門機構，甚至盟國合作夥伴之間一同運作經審慎協商一致的訊息；（三）因應全球傳播的速度，設立即時反應中心，迅速整合世界各地新聞，摘要供各駐外使館回應媒體詢問；（四）同步且全面運用多種傳播工具做快速有效的回應。

美國《軍事評論（*Military Review*）》雙月刊總編輯Darley亦是深入思考此項問題的成員之一，他指出當前美國所面對的戰

爭即是「理念之爭（war of ideas）」，此一特質戰爭的訊息規劃，重心不全在詭譎狡詐的心理戰術或是華麗的詞藻及修辭，而是要使世人理解自己所堅持的國家價值觀（national values），並樂於接受（Darley, 2007a: 110），他還提出「文化傳教士（cultural missionaries）」的概念，藉由具備相關宣教能力的人員實地深耕，促使他國接受價值觀（Darley, 2007b: 38）。

然而，若從公關管理學者 Grunig & Hunt（1984）的公共關係四模式來看，以上的見解及公關化戰爭已經呈現的作為與經驗頂多不過是技術型公共關係或雙向不對等模式的實踐而已，至於雙向溝通所關注媒體與閱聽眾的反應與回饋須受到宣傳者與組織重視，則顯然遭到忽略了。

Billingsley（2007）強調在阿富汗與伊拉克兩場戰爭中已更加驗證媒體戰（media operation, MO）的重要性，但他的觀點出自媒體已能以最新衛星上傳技術，在不靠軍方任何配合作業支援下獨立完成採訪任務。他認為，媒體擁有向全球閱聽人傳播的速度與能力，軍方應持續以誠心與媒體互動，修正對媒體的不信任感與有時不經意顯露出的敵意（Billingsley, 2007: 33）。

美國記者 Danelo（2008: 55）曾在伊拉克戰爭中為網路媒體從事報導，他的看法反映著公關化戰爭的做法須作某種程度的修正。他認為，軍方依賴新聞記者與媒體來維繫民心士氣的想法並非明智之舉，記者不是軍事指揮官轄下的成員，軍事指揮官看待記者的報導內容，應「如同看待氣象報告」一樣，無須且不宜嘗試想去改變它。

美國陸軍上校 Robinson（2009）對此有一番檢討，認為以口頭及文字為主的資訊傳播有其效果但不全然可靠，他主張重拾以槓桿關係（leveraging relationships）的理論（例如文化說服及

兩級傳播流動等），來找出如何與主要受眾、次文化團體及其意見領袖互動之道。另一位美國陸軍上校 Risberg（2009）的見解亦甚值重視，他認為光靠單向傳遞大量的訊息是不夠的，成功的傳播作為必須包含「戰略性傾聽（strategic listening）」，從對等互惠、有來有往的過程中，做到對傳播對象的深入了解與真正尊重。

MultiMedicus 公司執行長 Steve Cohen（章昌文譯，2008：63）則強調，軍方要打動民心，不僅有賴媒體的管理與運用，還須與戰地民眾做面對面的接觸與溝通。

公關化戰爭一路走來的軌跡，無不顯示過於倚重口號、術語、符號象徵及加工形象等的「訴說」與說服，對受眾或他者佈道有餘，而在「傾聽」與學習分享對方價值上相對顯得不足（方鵬程，2007c）。如 Eder 所言，戰略性傳播對所欲溝通的目標對象須加以區隔，以便於施以不同的訊息與行動，但若能從以真誠的了解別人著手，並增加自我反思的能力，建立起溝通無礙的回饋機制，那此一傳播循環將不再僅是一方的「獨白」或迫使他者皈依而已，此或許是公關化戰爭向前邁進時有待跨越的迷思與障礙，亦可能是公關化戰爭柳暗花明的出路。

四、公共事務軍官素質與公共事務體系運作

美國華盛頓大學政治傳播學教授 Bennett 曾說：「在越戰中，媒體享有開放的新聞採訪，此後在每個戰爭中，記者們逐漸侷限在已經準備好的、餵到嘴邊的新聞稿（spoon-fed news）」（Bennett & Garaber, 2009: 118）。這話亦反映出美國政府與軍方以越戰失敗為教訓，不斷調整軍媒關係，而媒體與記者卻成為

卓越新聞管理者下被經營的對象。

　　無論從教育訓練或實務工作而言，著實應證公關與公共事務被美國政府與軍隊視為是一種現代專業。即使如此，仍有許多關於公共事務軍官必須具備的條件、軍隊公共事務體系運作等的檢討意見值得在此一提。Keeton & McCann（2005: 85-86）強調，專業的公共事務絕非低層級的工作，其成員必須掌握事件因果關係，回應許多國家與國際機構的需求，開展有效的國際輿論活動，因而必備的條件得涵蓋軍官的領導能力、軍事行動管理者的政治敏銳度，還要有高階主管的宏觀與遠見。

　　在 2003 年波斯灣戰爭之後，美軍內部又經不斷檢討與改進，將「傳播戰（communication war）」（包括媒體、公共事務、心理作戰、資訊作戰等）有關傳播及相關概念的細節，納入最新版的野戰教範，而且明訂作為所有準則的基礎（Payne, 2008: 37）。位於美國馬里蘭州米德堡（Fort Meade）的國防資訊學校（Defense Information School, DINFOS）開設的「公共事務軍官班（Public Affairs Qualification Course, PAQC）」更是朝向以「訓用結合」、從實戰演習中驗證成效的教育方針改進發展[8]。

　　Steve Cohen 提出，公共事務軍官也必須是行銷人員的看法，以經營顧客關係的行銷方式來加強軍人形象宣傳，應是軍方加緊學習與精通的新課程：

　　　　公共事務雖不是核子科學，但的確是一門學科；……軍方
　　　　必須視行銷為一專業學科，而不是在工作中就能學會的直

---

[8] PAQC 培訓主要區分「傳播領域」、「公共事務與公共關係」及「實況演練」三大學程，各學程開設主要課程詳參孫立方（2008）及 DINFOS 網站：http://www.dinfos.osd.mil/。

覺式作為。正如同軍方會派軍官接受財務管理深造教育一般，即將負責召募或公共事務等著重行銷職務的人員，亦應被派赴頂尖的商學研究所學習行銷（章昌文譯，2008：62）。

De Czege（2008）的見解和上述有所不同，他認為商業行銷手法未必可以套用在軍隊公共事務之上，作戰人員並非在銷售商品（selling soap），根本之道仍是呈現真相及言行一致，不能對媒體說這樣，卻對戰區民眾說那樣，更不能說一套，做的又是另一套，沒有任何民眾願意被欺騙或遭愚弄。

美國陸軍少將 Herting 曾擔任伊拉克戰區美軍第一裝甲師兼「北區多國師（Multinational Division-North）」師長，在 2009 年與《紐約時報》駐五角大廈特派記者、多次赴伊拉克隨軍採訪的 Shanker 舉行一場有關軍方與媒體關係的檢討會。Shanker 將兩者的關係譬喻為「婚姻關係」，而且明言目前關鍵在於事實與速度不能兼顧，處於「婚姻障礙狀態（dysfunctional marriage）」（Shanker & Herting, 2009: 2）。

Shanker 指出，軍方發佈資訊或回應記者詢問的機制像是「過時工業時代的生鏽鏈（rusty chains of the industrial age）」，須經過層層向上呈報，每次要花費 8 至 20 個小時才能提出說明版本，可是在今日衛星傳播的帶狀新聞處理下已經轉了好幾輪（Shanker & Herting, 2009: 6）。Shanker 建議軍方，如同戰場上研究敵人一樣，亦應用心了解記者的差異性，並且在平時就預設各種狀況與可行做法，演練與媒體的應對之道。

其實，時間與即時反應對戰場或是輿論場域而言，均是同等迫切與重要。當記者費時等待求證或敵人先發聲時，再做補救已

失先機，接下來可能就要面對一波波民意的嚴酷考驗，這也是專家學者與具實戰經驗的記者一再重視公共事務軍官素質及軍隊公共事務體系運作如何有效提升的原因所在。

五、接受事後檢驗與重新體認事實真相

本書曾舉《紐約時報》驚爆小布希政府收買軍事名嘴上電視（第五章）、英國 BBC 揭發林琪事件（第八章）、美國獨立新聞網站 Information Clearing House 對海珊銅像假事件的追蹤報導（第八章）為例，指出媒體對於公關化戰爭所施行的策略與作為，可能於當時或事件發生之初未做報導與未能察覺，但於事後則會採取繼續追蹤報導的態度與處理方式，以下還有一些事例值得參考。

以事情發生與追蹤報導時間較接近的例子來說，Time 在 2003 年 7 月 21 日立即刊出一篇名為〈士兵的一生（A Soldier's Life）〉長達五頁的專題報導，內容描述一名美國陸軍士官長及另外六名戰士陣亡的故事，批評美國政府未能讓美軍士兵熟悉戰場狀況或明確其任務的失責狀況（參自 Seib, 2004: 140）。

1995 年普立茲新聞報導類專題報導獎得主蘇斯金（Ron Suskind）在 2008 年 8 月問世《炎涼世態（The Way of the World）》的揭密，又是一個重大的指控，幾乎已使小布希政府為尋求 2003 年波斯灣戰爭師出有名，硬指海珊政權擁有大規模毀滅性武器的構陷成為事實[9]。

---

[9] 蘇斯金引據美國中央情報局前近東事務部門（Near East Division）負責人李察（Rob Richard）及英國情報局（M16）局長狄洛夫爵士等人所說，在 2003 年初，英國曾密會伊拉克情報首長取得可靠情報，顯示伊國並無大規模毀滅性軍備，狄洛夫爵士亦曾銜命往訪華府，做最後關頭說服美國放棄對伊用武，

成立於 2006 年、母公司為太陽媒體（*Sunshine Press*）的爆料網站「維基解密（*WikiLeaks*）」，於 2010 年更有三波讓五角大廈十分難堪的軍事解密，包括 4 月公佈 2007 年美軍以直昇機濫殺伊拉克平民影片，7 月公佈《阿富汗戰爭日記[10]》，10 月公佈《伊拉克戰爭日記[11]》（閻紀宇，2010 年 11 月 30 日）。

　　凡此均在揭示公關化戰爭的任何策略與施行作為，於事後無可避免的得接受媒體的追蹤檢驗。如前幾章的分析，媒體未能及時發掘或無法立即透視的因素很多，可能來自於軍方媒體管理的限制，可能是基於「愛國心」或「支持軍隊」，亦可能是假事件提供方便報導的關係，但不管事過境遷多久，媒體仍會緊緊抓住任何可能的新聞線索，一旦事證成熟即加以披露。

　　如果政府與軍方所作所為的內容品質無疑，那公關與文宣就會名實相符，亦無懼事後檢驗，反之，若過於依賴民調操控、語言遊戲，甚或內容本身出自偽造，不僅促銷的邊際效果可能大打折扣，被追蹤檢驗後還會構成政府的誠信問題。反求諸己，政府與軍方最好的因應方法是對於事實真相應有重新的體認與自我要求。

　　美國海軍戰院教授 Lord（2007: 88-89）指出，無論公共外

並將英國所獲情報報告交付美國情報局長譚納，但是美國政府置若罔聞（詳參陳文和，2008 年 8 月 7 日）。

[10] 2010 年 7 月計揭露 91,000 多份（尚有 15,000 多份未公佈）文件，指陳美、英、波蘭軍隊蓄意殺害阿富汗平民暴行，為加強揭密力道，「維基解密」聯繫美國《紐約時報》、英國《衛報》及德國《明鏡》周刊一同行動（林博文，2010 年 7 月 28 日）。

[11] 2010 年 10 月，「維基解密」又公佈 2003 年波斯灣戰爭約 40 萬份文件，揭露包括死亡數字遠高於美國軍方對外公佈數字、虐囚、殺害平民等戰爭殘酷真相，此次配合同步刊出的媒體是美國《紐約時報》及英國《衛報》（王麗娟，2010 年 10 月 24 日）。

交、軍隊公共事務或軍事心理作戰,對於事實真相的要求,均須採取比新聞媒體作業規範更高的水準。Lord 強調,戰略性傳播若要發揮強大說服力和收攬人心的效果,不僅至少要做到符應媒體的「新聞真相層級(the journalistic level of truth)」,他另提出「初步真相(granular truth)」與「深入真相(higher truth)」兩項指標作為政府與軍方的運作參據[12]。

前面所舉《紐約時報》記者 Shanker 與 Herting 的座談中,Shanker 曾舉越戰期間與記者維繫良好關係的 Hal Moore 中將[13]為例,說明一位出色的將領必須很清楚知道自己是整個部隊最重要的公共事務軍官,同時認知軍隊的所作所為即是事實真相,才不致有事後困擾,Moore 所秉持的公共事務原則是:

> 我告訴記者,不要妨礙軍隊的任何事務,不要洩漏我們的任何計畫;我要求自己的部隊官兵,只以自己的階級身分發表談話,無須替長官發言,而且只能據實相告(轉引自 Shanker & Herting, 2009: 9)。

以上所談牽涉新聞自由與資訊安全、國家安全等相關的議題,政府與軍方承擔保衛國土安全的重責,必和媒體基於扮演監督政府的「第四權」角色及民眾擁有「知的權利」的立場有所不同。值得警惕的,在這網路媒體運用愈趨發達的時代,言論自由

---

[12] 初步真相相當於歷史學者、社會學家所採用的歷史、比較或量化分析;深入真相類似哲學家探索人性、人類理想生活方式、戰爭本質的思考方式,以求發掘真相,掌握全貌(Lord, 2007: 88-89)。

[13] Hal Moore 中將在越戰期間曾指揮著名的 La Drang 戰役,他寫的書後來拍成電影《勇士們》。

愈是開放的國家，類此解密或爆料情事愈可能隨時會發生，此對公關化戰爭的發展，無疑是一項新的課題與嚴峻挑戰，政府與軍方最佳的應對方法即是對事實真相應有重新的體認與自我要求。

第三節　公關化戰爭的適用性、借鏡與未來研究建議

一、公關化戰爭的適用性

在本書首章已先指出，遂行公關化戰爭的國家主要以擁有全球媒體影響力、擅長運用公關行銷的美、英等強國為主，這些國家的政府重視敘事（narrative），慣以「說故事」的方式陳述，決策菁英擅長政治表演，亦精於使用口語符號與視覺符號等創造形象與詮釋事實。若此，難免要追問公關化戰爭的適用性問題，亦即僅適用於美、英等強國，在其他國家可行嗎？

首先要指出的，上述公關化戰爭的一些特質與條件是可以模仿複製的，並非永遠屬於一些強國的「專利」。基本上，由蓋達組織所製造的 911 事件即是一項成功運用西方公關行銷的複製品。當美國雙子星大廈倒塌、五角大廈遭受前所未有的奇襲或小布希無法返回白宮坐鎮，這些資訊與影像立即經媒體進行全球聯線播送，豈不昭示公關化戰爭的所有權已經對外分享。

這應不值驚訝，公關化戰爭的技術、手法可能被複製運用已先有預警，因為早在 911 事件之前，第四波戰爭的理論先鋒 Lind、Hammes 及 Bunker 等人已將敵人描述為擅長於操縱媒體及心理戰的高手，只不過該理論在 1989 年提出時並未引起重視與迴響（參見第一章）。

其次，第四波戰爭理論的另一個論點是電視新聞已成為比重裝師還要強的武器，其實這也是當今許多國家致力發展的標的，藉以增加一個國家或區域在全球的曝光率與發聲能量。加拿大學者 Fraser（2005）將資訊戰爭（information wars）視為構成國家軟實力的一環，他所指的資訊戰爭即是電視新聞。

Fraser（2005: 136）引述 1990 年代中期聯合國秘書長 Boutros Boutros-Ghali 所謂「CNN 是聯合國十五個安理會成員之外的第十六個成員（sixteenth member）」的說法，藉以突顯電視新聞與各類節目是宣傳的戰場，亦是具戰略性質的工具。他探討的對象，除一般較為人熟悉的英國 BBC、1991 年崛起的 CNN、美國 911 事件後收視率超越 CNN 的 FOX，以及於 1996 年開播的半島電視台外，對阿拉伯世界的媒體發展亦多有著墨，例如中東廣播中心（MBC）、軌道（Orbit）、阿拉伯新聞網（Arab News Network）及阿布達比電視台（Abu Dhabi TV）等，彰顯無論國家實力大小強弱，均對此一媒體發展的投入甚為重視。

阿拉伯世界泛指阿拉伯聯盟的 22 個國家，人口總計約 2 億 8,000 萬，相當於美國的人口總數，該地區在 1991 年波斯灣戰爭後的發展新聞機構，包括衛星電視台和高品質的平面媒體等逐年不斷增加，Seib（2004: 110）特別強調此一現象的意義：

> 半島電視台最大的貢獻，是讓阿拉伯媒體成為西方新聞組織之外另一個重要選項，以及吸引全球認識阿拉伯媒體聲音所扮演的角色。1991 年波斯灣戰爭打開時，中東地區閱聽眾別無選擇的收視 CNN 和 BBC，但到今日，半島已是西方媒體的主要競爭對手。即使如此，中東地區閱聽眾仍未滿足，新聞事業投資持續擴張，閱聽眾的興趣與期望

亦日趨複雜多元。

再者，公關化戰爭的運用亦無國家體制之別，以前蘇聯在冷戰時期敗於西方國家的宣傳之下（參見第三章），目前最大的共產國家中國大陸豈能不引以為鑑。中國共產黨能建立政權，不單是靠軍事武裝，還有毛澤東所謂的筆杆子，中共對槍杆子與筆杆子都非常靈敏，這幾乎是中國共產黨建黨以來的傳統（徐蕙萍、張梅雨、方鵬程，2007）。自江澤民主政時代起，中共開始積極參與國際事務，倡導「大國外交」，同時顯現「向世界發聲」的高昂企圖（方鵬程，2007c）。在新舊世紀交替之際為加入WTO就已著手準備，2001年成立中央級的中國廣播影視集團[14]，並與美國線上時代華納進行頻道交換，在美轉播全天候英語發音的中央電視台第九台節目，晚近還有一些重大的發展[15]。Kurlantzick（2007）著書即以《魅力攻勢（*Charm Offensive*）》為名，剖析中共如何運用軟實力，企圖取代美國的全球地位。

---

[14] 該廣播影視集團旗下包括中國中央電視台、中央人民廣播電台、中國國際廣播電台、中國電影集團公司、中國廣播電視傳輸網路與中國廣播電視互聯網站等，員工20,000多人，年收入超過百億人民幣，被稱之為中國版的「媒體航空母艦」（趙曙光、張小爭、王海，2002）。當時中共國家廣電總局局長徐光春指出，中國廣播影視集團將與中國大陸其它有影響力的媒體合作，「形成與國外媒體競爭的大型國家級傳媒集團，爭取早日實現國家主力、亞洲和世界一流傳媒的目標，把中國的聲音傳向世界各地。」（轉引自趙曙光等，2002：4）

[15] 中共國家通訊社的新華社繼2009年3月初開播「新華視頻」，將媒體產業經營領域延伸至電視媒體後，自該年7月起正式開播英語電視新聞服務（王銘義，2009年6月30日）；中央電視台新開播CCVV阿拉伯語及CCTV俄語兩個頻道，英文《中國日報（*China Daily*）》在美國推出美國版，新華社並與十幾個歐洲廣播機構合作每天播出90分鐘英語電視新聞（連雋偉，2009年6月30日）；另一是國家網路電視台的開播，央視20個頻道全在網路即時直播，並加入各省市衛視的節目，提供每日平均750小時的海量節目（連雋偉，2009年10月13日）。

宣傳與戰爭

從「宣傳戰」到「公關化戰爭」

藉宣傳起家的中共,宣傳戰在其發展過程中扮演至為重要角色,在 2003 年波斯灣戰爭後對美英聯軍的公關化作為更深入加以研究,並於該年 12 月,由當時中共軍委會主席江澤民提出修訂《中國人民解放軍政治工作條例》,將「三戰」(即輿論戰、心理戰及法律戰),列為「戰時政治工作」的重點。中國大陸學者甚強調「三戰」並非三種戰法,而是「三合一」的戰法,同時領略三戰起於平時的媒體戰場,媒體佔有戰略性的價值與地位,是使用非軍事手段的一種積極方法(林榮林,2004;李習文、劉欣欣,2004)。

在此必須一提的,對任何國家而言,公關化戰爭遂行的基礎主要仍在於民意對政府與軍方的支持,而民意的動向與媒體機構的態度息息相關,這也是本書分析公關化戰爭演進時特重戰爭後政府與媒體坐下來檢討的緣由所在。以本書所研究的美英民主國家而言,他們並未在戰時新聞管制的立法上發生重大困擾或是衝突的問題[16]。在總體戰爭期間如此,以及其後冷戰時期及後冷戰時期迄今發生的局部戰爭,即使與新聞界立場與意見不一,亦即於事後彼此相商補救改善(參見第四章)。

陳錫蕃(2002 年 5 月 22 日)分析,美國憲法絕對保障言論自由與新聞自由,不會因戰爭就可以例外,因而美國政府在每一場對外發動的戰爭,與同盟國家一起聯合作戰所設立的新聞檢查

---

[16] 一、二次大戰期間,美國均曾以特別法案實施郵檢,管制通訊,或列舉不宜報導內容事項,供新聞與出版界參考(參見第二及三章),而美國新聞界也充分與政府機構合作,實施自動檢查,將「有利於敵人」的新聞剔除(黃新生,2000)。但如 1917 年美國宣戰後於一周內成立公共資訊委員會(CPI),以及美國政府在 1941 年 12 月設立了審查局(The Office of Censorship)與於 1942 年 6 月由統計局改組而來的戰爭資訊局(OWI)等則是根據行政命令來行事。

機制,大都是根據一紙行政命令設立的,而每一紙行政命令的效力,關鍵力量來自於人民。

> 美國雖然講國會沒有權來立法箝制新聞自由,但在戰時,美國行政部門還是會採取便宜行事。這種新聞檢查,是事先檢查,是不是得到人民支持?就是要看這個戰爭是不是得到人民支持(陳錫蕃,2002 年 5 月 22 日)。

二、公關化戰爭的借鏡

首章曾說明本書所使用的宣傳戰乃立基於政治作戰的觀點之上,至於新型態的公關化戰爭所累積的經驗,又有那些可供國軍實施政治作戰參採之處,謹分述於後。

(一)政治作戰的任務核心即是以民意為依歸

政治作戰致力的重心是戰爭的政治面,並非戰爭的軍事面,孫子「不戰而屈人之兵」的思想更是舉世戰略家及戰略學術研究琅琅上口的箴言指針,政治作戰的核心即是以人為目標,政治作戰的任務核心即是以民心為本,以民意為依歸。

這至少應包括兩層意涵,其一,全民的力量才是軍隊戰力的來源,國軍官兵來自於民間,也需要來自社會各界的關懷、支持與鼓勵。其二是人民擁有「知的權利」,平時或戰時都應透過國防資訊透明化,讓國內外媒體將國軍的真實資訊傳達給國內外民眾,爭取國人與國際上友好人士對我國防政策的認同與支持,此應是政治作戰在教育、戰備、戰訓的根本要務。

還有,政治作戰亦須與民間建立聯繫溝通平台。從本書有關公關化戰爭、第四波戰爭等相關論述中得知,當代戰爭的勝負關

鍵是民心向背,如何建立、拓展、維繫軍隊與民眾之間的關係,絕對是任務與行動成功的要素,這也是美軍累積無數「民事」與「民軍行動(civil-military operations)」經驗所強調的面向。這帶給我們的刺激與思考是,在平時即須投入有效經營國軍各營區與社區民眾的軍民關係,與民間相關單位建立直接的聯繫溝通平台,以及重視年輕族群媒體使用偏好取向等,凡此均為國軍政治作戰不容忽視的重要課題。

(二)政治作戰必須強化溝通與說服的能量發揮

Galford(2009)在一篇探討美國陸軍與美國大眾之間文化溝通隔閡(cultural communication gap)的文章指出,美國陸軍若要持續擔負起保衛國家的職責,當前迫切的工作要務有三:強化軍隊與社會大眾的關係,讓人民與社會認識軍隊的角色與需求,以及召募能反映社會生活的人加入美軍。

美國密西根大學傳播系客座教授 Krohn 認為,宣傳稱之為公共外交、戰略性傳播或戰略性影響(strategic influence)並沒多大差別(參見第一章),但他不諱言,美國政府與軍方對宣傳仍有認知不足的現象,特種作戰專家甚至與心理作戰單位保持一定距離,潛意識裡覺得宣傳人員不會跳進戰場衝鋒陷陣,他特別強調:「任何軍事戰役若沒有宣傳,就只能發揮一半的戰力,而且還不是那強大的一半。」(Krohn, 2004: 8)

很明顯的,與傳統宣傳以一般大眾為受眾的運作模式有所差異的,當今新型態傳播溝通的目標受眾已轉趨細分化,針對不同受眾屬性與特徵給予即時的資訊。我國軍隊不斷精進轉型,募兵制更需要藉助公關的理念與方法,來打開對內部傳播、對外界的聯繫與溝通。

政治作戰肩負軍事新聞、軍隊公共事務、文宣、心戰與民事等重任，須與一般民眾、社區民眾、意見領袖、各級民意代表，甚至年輕人（他們是未來的兵源與戰士）等加強互動，以及強化部隊遇到不實報導、災難救援、突發性事件、意外或事故或重大危機時如何立即因應，政治作戰必須強化傳播、溝通與說服的能量發揮，這些都是政治作戰應加以探討的重要層面。

（三）政治作戰必須投入新傳播科技的媒體運用

身處新傳播科技無遠弗屆社會中的人們，除了有線電視特重SNG採訪和議題論壇，在某種層面廣泛發揮社區聯繫及議題設定的功能外，網際網路更在即時性加上了前所未有的互動特性，共同構成遂行宣傳戰、媒體戰或傳播戰的重要平台。

這並非意味傳統媒體已不再重要，因為數位科技的使用及數位化過程交互作用的結果，使得新舊媒體結合進行內容傳遞的匯流，如托佛勒夫婦所形容，各式媒體已經逐漸融合成為一個互動體系，所有的觀念、資訊及影像都會在新舊媒體間毫不設限的流動。

隨著資訊與科技所提供的方便性、即時性，既增強了使用者對公共議題發表意見的意願，甚至可以輕易的迅速的連結，在極短時間內傳遞大量的訊息，甚至演變為多數人的主張，形成從虛擬世界走向真實世界的行動，政治作戰當然亦須扣緊此一社會脈動，在新傳播科技的新天地裡與民通暢無礙的互動。

雖說如此，如上節所述，新媒體領域的溝通與互動必須投注許多的人力、精力與時間，對話方能持續不斷。開設臉書等社群媒體或可視為政府重視與民溝通的一項做法，但值得持續觀察的，是已否具備足夠的資訊體系與人才來處理訊息，維持立即

的、雙向對等的對話，否則仍只是停在獨白式傳播的型式。

　　此外，宣傳可能存在於戰前或戰時，也可能不分戰時、戰前或平時，此在 Lasswell、Ellul、Altheide 等學者的研究早有揭示。就此而言，一個國家是否擁有可以對外發聲的媒體，則非紙上談兵之論。而從美、英、中國大陸等大國，或如上述所舉阿拉伯世界國家的實際情形看，都不難看出重視媒體發展及對外發聲管道的經營。

（四）政治作戰須建構善於敘事的傳播能力

　　敘事即是「說故事」，這是人類的本能，而且人人都喜歡「聽故事」，甚於聽人「說道理」。我們可以看到無論國內外的傳播產業或文化創意產業，光有良好的傳播科技或工具還不夠，最重要的仍要有好的內容（content）或文本（text），才能散發出吸引人的軟實力。

　　在這訊息化、民意至上的時代，軍事勝利的成果不僅在於武力，尤在於誰的敘事能力高，亦即誰說的故事高人一等，誰就能獲得人心。說故事能創造形象與圖像，簡單的形象與圖像勝於豐富的說理概念與邏輯。

　　政治作戰必須建構善於敘事的傳播能力，並非不需要說理的概念、邏輯，而是說理的概念、邏輯有待經由簡單的形象與圖像來傳達。我們若能擁有善於說故事的能力，同時是以事實的資訊作為內容來廣為傳播，才能贏得聽故事的人（listener）的青睞，進而成為支持我們的「忠誠顧客」。

　　這個時代也是後文本（post-textual）的社會，直接閱聽人、主動閱聽人與網路族群都已紛紛走向從新傳播科技的運用中獲取訊息、傳遞訊息與從事立即的訊息互動。面對第二媒介時代的來

臨，這需要長期培養一批有創意且能結合新傳播科技運用的人力團隊，將軍隊公共事務與軍事文宣等工作當作專業，專心做好這一個專業工作。

（五）國軍應朝公共事務體制落實發展

軍事發言人室自 1955 年 12 月成立，迄今是國軍軍事新聞工作的最高單位[17]，而與其他建制的國軍軍事新聞工作單位協調分工，各有權責及執掌（方鵬程，2007c）。自 2004 年底起，國軍已陸續在各軍種司令部與各軍團的政治作戰主任室設立公共事務組（黃威雄，2010）。近十餘年來，國軍的公關或公共事務主要以「國防事務透明化」為指標，一方面與政府各部會協調聯繫及民意機關充分溝通，另則側重於媒體關係，藉此對外界加強政策宣導，促進民眾關心、支持與參與國防建設（李瞻，1992；胡光夏，2001；方鵬程，2004；方鵬程，2007b）。

今後國軍公共關係的拓展，在相關內涵、目標設定與運作體系的調整與充實上，除日常新聞處理、媒體關係與危機傳播外，應可更加充實國軍內部成員溝通、軍隊社區關係經營，乃至於增進與公眾間相互了解，培養共識，傳遞共通理念、信仰與經驗，務實建立各部門之間、官兵之間、軍民之間、軍隊與社會之間，以及與國內外媒體、國際間各有好團體機構的善意互動、互惠友好關係。

---

[17] 軍事發言人室主要負責業務包含：（一）國軍軍事新聞政策策定、協調、發佈、答詢及處理；（二）國內外重要軍事新聞資料蒐集、整理、分析、運用；（三）國內外新聞單位（記者）專案採訪及媒體公共關係的增進；（四）督導軍事新聞通訊社，每週二舉辦例行性軍事記者會，以及每季召開新聞主管會報與辦理年度發言人講習等（楊富義，2001；胡光夏，2001；方鵬程，2007c）。

唯現行政戰幹部經管法規，係以歷練各級政戰主管為發展主軸，以擔任專業幕僚職為輔，公共事務人才來源未必受過專業教育。國軍或可參考美軍 DINFOS 訓用結合方式，開辦新聞傳播專業訓練班隊，建立公共事務專業訓練機制，培養公關專長優秀人才，朝向公共事務體制落實發展（黃威雄，2010）。

（六）政府各機構與軍隊應有資訊整合機制

由於我們是民主國家，所謂「有備無患」，無論於平時備戰或預想戰爭需要，均應做好各種可能狀況的因應措施準備，擬定妥善完備的戰時傳播計畫，並在演訓及相關訓練課程中模擬實施，在此方面可從美國歷次的公關化戰爭獲得一些實務的參考經驗。

自 2003 年波斯灣戰爭以來，美國較重視的戰略性傳播迄今仍無統一說法或做法，唯其運籌重心包括政府公共外交、軍隊公共事務，以及為特定受眾量身訂做、重塑國家形象與吸引他人的價值觀所需的訊息與行動。戰略性傳播構成的基本要件在於政府相關部門與軍隊的傳播機能協調一致，而非各自分立行事，政府各相關部門與軍隊應做好聯結與資訊整合，以及與媒體建立彼此適應的相互關係。但如上節所言，過於倚重「訴說」與說服的戰略性傳播機制並非理想模式，還須加強「傾聽」與學習分享價值，以濟其短，補其不足。

三、本書的限制與未來研究建議

儘管本書的分析兼顧到歷史演變、宣傳者與宣傳機制、宣傳策略與人才參與、媒體管理、媒體運用、訊息規劃、假資訊、假事件與媒體事件等不同的層面，但因涉及範圍較廣，僅能選擇部

分主題作為探討的重點；在研究對象上則偏重於西方國家，尤其是以美國為主，對於其他國家則相對不足，且缺乏系統性的論述，此為本書的主要限制。

其次，儘管本書強調民意與輿論的重要性，卻僅在部分章節對公眾或閱聽人進行做零星式探討，亦未觸及效果的分析；本書採用的是質化的歷史與文獻分析法及敘事分析法，雖然在文本分析上對部分的新聞文本進行檢視，但未採用量化方法對宣傳內容或軍隊公關訊息做具體分析與比較研究，這是本書的另一限制。

此外，本書主要乃立於行政研究（administrative research）的立場，雖然在首章已先說明宣傳研究的不同觀點，但在理論的運用上限於系統觀點與以宣傳者與宣傳組織角度為主的學說，對於批判研究、語藝批評等典範並未觸及，此亦是本書不足之處。

未來的研究方向，除可針對本書未探討的部分，如公關效果的評估、閱聽人的接收分析、新傳播科技使用者對宣傳者的挑戰等層面，分析閱聽人或公眾對有關宣傳與戰爭的訊息與媒體文本如何接收、解讀（interpretive）、相互交換及其集體行動，亦可將研究的範圍與對象擴展到美國以外的其他國家。

特別是不同的國家在平時備戰如何遂行與公眾（社區民眾）互動、軍隊形象塑造、建構宣傳機制與全民國防體系，或是在軍事危機或衝突發生時有關說服公關、危機傳播、政治修辭管理、公共議題管理等。甚且可以擴展到戰爭與語藝分析、宣傳與戰爭的批判研究、宣傳與反恐怖主義、新傳播科技與戰爭宣傳、宣傳與非軍事行動（如軍隊參與災難救援的對話傳播機制等）、宣傳與反戰（antiwar）、宣傳與和平等新興的主題與領域，均是值得賡續努力的方向。

參考書目

一、中文書目

丁榮生（2001 年 10 月 30 日）。〈拿破崙擅用媒體〉，《中國時報》（臺北），第 13 版。

卜正珉（2009）。《公眾外交：軟性國力，理論與策略》。臺北：允晨。

于朝暉（2008）。《戰略傳播管理：冷戰後美國國際形象的構建研究》。北京：時事出版社。

孔英（2004 年 6 月 1 日）。〈透視信息化戰爭中的新聞輿論戰〉，《解放軍報》（北京），第 6 版。

王文方、邱啟展（2000）。〈透視美軍公共事務真相〉，《軍事社會科學學刊》，6：71-101。

王玉東（2003）。《現代戰爭心戰宣傳研究》。北京：國防大學出版社。

王石番（1995）。《民意理論與實務》。臺北：黎明。

王冬梅（2000）。〈科索沃危機中的新聞戰〉，劉繼南（編）《國際傳播：現代傳播文集》，頁 372-381。北京：北京廣播學院。

王志堅（2003）。《美國宣傳戰略比較研究：以越戰、波灣戰爭為例》。臺北縣：淡江大學國際事務與戰略研究所碩士論文。

王林、王貴濱（2004 年 6 月 8 日）。〈輿論戰與心理戰辨析〉，《解放軍報》（北京），第 6 版。

王洽南譯（1991）。《戰爭論》。臺北：國防部史政編譯局。

（原書 von Clausewitz C. P. G.. *On War*.）

王彥軍、戴豔麗、白介民等譯（2001）。《變化中的戰爭》。長春：吉林人民出版社。（原書阿藍・D・英格利斯〔1998〕. *The Changing Face of War: Learning from History*. The Royal Milittary College of Canada.）

王祖龍（2007）。《傳播研究101》。臺北：學富。

王俊傑（2004）。《美軍心戰傳單內容分析：以1991年與2003年兩次美伊戰爭為例》。臺北：政治作戰學校新聞研究所碩士論文。

王俊傑（2005）。〈心戰媒體內容分析：以二次波斯灣戰爭美軍心戰傳單為例〉，《陸軍月刊》，473：4-20。

王俊傑（2006年12月27日）。〈論美軍心戰傳單效果〉，《青年日報》（臺北），第4版。

王振興、呂登高（2001）。《高技術條件下心理戰概論》。北京：軍事科學出版社。

王凱（2000）。《數字化部隊》。北京：解放軍出版社。

王嵩音譯（1993）。《傳播研究里程碑》。臺北：遠流。（原書 Lowery, S. A., & De Fleur, M. L.〔1988〕. *Milestones in Mass Communication Research*. New York: Longman.）

王榮霖（1991）。《美國報界對民意形成之探討：波斯灣戰爭之個案研究》。臺北縣：淡江大學美國研究所碩士論文。

王銘義（2009年6月30日）。〈打造中國版ＣＮＮ《新華社》英語電視新聞 明天開播〉，《中國時報》（臺北），第A13版。

王駿、杜政、文家成（1992）。《海灣戰爭心戰謀略》。北京：國防大學出版社。

王麗娟（2010年10月24日）。〈維基解密 揭伊戰殘酷事實〉，《聯合報》（臺北），第A14版。

尤英夫（2008）。《大眾傳播法》修訂三版。臺北：新學林。

方鵬程（2004）。〈我國軍隊形象塑建之研究：公共關係取向的探討〉，《復興崗學報》，82：145-168。

方鵬程（2005）。〈第2章 軍事傳播的沿革〉，樓榕嬌等著《軍事傳播：理論與實務》。臺北：五南。

方鵬程（2006a）。〈戰爭傳播：意涵、構成要素及變數的分析〉，《復興崗學報》，86：163-184。

方鵬程（2006b）。〈軍隊公共關係：美國與我國的比較研究〉，《復興崗學報》，87：27-52。

方鵬程（2006c）。〈全球傳播的媒體操控與框架競爭：以2003年波斯灣戰爭為例〉，《復興崗學報》，88：71-96。

方鵬程（2007a）。〈西方戰爭傳播演進之歷史分析：以「克力斯瑪」、「傳播科技」、「媒體在戰爭的角色」的探討〉，《復興崗學報》，89：161-186。

方鵬程（2007b）。〈我國軍隊公共關係精進之研究〉，「國防大學96年度國防事務學術研討會」論文。桃園，國防大學。

方鵬程（2007c）。《戰爭傳播：一個「傳播者」取向的研究》。臺北：秀威資訊。

田思怡（2008年7月27日）。〈在伊美軍4000死僅見6照片〉，《聯合報》（臺北），第AA版。

朱立（1981）。《傳播拼盤》。臺北：正中。

朱延智（1999）。《小國軍事危機處理模式研究》。臺北：政治大學東亞研究所博士論文。

朱金平（2005）。《輿論戰》。北京：中國言實出版社。

兆運、陳輝（2003年3月24日）。〈聚焦美伊「心理戰」較量 解密美軍第四種作戰樣式〉，《新華網》。2009年2月12日，取自 http:// news. xinhuanet. com/ newscenter /2003-03/24/ content_796462.htm。

仵勝奇（2010）。《布什政府中東公共外交》。北京：世界知識出版社。

江靜玲（2011年2月17日）。〈爆料哈珊有ＷＭＤ 伊間諜：我說謊〉，《中國時報》（臺北），第A3版。

江麗美譯（2003）。《媒體操控》。臺北：麥田。（原書 Chomsky, N.〔2002〕. *Media Control: The Spectacular Achievements of Propaganda*. New York: Seven Stories Press.）

何道寬譯（2010）。〈雅克・埃呂爾：技術、宣傳與現代媒介〉，林文剛（編）《媒介環境學：思想嚴格與多維視野》，頁91-111。臺北：巨流。

李少南（1994）。《國際傳播》。臺北：黎明文化。

李天鐸譯（1993）。《電視與當代批評理論》。臺北：遠流。（原書 Allen, R. C.〔1987〕. *Channels of Discourse: Television and Contemporary Criticism*.）

李成剛（2008）。《第一場高技術戰爭：海灣戰爭》。北京：軍事科學出版社。

李育慈譯（2010）。《論21世紀戰爭：超越震撼與威懾》。臺北：國防部史政編譯室。（Haney, E. L., & Thomsen, B. M.〔2006〕. *Beyond Shock and Awe Warfare in the 21st Century*. The Berkey Publishing group.）

李金銓（1993）。《大眾傳播理論》。臺北：三民。

李明穎、施盈廷、楊秀娟譯（2006）。《最新大眾傳播史：從古騰堡到網際網路時代》。臺北：韋伯文化。（原書 Briggs, A., & Burke, P.〔2002〕. *A Social History of the Media: From Gutenberg to the Internet.*）

李佩味（2002）。《國際新聞呈現：現場採訪與外電編輯的落差－以「阿富汗戰爭」與「波斯灣戰爭」為對照之分析》。臺北：臺灣大學新聞研究所碩士論文。

李茂政（1985）。〈國際宣傳與國際了解〉，《報學》，7（4）：123-127。

李美華、孔祥明、林嘉娟、王婷玉譯（1998）。《社會科學研究方法》。臺北：時英。（原書 Babbie, E. *The Practice of Social Research.*）

李炳友（1999）。《軍隊危機管理研究：從公共事務層面探討》。臺北：政治作戰學校政治研究所碩士論文。

李習文、劉欣欣（2004）。〈中國特色軍事變革視野中的軍事新聞改革〉，《南京政治學院學報》，117：113-115。

李智（2005）。《文化外交：一種傳播學的解讀》。北京：北京大學出版社。

李智（2007）。《國際政治傳播：控制與效果》。北京：北京大學出版社。

李智偉、樓榕嬌（2009）。〈從資訊時代戰略傳播思維析論國軍之新聞發佈〉，「第 12 屆國軍軍事社會科學學術研討會」論文。臺北，國防大學政治作戰學院。

李智偉（2011）。《國防政策議題管理與媒體傳播之研究：以 6108 億三項軍購案為例》。臺北：國防大學政治作戰學院政治學系博士論文。

李智雄（2003）。〈美國攻打伊拉克政略之研析〉，軍事社會科學叢書編輯部（編）《從政治作戰構面析論美伊戰爭》，頁31-53。臺北：政治作戰學校軍事社會科學研究中心。

李萬來（1993）。《電視傳播與政治》。臺北：正中。

李學軍（2003）。《沙漠梟雄薩達姆與他的王國》。臺北縣：廣達文化。

李瞻（1987）。〈美國的國際宣傳〉，《報學》，7（9）：108-111。

李瞻（1992）。《政府公共關係》。臺北：理論與政策雜誌社。

杜波、王振興（2001）。《現代心理戰研究》。北京：解放軍出版社。

杜波、文家成、韓秋鳳（2004）。〈海灣戰爭心理戰回顧〉，杜波、韓秋鳳、文家成（編）《全方位心理戰》，頁3-145。北京：解放軍出版社。

杜維運（1979）。〈史學態度與史學方法〉，《近代中國》，13：143-146。

冷若水（1985a）。《美國的新聞與政治》。臺北：中華民國新聞編輯人協會。

冷若水（1985b）。〈新聞自由與國家安全〉，《新聞學研究》，35：29-70。

冷若水（1991）。〈波斯灣戰爭中的新聞戰〉，國防部總政治作戰部（編）《波斯灣戰爭中政治作戰之研究》，頁361-382。臺北：國防部總政治作戰部。

宋長熾（2004）。《兩岸報紙對「2003年美伊戰爭」議題報導之研究：以《中國時報》、《聯合報》、《自由時報》、《人民日報》為例》。臺北：政治作戰學校新聞研究所碩士

論文。

宋楚瑜（1978）。《美國政治與民意》。臺北：黎明。

余一鳴（2003）。〈美伊戰爭中的新聞管制〉，軍事社會科學叢書編輯部（編）《從政治作戰構面析論美伊戰爭》，頁111-138。臺北：政治作戰學校軍事社會科學研究中心。

余致力（2002）。《民意與公共政策》。臺北：五南。

沈中愷（2009a）。〈從網路數位匯流與軍事傳播探討國軍媒體的整合與發展〉，「2009 傳播科技與軍事傳播研討會」論文。臺北，國防大學、世新大學。

沈中愷（2009b）。〈從網路傳播探討國防與軍事媒體網路的運用與整合〉，「第3屆軍事新聞學術研討會」論文。臺北，國防部總政治作戰局、國防大學政戰學院。

沈中愷（2009c）。〈從數位匯流探討國軍傳播媒體的整合與運用〉，《復興崗學報》，94：73-104。

沈明室（2003）。〈美伊不對稱戰爭精神戰力與士氣對臺海安全啟示〉，吳建德、沈明室（編）《美伊戰爭與臺海安全》，頁11-47。臺北：時英。

沈國麟（2007）。《控制溝通：美國政府的媒體宣傳》。上海：上海人民出版社。

沈偉光（2000）。《傳媒與戰爭》。杭州：浙江大學出版社。

沈敬國（2007）。〈國際傳播學〉，魯曙明、洪浚浩（編）《傳播學》，頁482-503。北京：中國人民大學出版社。

呂志翔（1993）。〈從波斯灣戰爭看政府與新聞媒體的關係〉，《報學》，8（7）：99-103。

延英陸（2007）。〈網際網路反制中共「輿論戰」之策略研究：以2003年美伊戰爭媒體與軍隊之關係談起〉，「第1屆軍

事新聞學術研討會」論文,頁 205-228。臺北,國防部政治作戰局。

周俊雄(2004)。《2003 年美伊戰爭媒體專業倫理與新聞採訪安全》。宜蘭:佛光大學傳播研究所碩士論文。

周茂林(2003)。〈二次波灣戰爭美國的新聞管制措施〉,吳東林(編)《二次波灣戰爭專題研究論文(四)》,頁 17-23。臺北:國防大學戰略研究中心。

周偉業(2003)。〈論媒體戰的形式、內容與實質〉,《南京政治學院學報》,110:114-116。

周湘華、揭仲(2001)。《技術擊倒 TKO:戰具演變與創新》。臺北:時英。

吳杰明(2005)。《心理戰》。哈爾濱:黑龍江人民出版社。

吳宜蓁(2002)。《危機傳播:公共關係與語藝觀點的理論與實證》。臺北:五南。

吳恆宇(2004)。〈中共媒體心理戰之理論與實際〉,政治作戰學校軍事社會科學研究中心(編)《軍事社會科學專題研究:九三年專題研究彙編》,頁 157-198。臺北:政治作戰學校軍事社會科學研究中心。

吳恕(1992)。《激盪與調和:政府、官員與新聞界的關係(美國事例的驗證)》。臺北:正中。

吳建德、鄭坤裕(2003)。〈媒體出擊:美伊戰爭美軍媒體運用策略〉,吳建德、沈明室(編)《美伊戰爭與臺海安全》,頁 231-265。臺北:時英。

林子儀(2000)。〈新聞自由與大眾傳播法制:如何建構一個合宜的傳播法制〉,北美洲臺灣人教授協會、財團法人臺大法學基金會(編)《新聞自由與大眾媒體》,頁 59-80。臺

北:前衛。

林立才(2004)。《危機溝通成效與影響因素之探討:以軍方處理意外事件為例》。彰化:大葉大學人力資源暨公共關係學系碩士論文。

林宏安(2009)。〈好萊塢軍事電影與美軍公關形象的塑造:歷史回顧與議題管理角度的研究〉,「第12屆國軍軍事社會科學學術研討會」論文。臺北,國防大學政治作戰學院。

林東泰(2008a)。〈新聞敘事:情節的再現與閱讀的想像〉,「中華傳播學會2008年年會」論文。臺北縣:淡江大學。

林東泰(2008b)。《大眾傳播理論》三版。臺北:師大書苑。

林博文(2003)。〈美國文宣大戰操控媒體手法曝光〉,《亞洲週刊》,17(2):20-22。

林博文(2002年11月27日)。〈東方是東方,西方是西方〉,《中國時報》(臺北),第E7版。

林博文(2010年7月28日)。〈阿富汗戰爭揭密掀震撼〉,《中國時報》(臺北),第A15版。

林榮林(2004)。〈政治工作作戰功能的直接體現:兼論輿論戰、心理戰、法律戰〉,《中國軍事科學》,17(4):91-95。

林萬億(1994)。《福利國家:歷史比較的分析》。臺北:巨流。

林靜伶譯(1996)。《當代語藝觀點》。臺北:五南。(原書 Foss, S. K., Foss, K. A., & Trapp, R. *Contemporary Perspectives on Rhetoric.*)

林麗雲(2000)。〈為臺灣傳播研究另闢蹊徑?傳播史研究與研究途徑〉,《新聞學研究》,63:239-256。

明安香(2005)。《美國:超級傳媒帝國》。北京:社會科學文獻出版社。

邱林川、陳韜文(2009)。〈邁向新媒體事件研究〉,《傳播與社會學刊》,(總)9:19-37。

邱啟展(2000)。《美軍公共事務之研究》。臺北:政治作戰學校政治研究所碩士論文。

金苗(2009)。《美軍公共事務傳播研究》。北京:解放軍出版社。

金苗、熊永新(2009)。〈美國 25 家日報要聞版伊戰報導新聞架構分析〉,金苗著《美軍公共事務傳播研究》。北京:解放軍出版社。

金海龍(2004)。《攝魂奪魄:二戰中的心理戰》。北京:軍事科學出版社。

胡光夏(2000)。〈我國軍隊的公共事務:軍隊與媒體關係探討〉,《第 3 屆國軍軍事社會科學學術研討會》論文集,頁 67-91。臺北:政治作戰學校。

胡光夏(2001)。〈軍事發言人角色之研究:以國軍軍事發言人室為例〉,軍事社會科學研究專輯編輯部(編)《政治作戰學校建校五十週年軍事社會科學研究專輯》,頁 75-94。臺北:政治作戰學校。

胡光夏(2002)。〈軍隊與媒體〉,洪陸訓、段復初(編)《軍隊與社會關係》,頁 99-117。臺北:時英。

胡光夏(2003)。〈2003 年美伊戰爭新聞處理之研究〉,《復興崗學報》,78:193-220。

胡光夏(2004a)。〈美伊戰爭中「框架」的爭奪戰:電視就是戰爭工具〉,軍事社會科學叢書編輯部(編)《軍事社會科學的功能與運用(上):第 7 屆國軍軍事社會科學學術研討會論文集》,頁 397-474。臺北:政治作戰學校軍事社會科

學研究中心。

胡光夏（2004b）。〈網路新聞學發展的契機與轉機：第二次波斯灣戰爭中網路新聞報導之研究〉,《復興崗學報》,80：15-42。

胡光夏（2005）。〈廣播運用於政治與軍事衝突之研究：以兩次波斯灣戰爭為例〉,《復興崗學報》,83：89-115。

胡光夏（2007）。《媒體與戰爭：「媒介化」、「公關化」、「視覺化」戰爭新聞的產製與再現》。臺北：五南。

胡光夏（2008）。〈美國「公共資訊委員會」對宣傳機制設立與宣傳策略應用的啟發〉,「第 11 屆國軍軍事社會科學學術研討會」論文。臺北，國防大學政治作戰學院。

胡光夏（2009）。〈部落格做為一種衝突與戰爭報導的新來源：對於新聞媒體組織與新聞學是一種威脅或機會？〉,「2009傳播科技與軍事傳播研討會」論文。臺北，國防大學、世新大學。

胡光夏、陳竹梅、洪健元、洪漢明（2009）。〈數位時代的軍事傳播學研究〉,「第 3 屆軍事新聞學術研討會」論文。臺北，國防部總政治作戰局、國防大學政戰學院。

胡幼偉譯（2001）。《解讀民調》。臺北：五南。（原書 Gawiser, S. R., & Witt, G.. E. A *Journalist's Guide to Public Opinion Polls.*）

胡全良、賈建林（2004）。《較量：伊拉克戰爭中的輿論戰》。北京：軍事科學出版社。

胡鳳偉、艾松如、楊軍強（2004）。《伊拉克戰爭心理戰》。瀋陽：白山出版社。

施順冰（2005）。《媒體解碼：美伊戰爭之探索》。臺北：鼎茂

圖書。

洪和平（2003年8月26日）。〈伊拉克戰爭中的傳媒戰給我們的啟示〉，《解放軍報》（北京），第6版。

洪陸訓、莫大華、李金昌、邱啟展（2001）。《軍隊公共事務研究》。臺北：政治作戰學校軍事社會科學研究中心。

洪陸訓（2006）。〈新世紀政治作戰的意義與範圍初探〉，「第9屆國軍軍事社會科學學術研討會」論文。臺北，國防大學政治作戰學院政治系。

段復初、莫大華、洪松輝、謝奕旭、鍾春發譯（2000）。《軍人、社會與國家安全》。臺北：政治作戰學校。（原書 Sarkesian, S. C., Williams, J. A., & Bryant, F. B.〔1995〕. *Soldiers, Society, and National Security.*）

段慧敏譯（2007）。《西方媒介史》。臺北：五南。（原書 Jeanneney, J. *Une Historire des Médias.*）

祝振華（1976）。《公共關係學》。臺北：黎明。

祝基瀅（1986）。《傳播‧社會‧科技》。臺北：臺灣商務。

祝基瀅（1990）。《政治傳播學》。臺北：三民。

姜興華（2003）。《高技術條件下局部戰爭軍事新聞傳播論》。北京：長征出版社。

姚惠忠（2007）。《公共關係學：原理與實務》。臺北：五南。

倪炎元（2009）。《公關政治學：當代媒體與政治操作的理論、實踐與批判》。臺北：商周。

孫立方（2008）。〈由美軍公共事務軍官班（PAQC）訓練論國軍新聞人力之培育〉，「第2屆軍事新聞學術研討會」論文。臺北，國防大學。

孫式文（2002）。〈網際網路在災難事件中的傳播功能：理論與

實務的辯證〉,《新聞學研究》,71:133-158。

孫吉勝(2009)。《語言、意義與國際政治:伊拉克戰爭解析》。上海:上海人民出版社。

孫秀蕙(2009)。《公共關係:理論、策略與研究實例》(新修訂第二版)。臺北縣:正中。

孫秀蕙、馮建三(1998)。《廣告文化》。臺北:揚智文化。

孫秀蕙、陳儀芬(2011)。《結構符號學與傳播文本:理論與研究實例》。新北市:正中。

孫敏華、許如亨(2002)。《軍事心理學》。臺北:心理出版社。

孫憶南譯(2006)。《全球媒體時代:霸權與抵抗》。臺北:書林。(原書 Steven, P.〔2003〕. *The No-Nonsense Guide to Global Media.*)

徐周文(2004)。〈輿論戰實施之基本要點〉,《西安政治學院學報》,17(5):41-43。

徐昌翰、趙海燕、殷劍平、宿豐林譯(2003)。《第三次世界大戰:信息心理戰》。北京:社會科學文獻出版社。

徐美苓、夏春祥(1997)。〈民意、媒體與社會環境:以解嚴後民意測驗新聞報導為例〉,《新聞學研究》,54:167-188。

徐蕙萍(2005a)。〈第 15 章 危機管理的傳播〉,樓榕嬌等著《軍事傳播:理論與實務》。臺北:五南。

徐蕙萍(2005b)。〈第 16 章 不實報導的處理〉,樓榕嬌等著《軍事傳播:理論與實務》。臺北:五南。

徐蕙萍(2007)。〈國軍媒體事件處理時語藝回應的重要及其策略運用:危機傳播的觀點〉,《復興崗學報》,89:107-132。

徐蕙萍、張梅雨、方鵬程（2007）。〈中共新聞傳播觀下的「輿論戰」及我因應對策之研究〉，「第1屆軍事新聞學術研討會」論文集。臺北，政治作戰學校軍事社會科學研究中心。

唐棣（1994）。〈美軍公共事務工作的理念與做法〉，《復興崗學報》，53：183-200。

唐棣（1996）。〈公共事務的發展與作法〉，《復興崗學報》，58：163-174。

夏定之譯（1975）。《軍聞工作指導》。臺北：政治作戰學校。（原書 Headquarters, Department of the Army.〔1968〕. *Army Information Officers' Guide.*）

翁秀琪（2002）。《大眾傳播理論與實證》修訂二版。臺北：三民。

馬驥伸（1997）。《新聞倫理》。臺北：三民。

展江（1999）。《戰時新聞傳播諸論》。北京：經濟管理出版社。

展江、田青（2003）。〈美國傳播學的開山之作〉，張洁、田青譯《世界大戰中的宣傳技巧》，頁 iv-xvii。北京：中國人民大學出版社。

袁志華、王岳（2002）。《一場新的軍事革命：軍事科學技術》。珠海：珠海出版社。

郝玉慶、蔡仁照、陸惠林（2004年5月17日）。〈信息時代的新聞輿論戰〉，《學習日報》。2006年8月9日，取自：www.studytimes.com.cn。

郝唯學（2004）。《心理戰100例》。北京：解放軍出版社。

郝唯學、趙和偉（2006）。《心理戰講座》。北京：解放軍出版社。

連雋偉（2009年6月30日）。〈大陸今年擴充國際話語權計畫〉，《中國時報》（臺北），第A13版。

連雋偉（2009年10月13日）。〈收視終端鋪天蓋地 國家網路

電視臺明年開播〉,《中國時報》(臺北),第 A13 版。

國防部總政治作戰部(1991a)。《總論》。臺北:國防部總政治作戰部。

國防部總政治作戰部(1991b)。《波灣戰爭心戰策略指導與作為》。臺北:國防部總政治作戰部。

國防部總政治作戰部(1991c)。《波灣戰爭之戰術心戰》。臺北:國防部總政治作戰部。

國防部總政治作戰部(1991d)。《波灣戰爭新聞管制與心理作戰》。臺北:國防部總政治作戰部。

國防部總政治作戰部(1991e)。《波灣戰爭廣播、電視心戰資料彙編》。臺北:國防部總政治作戰部。

國防部總政治作戰部譯(1998a)。《心理作戰》。臺北:國防部總政治作戰部。(原書 Géré, F.〔1997〕. *La Guerre Psychologique.* Economica.)

國防部總政治作戰部譯(1998b)。《沙漠之盾/風暴期間心理作戰戰後分析》。臺北:國防部總政治作戰部。(原書 *Psychological Operations During Desert Shield/Storm: A Post-Operational Analysis.*)

國防部總政治作戰局譯(2005)。《美軍聯合心理作戰準則》。臺北:國防部總政治作戰局。(原書 *Doctrine for Joint Psychological Operations.*)

許列民、薛丹云、李繼紅譯(2006)。《群氓的時代》。南京:江蘇人民出版社。(原書 Moscovici, M. S. *L'Âge des Foules.*)

許如亨(2000)。《解構另類戰爭:心理戰的過去、現在與未來》。臺北:麥田。

許如亨（2003）。〈美伊戰爭心理戰之評析〉，軍事社會科學叢書編輯部（編）《美伊戰爭中無形戰力解析》，頁 35-61。臺北：政治作戰學校軍事社會科學研究中心。

許瑞翔（1994）。《國際危機處理的策略：以布希政府處理波斯灣戰爭危機為例》。臺北縣：淡江大學國際事務與戰略研究所碩士論文。

許藝瀞（2005）。〈媒體傳播與戰爭策略關聯性之研究：以波斯灣戰爭為例〉，《國立臺中技術學院學報》，6：403-419。

習賢德（1996）。〈軍事新聞發佈的表象與真相：以 1950-1992 年中華民國空軍官兵公隕名單的調查分析為例〉，「媒介與環境學術研討會」論文。臺北，輔仁大學。

習賢德（2009）。〈戰爭電影的史觀與異化：從「波坦金戰艦」到「集結號」的省思〉，「2009 傳播科技與軍事傳播研討會」論文。臺北，國防大學、世新大學。

盛沛林等（編）（2005）。《輿論戰：經典案例評析》。北京：解放軍出版社。

陳一香（2007）。《公共關係：理論、策略與應用》。臺北：雙葉書廊。

陳文和（2008 年 8 月 7 日）。〈執意攻伊 美封鎖英情報 捏造哈珊涉 911〉，《中國時報》（臺北），第 A3 版。

陳正杰、郭傳信（2003）。《媒體與戰爭》。臺北：匡邦文化。

陳竹梅（2004）。〈從「美伊戰爭」潔西卡・林琪獲救事件：談戰爭的文化研究〉，《復興崗學報》，81：55-76。

陳希平譯（1973）。《論戰爭》。臺北：三軍大學。（原書 Leckie, R.〔1970〕. *Warfare*. New York: Harper & Row.）

陳希林（2003 年 3 月 21 日）。〈美心戰武器撲天而來〉，《中

國時報》（臺北），第 21 版。

陳希林（2003 年 3 月 26 日）。〈戰情陽光化〉，《中國時報》（臺北），第 9 版。

陳柏安、林宜蓁、陳蓉萱譯（2006）。《傳播理論》。臺北：五南。（原書 Griffin, E.〔2003〕. *A First Look at Communication Theory.*）

陳炳宏，王泰俐（2003）。〈媒介內容產製與流程管理〉，彭芸、關尚仁（編）《新世紀媒體經營管理》，頁 57-111。臺北：雙葉書廊。

陳泓達（2008 年 4 月 21 日）。〈布希政府收買軍事名嘴〉，《自由時報》（臺北），第 A6 版。

陳淑娟（1993）。《我國報紙對波斯灣戰爭的報導：以聯合報、中國時報、自立晚報為例》。臺北：文化大學新聞研究所碩士論文。

陳敏、李理譯（2005）。〈戰爭的好萊塢化：媒體對伊拉克戰爭的處理〉，《全球傳媒報告[I]》。上海：復旦大學出版社。（原文 Knight, A. Hollywoodization of War: Media Treatment of the 2003 Iraqi War.）

陳衛星譯（2001）。《世界傳播與文化霸權》。北京：中央編譯出版社。（原書 Mattelart, A. *La Communication-monde.*）

陳錫卿（1999）。〈國家安全與新聞自由：從越戰及波斯灣戰爭論戰時新聞管制〉，《國防雜誌》，14（9）：55-66。

陳錫蕃（2002 年 5 月 22 日）。〈戰爭機制下的美國新聞界〉。2010 年 5 月 15 日取自：http://www.npf.org.tw/PUBLICATION/NS/091/NS-B-091-013.htm

陳耀宗（1997）。〈波斯灣戰爭美伊心理戰作為之研析〉，《空軍學術月刊》，486：17-33。

陳蘊敏譯（2008）。《傳播思想》。南京：江蘇人民出版社。（原書 Miège, B. *La Pensée Communicationnelle.*）

張召忠（2004）。《怎樣才能打贏信息化戰爭》。北京：世界知識出版社。

張巨岩（2004）。《權力的聲音：美國的媒體和戰爭》。北京：三聯書店。

張育君（2004）。《從「守門人」理論看兩次波斯灣戰爭的新聞報導：以聯合報為例》。臺北：政治作戰學校新聞研究所碩士論文。

張志雄（1997）。〈軍事新聞消息來源與採訪者互動模式初探〉，《復興崗學報》，61：92-134。

張依依（2007）。《公共關係理論的發展與變遷》。臺北：五南。

張昆（2005）。《國家形象傳播》。上海：復旦大學出版社。

張宗棟（1984）。〈宣傳七法則淺說〉，《報學》，7（3）：43-49。

張秋康（2003）。《分析菁英媒體對「九一一恐怖攻擊事件」的新聞報導：以紐約時報與基督教科學箴言報為例》。臺北縣：淡江大學大眾傳播學系碩士論文。

張威、鄧天穎譯（2004）。《獲取信息：新聞、真相和權力》。北京：新華出版社。（原書 Glasgow University Media Group.〔1993〕. *Getting the Message: News, Truth and Power.*）

張美惠譯（1996）。《真實的謊言》。臺北：時報文化。（原書 Crossen, C.〔1994〕. *Tainted Truth: The Mainpulation of*

Fact in American. New York: Simon & Schuster.）

張茂柏（1991）。〈美國新聞界對波斯灣戰爭報導的反省〉，《報學》，8（5）：124-129。

張桂珍（2000）。《國際關係中的傳媒透視》。北京：北京廣播學院。

張哲綱（1997）。《美國戰時新聞管制之研究：以波斯灣戰爭為例》。臺北：政治作戰學校政治研究所碩士論文。

張梅雨（2003a）。〈以新聞做心戰 美媒體攻勢凌厲〉，軍事社會科學叢書編輯部（編）《美伊戰爭中無形戰力解析》，頁329-331。臺北：政治作戰學校軍事社會科學研究中心。

張梅雨（2003b）。〈美國對伊作戰之新聞策略運用〉，軍事社會科學叢書編輯部（編）《美伊戰爭中無形戰力解析》，頁332-336。臺北：政治作戰學校軍事社會科學研究中心。

張梅雨（2005）。〈第10章 軍聞工作與國家安全〉，樓榕嬌等著《軍事傳播：理論與實務》。臺北：五南。

張曉天、吳寒月（2006）。《怎樣打贏輿論戰：古今中外輿論戰戰法研究》。北京：國防大學出版社。

張曉峰、趙鴻燕（2011）。《政治傳播研究：理論、載體、型態、符號》。北京：中國傳媒大學出版社。

張耀昇（1992）。《美伊波斯灣危機之研究》。臺北縣：淡江大學國際事務與戰略研究所碩士論文。

張鐵華譯（2004）。斯理普琴科著。《第六代戰爭》。北京：新華出版社。

郭炎華（2002）。《外軍心理訓練研究》。北京：國防大學出版社。

郭炎華（編）（2005）。《心理戰知識讀本》。北京：國防大學出版社。

郭慶光（1999）。《傳播學教程》。北京：中國人民大學出版社。

莫大華、陳偉華、陳中吉（2009）。〈第四代戰爭的理論發展與研究議題：以戰略溝通活動為例〉，「第 12 屆國軍軍事社會科學學術研討會」論文。臺北，國防大學政治作戰學院。

曹晉譯（2007）。《批判的傳播理論：權力、媒介、社會性別和科技》。上海：復旦大學。（原書 Jansen, S. C.. *Critical Communication Theory: Power, Media, Gender ,and Technology.*）

曹國維（2003 年 3 月 24 日）。〈伊公佈戰俘畫面〉，《聯合報》（臺北），第 1 版。

陶聖屏（2003）。〈美善用媒體創機造勢振奮軍心〉，軍事社會科學叢書編輯部（編）《美伊戰爭中無形戰力解析》，頁 337-339。臺北：政治作戰學校軍事社會科學研究中心。

康力平（2005）。〈戰爭時期新聞處理與運用：美軍與媒體關係演進歷程對國軍之啟示〉，《復興崗學報》，83：117-142。

梁在平、崔寶瑛譯（1967）。《公共關係的理論與實務》。臺北：中國公共關係協會。（原書 Canfield, B. R. *Public Relations: Principles, Cases and Problems.*）

梁國輝（1997）。《美國在波斯灣危機中之干涉政策與危機處理：1990-1991》。臺北縣：淡江大學美國研究所碩士論文。

章昌文譯（2008）。〈加強軍人形象宣傳〉，《國防譯粹》，35（8）：55-63。臺北：國防部。（原文 Cohen, S. 〔2008〕. Marketing is Not a Dirty Word. *Proceedings, Feb. /2008.*）

黃介正（2004）。《美國媒體對民意及海外軍事行動之影響：以越戰、波斯灣戰爭與索馬利亞戰爭為例》。臺北縣：淡江大學國際事務與戰略研究所碩士論文。

黃文濤（2003）。〈攻心奪志：戰爭新聞宣傳的主題〉，《解放軍報》，110：112-113。

黃光玉、劉念夏、陳清文譯（2004）。《媒介與傳播研究方法：質化與量化研究途徑》。臺北：風雲論壇。（原書 Berger, A. A. *Media and Communication Research Methods.*）

黃明堅譯（1885）。《第三波》。臺北：聯經。（原書 Toffler, A. *The Third Wave.*）

黃威雄（2010）。《國軍危機傳播策略與媒體效能研究：以陸航0403空難事件為例》。臺北：國防大學政治作戰學院新聞系碩士班碩士論文。

黃建育（2003年3月30日）。〈媒體唱反調 倫斯斐火大〉，《中國時報》（臺北），第10版。

黃筱薌（2010）。《國軍政治作戰學：政治作戰制度的理論與實踐》（上冊）。臺北：黎明。

黃新生（2000）。《媒介批評：理論與方法》。臺北：五南。

黃惠雯、童琬芬、梁文蓁、林兆衛譯（2003）。《最新質性方法與研究》。臺北：韋伯文化。（原書 Carbtree, B. F., & Miller, W. L.〔1999〕. *Doing Qualitative Research.*）

黃懿慧（1999）。〈西方公共關係理論學派之探討：90年代理論典範的競爭與辯論〉，《廣告學研究》，12：1-37。

程益群（2007）。〈媒體戰的理論研究：兼論對中共「輿論戰」之影響與比較〉，「第1屆軍事新聞學術研討會」論文。臺北，國防大學。

程曼麗（2006）。《外國新聞傳播史導論》。上海：復旦大學出版社。

彭芸（1986）。《政治傳播：理論與實務》。臺北：巨流。

彭芸（1992）。《新聞媒介與政治》。臺北：黎明文化。

彭芸（2002）。《新媒介與政治》。臺北：五南。

彭家發（1994）。〈報業制度理論之流變：一個歷史觀點〉，《報學》，8（8）：14-37。

彭懷真（2003年3月25日）。〈兩個男人的戰爭〉，《聯合報》（臺北），第15版。

彭懷恩（1997）。〈國家機關與媒體制度〉，彭懷恩（編）《90年代臺灣媒介發展與批判》，39-62頁。臺北：風雲論壇。

彭懷恩（2007）。《政治傳播：理論與實踐》。臺北：風雲論壇。

彭馨儀（2003年4月22日）。〈萬民推倒海珊銅像 只是戲一場？〉，TVBS。2009年4月23日，取自：http://www.tvbs.com.tw/news/news_list.asp?no=alisa20030422142217

馮克芸（2003年3月24日）。〈淨化過的戰場〉，《聯合報》（臺北），第4版。

馮俊揚（2003年4月24日）。〈伊拉克軍官反思薩達姆為什麼輸得這麼快？〉，《新華網》。2009年5月17日，取自：http://big5.xinhuanet.com/gate/big5/news.xinhuanet.com/world/2003-04/24/content_847017.htm。

曾祥穎譯（2002）。《軍事事務革命：移除戰爭之霧》。臺北：麥田。（原書 Owens, B., & Offley, E.〔2000〕. *Lifting the Fog of War.*）

曾瑾瑗（2007）。〈新媒體產業之挑戰與機會〉，2009年8月2日取自：http://info.gio.gov.tw/public/attachment/812810531371.doc。

傅文成（2006）。《國防部媒體公共關係活動規劃指標之建構》。臺北：政治作戰學校新聞研究所碩士論文。

董樂山等譯（2010）。《第三帝國興亡史卷一：希特勒的崛起、勝利與鞏固》。臺北：左岸文化。（原書 Shirery, W.〔1960〕. *The Rise and Fall of the Third Reich.Book 1, The Rise of Adolf Hilter.*）

童靜蓉（2006）。〈仿真、模擬和電視戰爭：媒體人類學對電視戰爭的解讀〉，《傳播學研究集刊》，4：173-181。

游梓翔、吳韻儀譯（1994）。《人類傳播史》。臺北：遠流。（原書 Schramm, W.〔1988〕. *The Story of Human Communication*. HarperCollins College.）

晴天譯（2008）。《新媒體消費革命：行銷人與消費大眾之間的角力遊戲》。臺北：商周。（原書 Verklin, D., & Kanner, B.〔2007〕. *Watch this, Listen up, Click here: Inside the 300 Billion Dollar Business behind the Media You Constantly Consume.*）

喬良、王湘穗（2004）。《超限戰》。臺北：左岸文化。

喬福駿（2004）。《國軍危機傳播策略研究：面對中共輿論戰之作為》。臺北：政治作戰學校新聞研究所碩士論文。

楊民青（2003年9月）。〈現代戰爭與大眾傳媒〉，中國網。2004年9月28日，取自：http://www.china.org.cn/chinese/zhuanti/bjjt/396366.htm。

楊旭華、郝玉慶（1986）。《第四種戰爭：中外心理戰評說》。北京：國防大學出版社。

楊旭華（2004）。《心戰策》。北京：國防大學出版社。

楊進雄（2005）。《國內軍、民報紙報導2003年波斯灣戰爭新聞之內容分析：以青年日報、聯合報為例》。臺北：世新大學新聞研究所碩士論文。

楊偉芬（2000）。《滲透與互動：廣播電視與國際關係》。北京：北京廣播學院出版社。

楊富義（2001）。《國軍公共關係部門之研究：以軍事發言人室之媒體關係為例》。臺北：政治作戰學校新聞研究所碩士論文。

楊瑞賓譯（2005）。《巴格達部落格》。臺中市：好讀出版有限公司。（原書 Pax, Salam〔2003〕. *The Baghdad Blog.*）

董子峰（2004）。《信息化戰爭型態論》。北京：解放軍出版社。

董素蘭、林佳蓉、葉蓉慧譯（2000）。《大眾傳播理論精華》。臺北：學富。（原書 Berger, A. A. *Essentials of Mass Communication.*）

葉德蘭（2003）。〈傳播為和平之推手：論傳播對和平研究之貢獻〉，《中華傳播學刊》，4：215-235。

鄒中慧（1997）。〈軍聞報導與消息來源初探：以 85 年 3 月中共軍事演習期間報紙報導為例〉，《復興崗學報》，61：135-192。

鄒中慧（1998）。〈記者處理軍聞報導方式與取向之探討：以《中國時報》87 年 3 月國華空難事件與國軍相關新聞報導為例〉，《復興崗學報》，65：209-227。

溫金權（1990）。《心理戰概論》。北京：解放軍出版社。

趙可金（2007）。《公共外交的理論與實踐》。上海：上海辭書出版社。

趙曙光、張小爭、王海（2002）。《大傳媒烈潮》。臺北：帝國文化。

裴廣江譯（2005）。〈媒體超控了伊戰？：西方媒體和公共輿論中的伊拉克戰爭〉，《全球傳媒報告[I]》。上海：復旦大學出版社。（原文 Hafez, K. Media Control the Iraqi War？

The Iraqi War in the Western Media and Public Opinion.）

樓榕嬌、謝奇任、謝奕旭、蔡貝侖、喬福駿（2004）。〈臺澎防衛作戰新聞策略之研究：軍事衝突時國軍的危機傳播策略〉，《第 7 屆國軍軍事社會科學學術研討會》論文。臺北，政治作戰學校。

樓榕嬌（2005）。〈第 12 章 軍事傳播的語言藝術〉，樓榕嬌等著《軍事傳播：理論與實務》。臺北：五南。

樓榕嬌、張定瑜（2009）。〈軍事發言人室新聞工作之研析：媒體關係策略〉，「2009 傳播科技與軍事傳播研討會」論文。臺北，國防大學、世新大學。

魯杰（2004）。《美軍心理戰經典故事》。北京：團結出版社。

聞振國（2003）。〈群眾戰之運用對美伊雙方作戰之影響〉，軍事社會科學叢書編輯部（編）《從政治作戰構面析論美伊戰爭》，頁 139-157。臺北：政治作戰學校軍事社會科學研究中心。

黎健文（2004）。《數位媒體運用於國軍人才招募之研究》。臺北：國防管理學院資源管理研究所碩士論文。

蔡政廷（2003）。〈美伊戰爭的心理作戰〉，軍事社會科學叢書編輯部（編）《從政治作戰構面析論美伊戰爭》，頁 55-110。臺北：政治作戰學校軍事社會科學研究中心。

蔡政廷、吳冠輝（2009）。〈第四代戰爭的媒體戰：軍聞工作的挑戰與發展趨向〉，「第 12 屆國軍軍事社會科學學術研討會」論文。臺北，國防大學政治作戰學院。

蔡琰（2000）。《電視劇：戲劇傳播的敘事理論》。臺北：三民。

蔡琰、臧國仁（1999）。〈新聞敘事結構：再現故事的理論分析〉，《新聞學研究》，58：1-28。

歐振文（2002）。《形象修護策略與危機情境：國軍危機傳播個案研究》。臺北：世新大學傳播研究所碩士論文。

閻紀宇（2008 年 4 月 21 日）。〈美軍事名嘴 五角大廈秘密武器〉，《中國時報》（臺北），第 F2 版。

閻紀宇（2010 年 11 月 30 日）。〈維基解密 手握 120 萬份機密文件〉，《中國時報》（臺北），第 A7 版。

劉志富（2003）。《心理戰概論》。北京：國防大學出版社。

劉建明、紀忠慧、王莉麗（2009）。《輿論學概論》。北京：中國傳播大學出版社。

劉昶（1990）。《西方大眾傳播學：從經驗學派到批判學派》。臺北：遠流。

劉振興（2003）。〈美伊戰爭中軍事媒體報導模式之研究〉，軍事社會科學叢書編輯部（編）《美伊戰爭中無形戰力解析》，頁 63-88。臺北：政治作戰學校軍事社會科學研究中心。

劉海龍（2008）。《大眾傳播理論：範式與流派》。北京：中國人民大學出版社。

劉燕、陳歡（2007）。《傳播技術發展與輿論戰的嬗變》。北京：軍事科學出版社。

劉麗真譯（2000）。《戰爭心理學》。臺北：麥田。（原書 LeShan, L.〔1992〕. *The Psychology of War: Comprehending its Mystique and its Madness*. Rye Field Publishing.）

劉繼南、周積華、段鵬（2002）。《國際傳播與國家形象：國際關係的新視角》。北京：北京廣播學院出版社。

劉體中譯（1999）。《大處思考：公關教父柏奈斯》。臺北：時報文化。（原書 Tye, L. *The Father of Spin: Edward L. Bernays & The Birth of Public Relations*.）

臧國仁、鍾蔚文（1997）。〈框架概念與公共關係策略：有關運用媒介框架的探析〉，《廣告學研究》，9：99-130。

臧國仁（1999）。《新聞媒體與消息來源：媒介框架與真實建構之論述》。臺北：三民。

臧國仁（2001）。〈公共關係研究的內涵與展望：十字路口的觀察〉，《廣告學研究》，17：1-19。

蔣傑（1998）。《心理戰理論與實踐》。北京：解放軍出版社。

鄭守華、何明遠、康永升、韓建平、花吉、崔仁艦（2008）。《第一場國際反恐怖戰爭：阿富汗戰爭》。北京：軍事科學出版社。

鄭瑜、王傳寶（2003年12月16日）。〈傳媒戰的地位日益提高〉，《解放軍報》（北京），第6版。

潘亞玲（2008）。《美國愛國主義與對外政策》。上海：人民出版社。

賴祥蔚（2005）。《媒體發展與國家政策：從言論自由與新聞自由思考傳播產業與權利》。臺北：五南。

謝作炎（編）（2004）。《信息時代的心理戰》。北京：解放軍出版社。

謝奇任（2009a）。〈軍隊人才招募與電玩遊戲〉，《復興崗學報》，94：47-72。

謝奇任（2009b）。〈國軍人才招募的行銷與傳播研究〉，「第3屆軍事新聞學術研討會」論文。臺北，國防大學政戰學院。

謝奕旭（2003）。〈美國對伊拉克的心理作戰：心戰廣播〉，軍事社會科學叢書編輯部（編）《美伊戰爭中無形戰力解析》，頁1-33。臺北：政治作戰學校軍事社會科學研究中心。

謝鴻進、賀力行（2005）。〈高科技戰爭下心理戰之發展：以美

國、中共為例〉,《陸軍月刊》,474:69-83。

韓秋鳳、劉勇、王明山(編)(2003)。《心理訓練理論與實踐》。北京:國防大學出版社。

韓秋鳳、杜波、張中莉、閻岩、王佳鎖(2004)。〈伊拉克戰爭心理戰透視〉,杜波、韓秋鳳、文家成(編)《全方位心理戰》,頁 147-289。北京:解放軍出版社。

顧國樸(1988)。《軍事採訪學》。北京:國防大學。

蕭瑞麟(2010)。《不用數字的研究:鍛鍊深度思考力的質性研究》。臺北:培生集團。

藍天虹(2003)。〈美伊戰爭政治作戰作為之研析〉,軍事社會科學叢書編輯部(編)《從政治作戰構面析論美伊戰爭》,頁 1-30。臺北:政治作戰學校軍事社會科學研究中心。

蘇蘅(1996)。〈新聞自由與國家機密之商榷〉,理律法律事務所、國立政治大學傳播學院研究暨發展中心(編)《國家機密法則與新聞採訪權》,頁 58-74。臺北:國立政治大學傳播學院研究暨發展中心。

南方朔(2004 年 5 月 31 日)。〈新迫害文本與超現實想像〉,《中國時報》(臺北),第 A2 版。

南方朔(2006 年 9 月 6 日)。〈廣告公關人的政治鏡子〉,《中國時報》(臺北),第 A4 版。

諸葛蔚東譯(2004)。佐藤卓己著。《現代傳媒史》。北京:北京大學出版社。

二、英文書目

Adams, J. (1998). *The Next World War: Computers Are the Weapons and the Front Line Is Everywhere.* New York: Simon

& Schuster.

Aday, S., Cluverius, J., & Livingston, S.（2005）. As Goes the Statue, So Goes the War: The Emergence of the Victory Frame in Televisipn Coverage of the Iraq War. *Journal of Broadcasting & Electronic Media（Sep.）*, 314-331.

Allan, S.（2004）. *News Culture*（2nd ed.）. Buckingham: Open University Press. 中文版見陳雅玟譯（2006）。《新聞文化：報紙、廣播、電視如何製造真相？》。臺北：書林。

Allen, M.（2003, April 11）. US Uses Iraqi TV to Send Its Message. *Washington Post*, p.A01.

Alter, J.（1991, January 28）.When *CNN* Hits Its Target. *Newsweek*. p.41.

Alter, J.（2003, Apri l 7）. The Other Air Battle. *Newsweek*. p.39.

Altheide, D. L., & Snow, R. P.（1979）. *Media Logic*. Beverly Hills, CA: Sage.

Altheide, D. L., & Johson, J. M.（1980）. *Bureaucratic Propaganda*. Boston: Allyn & Bacon.

Altheide, D. L., & Snow, R. P.（1991）. *Media Worlds in the Postjournalism Era*. Hawthorne, New York: Aldine de Gruyter.

Altheide, D. L.（1995）. *An Ecology of Communication: Cutural Format of Control*. New York: Walter de Gruyter.

Altschull, J. H.（1995）. *Agent of Power*. White Plains, NY: Logman.

Anderson, A.（1991）. *Imagined Communities: Reflections on the Origin and Spread of Nationalism*（2nd ed.）. London: Verso.

Armistead, L.（2004）. *Information Operations: Warfare and the Hard Reality of Soft Power.* Washington, DC: Brassey's.

Atkinson, R.（1994）. *Crusade: The Untold Story of the Gulf War.* London: Harper Collins.

Aukofer, F., & Lawrence, W. P.（1995）. *America's Team, the Odd Couple: A Report on the Relationship Between the Military and the Media.* Nashville, TN: The Freedom Forum First Amendment Cemter.

Balfour, M.（1979）. *Propaganda in War 1939-1945: Organizations, Policies and Publics in Britain and Germany.* London: Routledge and Kegan Paul.

Baran, S. J., & Davis, D. K.（2003）. *Mass Communication Theory: Foundation, Ferment, and Future.* Belmont, CA: Wadsworth.

Barnet, R.（1972）. *Roots of War.* Baltimore: Penguin.

Beer, F. A.（2001）. *Meanings of War and Peace.* College Station, TX: Texas A & M University Press.

Bell, A.（1991）. *The Language of News Media.* Oxford: Blackwell.

Bennett, W. L.（1994）. The News about Foreign Policy. In W. L. Bennett, & D. L. Paletz（Eds.）, *Taken by Storm: The Media, Public Opinion, and U. S. Foreign Policy in the Gulf War*（pp.12-40）. Chicago: The University of Chicago Press.

Bennett, W. L.（2003）. *News: The Politics of Illusion*（5th ed.）. New York: Addison Westley Longman.

Bennett, W. L., & Garaber, D. A.（2009）. *News: The Politics of Illusion*（8th ed.）. New York: Pearson Longman.

Bennett, W. L., & Lawrence, R. G.（1995）. News Icons and the Mainstreaming of Social Change. *Journal of Communication, 45（3）*, 20-39.

Bennett, W. L., & Manheim, J. B.（1993）. Talking the Public by Storm: Information, Cuing, and the Democratic Process in the Gulf Conflict. *Political Communication , 10*, 331-351.

Benoit, W. L.（1995）. *Accounts, Excuses, Apologies: A Theory of Image Restoration Strategies*. Albany, NY: State University of New York.

Bentley, A.（1926）. *Relativity in Man and Society*. New York: G. P. Putnam's Sons.

Berger, A. A.（1997）. *Narratives in Popular Culture, Media, and Everyday Life*. Thousand Oaks, CA: Sage.

Berkhofer, R. F. Jr.（1969）. *A Behavioral Approach to Historical Analysis*. New York: Free Press.

Berlo, D. K.（1960）. *The Process of Communication: An Introduction to Theory and Practice*. New York: Holt, Rinehat and Winston.

Bernays, E.（1961）. *Crystallizing Public Opinion*. Norman: University of Oklahoma Press.

Bernstein, A. H.（1989）. Political Strategies for Coercive Diplomacy and Limited War. In C. Lord, & F. R. Barnett（Eds）, *Political Warfare and Psychological Operations: Rethinking the US Approach*（pp.145-168）. Washington, D.C.: National Defense University Press & National Strategy Information Center.

Billig, M.（1995）. *Banal Nationalism*. London: Sage.

Billingsley, D.（2007）.War on Film: The Often Fraught Relationship Between Military and Media. *Jane's Intelligence Review*, Retrieved January 19, 2010, from http://www.combatfilms.com/articles/waronfilm.asp

Blumer, J. G. & Kavanagh, D.（1999）.The Third Age of Political Communication: Influence and Features. *Political Communication, 16（3）*, 209-230.

Blumer, J., & Kavanagh, M.（2000）.Rethinking the Study of Political Communication. In J. Blumer, & M. Kavanagh（Eds.）, *Mass Media & Society*（3rd ed.）. London: Oxford University Press.

Boorstin, D.（1961）. *The Image: A guide to pseudo-events in America*. New York: Harper and Row.

Braestrup, P.（1985）. *Battle Lines: Report of the Twentieth Century Fund Task Force on the Military and the Media*. New York: Priority Press Publications.

Braestrup, P.（1994）. *Big Story: How the American Press and Television Reported and Interpreted the Crisis of Tet, 1968, in Vietnam and Washington*. New Haven, Conn.: Yale University Press.

Bridges, R. M.（1995）.The Military, the Media and the Next Conflict: Have We Learned Our Lesson？ *ARMY Magazine（August）*, 29-38.

Brown, R.（2002）. Information Operations, Public Diplomacy and Spin: The US and the Politics of Perception Management.

Journal of Information Warfare, 1（3）, 40-50.

Brown, R.（2003）. Spinning the War: Political Communications, Information Operations and Public Diplomacy in the War on Terrorism, In D. K. Thussu, & D. Freedman（Eds.）, *War and the Media: Reporting Conflict 24/7*（pp.87-100）. London: Sage.

Brown, E., & Snow, D. M.（1994）. *Puzzle Palaces and Foggy Bottom: Foreign and Defence Policy-Making in the 1990's*. New York: St. Martin's Press.

Browne, D. R.（1982）. *International Radio Broadcasting: The Limits of the Limitless Medium*. New York: Praeger.

Bruce, B.（1992）. *Images of Power: How The Image Makers Shape Our Leaders*. London: Kogan Page.

Bumpus, B., & Skelt, B.（1985）. *Sevently Years of International Broadcasting*. Paris: UNESCO.

Bunker, R. J.（1996）. Generation, Waves, and Epochs: Modes of Warfare and the RPMA. *Airpower Journal, 10（1）*, 1-10.

Burgess, L.（2003, January 16）. Justin Bryce, Army's 'Littlest Sergeant' Loses Battle with Cancer. *Stars and Stripes*. Retrieved August 28, 2010, from the World Wide Web: http://www.stripes.com/news/justin-bryce-army-s-littlest-sergeant-loses-battle-with-cancer-1.1065

Burke, K.（1970）. *A Grammar of Motives*. Berkeley: University of California Press.

Byrne, C.（2003, April 10）. Blair Launches New Iraqi TV. *Guardian*.

Caldwell, IV, W. B., Murphy, D. M., & Menning, A.（2009）. Learning to Leverage New Media. *Military Review, 89（3）*, 2-10.

Carr, E.（1961）. *What is History?* Harmondsworth: Penguin.

Carruthers, S. L.（2000）. *The Media at War: Communication and Conflict in the Twentieth Century.* NY: St. Martin's Press Inc.

Cate, H. C.（1998）. Military and Media Relations. In W. D. Sloan, & E. E. Hoff（Eds.）, *Contemporary Media Issues*（pp. 105-119）. Northport, AL: Visim Press.

Chandler, R. W.（1981）. *War of Ideas: The U. S. Propaganda Campaign in Vietnam.* Boulder, Colorado: Westview Press.

Chatman, S. B.（1978）. *Story and Discourse: Narrative Structure in Fiction and Film.* Ithaca, NY: Cornell University.

Cheney, G.（1993）. We're Talking War: Symbols, Strategies and Images. In B. Greenberg, & W. Gantz（Eds.）, *Desert Storm and the Mass Media*（pp. 61-73）. Cresskill, NJ: Hampton Press.

Cheng, M. A. Yu-Chin（2009）. Media: The Virtual Weapon of HAMAS，「2009 傳播科技與軍事傳播研討會」論文。臺北，國防大學、世新大學。

Choukas, M.（1965）. *Propaganda Comes of Age.* Washington, D.C.: Public Affairs Press.

Cimbala, S. J.（2002）. *Military Persuasion in War and Policy: The Power of Soft.* Westport, CT: Praeger.

Clare, J.（2001）. *John Clare's Guide to Media Handling.* Burlington, VT: Gower.

Clark, B., & Murphy, D. M.（2006）. *Information Operation Primer*. Philadelphia, PA: U.S. Army War College.

Cloud, D. L.（1994）. Operation Desert Comfort During the Persian Gulf. In S. Jeffords, & L. Rabinovitz（Eds.）, *Seeing through the Media: The Persian Gulf War*（pp.155-170）. New Brunswick, New Jersey: Rutgers University Press.

CNNWorld（2003, April 9）. Saddam Statue Toppled in Central Baghdad. Retrieved December 26, 2009, from the World Wide Web: http://www.cnn.com/2003/WORLD/meast/04/09/sprj.irq.statue/

Cobby, R. E., & McCombs, M. E.（1979）. Using a Decision Model to Evaluate Newspaper Features Systematically. *Journalism Quarterly*, 56, 469-476.

Codevilla, A. M.（1989）. Political Warfare. In C. Lord, & F. R. Barnett（Eds）, *Political Warfare and Psychological Operations: Rethinking the US Approach*（pp.77-110）. Washington, D.C.: National Defense University Press & National Strategy Information Center.

Coe, K., Domke, D., Gaham, E. S., John, S. L., & Pickard, V. W.（2004）. No Shades of Gray: The Binary Discourse of George W. Bush and Echoing Press. *Journal of Communication*, 54（2）, 234-252.

Coker, C.（2002）. *Waging War Without Warriors？The Changing Culture of Military Conflict*. Boulder: Lynne Rienner Publishers.

Cook, T. E.（1994）. Domesticating a Crisis: Washington

Newsbeats and Network News After the Iraq Invasion of Kuwait. In W. L. Bennett, & D. L. Paletz（Eds.）, *Taken by Storm: The Media, Public Opinion, and U. S. Foreign Policy in the Gulf War*（pp.105-130）. Chicago: The University of Chicago Press.

Cordesman, A.（1999）. *The Lessons and Non-Lessons of the Air and Missile War in Kosovo*. Washington: Center for Strategic and International Studies.

Corn, D.（2004）. *The Lies of George W. Bush: Mastering the Politics of Deception*. New York: Crown.

Corner, J.（2007）. Media, Power and Political Culture. In Eoin Devereux（Ed.）, *Media Studies: Key Issues and Debates*（pp.211-230）. London: Sage.

Cull, N. J.（2005）. The Perfect War: US Public Diplomacy and International Broadcasting During Desert Shield and Desert Storm, 1990/1991. Retrieved January 29, 2010, from Phil Taylor's Web Site: http://www.tbsjournal.com/Cull.html

Cunningham, T.（2010）. Strategic Communication in the New Media Sphere, *Joint Forces Quarterly*, 4th *Quarter*,110-114.

Cummings, B.（1992）. *War and Television*. London: Verso.

Cutlip, S. M., Center, A. H., & Broom, G. M.（1994）. *Effective Public Relations*. Englewood Cliffs, N. J.: Prentice Hall.

Dadge, D.（2004）. *Casualty of War: The Bush Administration's Assault on a Free Press*. New York: Prometheus Books.

Dahlgren, P.（2001）. The Public Sphere and the Net: Structure, Space, and Communication. In W. Lance Bennett, & Robert

M. Entman（Eds.）, *Mediated Politics: Communication in the Future of Democracy*（pp.33-55）. Cambridge: Cambridge University Press.

Danelo, D. J.（2008）. Stop Blaming the Press. *Proceedings, 134 (1)*, 52-55.

Darley, W. M.（2007a）. The Missing Component of U. S. Strategic Communications. *Joint Force Quarterly, 47*, 109-113.

Darley, W. M.（2007b）. Strategic Imperative: The Necessity for Values Operations as Opposed to Information Operations in Iraq and Afghanistan. *Air & Space Power Journal, 21 (1)*, 33-41.

Davis, E.（1972）.War Information. In D. Lerner（Ed.）, *Propaganda in War and Crisis*（pp.274-277）. New York: ARNO Press.

Dayan, D., & Katz, E.（1992）. *Media Events: The Live Broadcasting of History.* Cambridge, MA: Harvard University Press.

Dayan, D., Qie, J. L., & Chan, J. M.（2009）.Media Event as a Concept and its Evolution. *The Chinese Journal of Communication and Society, 9*, 10-17.

De Czege, H. W.（2008）. Rethinking IO: Complex Operations in the Information Age. *Small Wasr Journal*, Retrieved January 25, 2010, from http://smallwarsjournal.com/blog/2008/07/rethinking-io-complex-operatio/

Defleur , M. L., & Ball-Rokeach, S.（1989）. *Theories of Mass*

Communication. New York: Longman.

Dennis, E. E.（1991）. Introduction. In E. E. Dennis, D. Stebenne, J. Pavlik, M. Thalhimer, C. LaMay, D. Smillie, M. FitzSimon, S. Gazsi, & S. Rachlin (Eds.), *The Media at War: The Press and the Persian Gulf Conflict*（pp.1-5）. New York: Gannett Foundation Media Center.

Denton, R. E., & Woodward, G. C.（1990）.*Political Communication in American.* New York: Praeger.

Deparle, J.（1991, May 5）. Long Series of Military Decisions Led to Gulf War News Censorship. *New York Times*, p. A1.

Dertouzos, M.（1977）. *What Will Be: How the New World of Information Will Change Our Lives.* San Francisco: Harper Collings.

DeVito, J. A.（1986）. *The Communication Handbook: A Dictionary.* New York: Harper & Row.

DeYoung, K.（2003, March 19）. Bush Message Machine Is Set to Roll with Its Own War Plan. *Washington Post*, p.A1.

Dominick, J. R.（1999）. *The Dynamics of Mass Communication.* New York: McGraw-Hill.

Donovan, R., & Scherer, R.（1992）. *Unsilent Revolution: Television News and American Public Life, 1948-1991.* Woodrow Wilson International Center for Scholars and Cambridge University Press.

Doob, L. W.（1966）. *Public Opinion and Propaganda.* Hamden, CT: Archon.

Doob, L. W.（1972）. Utilization of Social Scientists in OWI

Overseas. In D. Lerner (Ed.), *Propaganda in War and Crisis* (pp.294-313). New York: ARNO Press.

Dower, J. (1986). *War Without Mercy: Race and Power in the Pacific War*. New York: Pantheon.

Dunnigan, J. F. (1996). *Digital Soldiers: The Evolution of High-Tech Weaponry and Tomorrow's Brave New Battlefield*. New York: ST. Martin's Press.

Dunnigan, J. F., & Macedonia, R. M. (1993). *Getting It Right: American Military Reforms After Vietnam to the Persian Gulf and Beyond*. New York: W. Morrow and Co.

Edelson, P. (1991). Sports During Wartime. *Z Magazine (May)*, 85-87.

Eder, M. K. (2007). Toward Strategic Communication. *Military Review, 87 (4)*, 61-70.

Elliott, W. A. (1986). *Us and Them: A Study of Group Consciousness*. Aberdeen: Aberdeen University Press.

Ellul, J. (1965). *Propaganda: The Formation of Men's Attitudes*. New York: Vintage Books.

Elwood, W. N. (1995). Public Relations Is a Rhetorical Experience: The Integral Principle in Case Study Analysis. In W. N. Elwood (Ed.), *Public Relations Inquiry as Rhetorical Criticism: Case Studies of Corporate Discourse and Social Influence* (pp.3-12). Wesport, CT: Praeger.

Emery, E., & Edwin, M. (1984). *The Press and America: An Interpretative History of the Mass Media*. Englewood Cliffs, New Jersey: Prentice-Hall.

Emery, E., Emery, M., & Roberts, N. L.（1999）. *The Press and America: An Interpretative History of the Mass Media.* New York: Pearson Allyn & Bacon.

Entman, R. M.（1993）. Framing: Toward Clarification of a Fractured Paradigm. *Journal of Communication, 43（4）*, 51-58.

Entman, R. M.（2003）. Cascading Activation: Contesting the White House's Frame After 9/11. *Political Communication, 20（4）*, 415-432.

Fallows, J.（1996）. *Breaking The News: How the Media Undermine American Democracy.* New York: Pantheon Books. 中文版見林添貴譯（1998）。《解讀媒體迷思》。臺北：正中。

Ferguson, N.（1997）.（Ed.）. *Virtual History: Alternatives and Counterfactuals.* London: Picador.

Fetig, M., & Rixon, F.（1988）. Military Buildup. *Public Relations Journal, 43（6）*, 24-28.

Fialka, J.（1991）. *Hotel Warriors: Covering the Gulf War.* Washington, D.C.: The Woodrow Wilson Center Press.

Fisher, G.（1987）. *American Communication a Global Society.* Norwood, NJ: Ablex.

Fortner, R. S.（1993）. *International Communication: History, Conflict, and Control of the Global Metropolis.* Belmont, CA: Wadsworth.

Foxnews（2003, April 10）. Marines Help Topple Statue; Baghdadis Loot City. Retrieved December 28, 2009, from the World Wide Web:

http://www.foxnews.com/story/0,2933,83655,00.html

Franklin, R.（1994）. *Packaging Politics: Political Communication in Britain's Media Democracy*. London: Edward Arnold.

Fraser, M.（2005）. *Weapons of Mass Distraction: Soft Power and American Empire*. New York: St. Martin's Press.

Frederick, H. H.（1993）. *Global Communication & International Relations*. Belmont, Calif.: Wadsworth.

Fuller, J. F. C.（1961）. *The Conduct of War: 1789-1961*. London: Rutgers. 中文本見鈕先鍾譯（1996）。《戰爭指導》。臺北：麥田。

Gaber, I.（2000）. Government by Spin: An Analysis of the Process. *Media, Culture & Society, 22*, 507-518.

Galford, B.（2009）. Bridging the Cultural Communication Gap Between America and Its Army. In J. L. Caton, B. R Clark., J. L. Groh, & D. M. Murphy（Eds.）, *Information As Power（Volume Three）: An Anthology of Selected United States Army War College Student Papers*（pp.61-79）. Carlisle Barracks, Pennsylvania: U.S. Army War College.

Gannett Foundation（1991）. *The Media at War: The Press and the Persian Gulf Conflict*. New York: Gannett Foundation Media Center.

Garcia, H. F.（1991）. On Strategy and War: Public Relations Lessons from the Gulf. *Public Relations Quarterly, 36(2)*, 29-32.

Gary, B.（1999）. *The Nervous Liberals: Propaganda Anxieties from World War I to the Cold War*. New York: Columbia

University Press.

Gerbner, G.（1992）. Persian Gulf War, the Movies. In H. Mowlana, G. Gerbner, & H. I. Schiller（Eds.）, *Triumph of the Image: the Media's War in the Persian Gulf-a Global Perspective*（pp. 243-265）.Boulder, CO: Westview Press.

Gerth, J.（2005, December 19）.U. S. Military Wages An Information War. *The New York Times-United Daily News*, p.4.

Gibson, O.（2003, February 17）. Spin Caught in a Web Trap, *Guardian*.

Gieber, W., & Johnson, W.（1961）. The City Hall Beat: A Study of Reporters and Sources Roles. *Journalism Quarterly, 38（3）*, 289-297.

Gilboa, E.（2008）. Searching for A Theory of Public Diplomacy. *The Annals of the American Academy of Political and Social Science, 616*, 55-77.

Goldstein, F. L., & Jacobwitz, D. W.（1996）. Psychological Operation: An Introduction. In F. L. Goldstein（Ed.）, *Psychological Operation: Principles and Case Studies*. Alabama: Air University Press.

Goman, L., & Mclean, D.（2003）. *Media and Society In the Twentieth Century: An Historical Introduction*. Malden, MA: Blackwell Publishers. 中文本見林怡馨譯（2004）。《新世紀大眾媒介社會史》。臺北：韋伯文化。

Goulding, P. G.（1970）. *Confirm or Deny: Informing the People on National Security*. New York: Harper & Row.

Grace, N.（2003, March 17）. Bush Address Underscores

Importance of Radio PSYOP. Retrieved May 29, 2009, from http://www.clandestineradio.com/crw/news.php?id=176&stn=75&news=529

Grattan, M.（1998）. The Politics of Spin. *Australian Studies in Journalism*, 7, 32-45.

Green, F.（1988）. *American Propaganda Abroad.* New York: Hippocrene Books.

Grunig, J. E., & Hunt, T.（1984）. *Managing Public Relations.* New York: Holt, Rinehart and Winston.

Grunig, J. E., & Grunig, L. A.（1992）. Models of Public Relations and Communication. In J. E. Grunig（Ed.）, *Excellence in Public Relations and Communication Management*（pp.285-325）. Hillsdale, NJ: Lawrence Erlbaum Associates.

Grunig, J. E., & Repper, F. C.（1992）. Strategic Management, Publics, and Issue. In J. E. Grunig（Ed.）, *Excellence in Public Relations and Communication Management*（pp.117-157）. Hillsdale, NJ: Lawrence Erlbaum Associates.

Grunig, J. E.（2001）.Two-way Symmetrical Public Relations: Past, Present, and Future. In R. L. Heath（Ed.）, *Handbook of Public Relations*（pp.11-31）. London: Sage.

Hachten, W. A.（1992）. *The World News Prism: Changing Media of International Communication*（3rd ed.）. Ames, Iowa: Iowa State University Press.

Hachten, W. A.（1999）. *The World News Prism: Changing Media of International Communication*（5th ed.）. Ames, Iowa: Iowa

State University Press.

Hackett, R. A., & Zhao, Y.（1998）. *Sustaining Democracy? Jouralism and the Politics of Objectivity*. Toronto: Garamond. 中文版見沈薈、周雨譯（2005）。《維繫民主？西方政治與新聞客觀性》。北京：清華大學出版社。

Hadanovsky, E.（1972）. *Propaganda and National Power*. New York: Arno Press.

Hale, J. (1975). *Radio Power*. Philadelphia: Temple University Press.

Hallin, D. C.（1986）. *The Uncensored War: The Media and Vietnam*. Oxford: Oxford University Press.

Hallin, D. C.（1997）. The Media and War. In J. Corner, P. Schlesinger, & R. Silverston (Eds.), *International Media Research: A Critical Survey*（pp.206-231）. London: Routledge.

Halberstam, D.（1979）. *The Powers That Be*. New York: Alfred A. Knoff.

Hansen, A. C.（1984）. *USIA: Public Diplomacy in the Computer Age*. Westport, CT: Praeger Security International.

Haste, C.（1977）. *Keep the Home Fires Burning: Propaganda in the First World War*. London: Allen Lane.

Haywood, R.（1994）. *Managing Your Reputation*. New York: McGraw Hill.

Held, D.（1995）. *Democracy and the Global Order*. Cambridge: Polity Press.

Helfrich, M., & Reynolds, S.（2002）. Day of Infamy: A Social

Psychologist and Rhetorician Examine the Effects of Instigative, Patriotic Discourse. *Journal of American & Comparative Cultures , 25（3-4）*, 312-335.

Hess, S.（1984）. *The Government/Press Connection: Press Officers and Their Offices.* Washington, D. C.: The Brookings Institute.

Hess, S., & Kalb, M.（2003）.（Eds.）. *The Media and the War on Terrorism.* Washington: Brookings Institution.

Heuer, R. J. Jr.（1999）. *Psychology of Intelligence Analysis.* Washington, D. C.: Central Intelligence Agency.

Hiebert, R. E.（1991）. Public Relations as Weapons of Modern Warfare, *Public Relations Review, 17（2）*,107-116.

Hiebert, R. E.（1993）. Mass Media as Weapons of Modern Warfare, In B. Greenberg, & W. Gantz（Eds.）, *Desert Storm and the Mass Media*（pp. 29-36）. Cresskill, NJ: Hampton Press.

Hiebert, R. E.（2003）. Public Relations and Propaganda in Framing the Iraq War: A Preliminary Review, *Public Relations Review, 29,* 243-255.

Holmes, D.（2005）. *Communication Theory: Media, Technology and Society.* London: Sage.

Holsti, K. J.（1983）. *International Politics: A Framework for Analysis.* Englewood Cliffs, NJ: Prentice-Hall.

Ignatieff, M.（2000）. *Virtual War: Kosovo and Beyond.* London: Metropolitan Books.

Innis, H.（1972）. *Empire and Communication.* Toronto: University of Toronto Press.

Iyengar, S., & Kinder, D. R.（1987）. *News that Matters: Television and American Opinion.* Chicago: University of Chicago Press.

Jeffords, S., & Rabinovitz, L.（1994）.（Eds.）. *Seeing Through the Media: The Persian Gulf War.* New Brunswick, N.J.: Rutgers University Press.

Jervis, R.（1976）. *Perception and Misperception in International Politics.* Princeton, N.J.: Princeton University Press.

Jones, J. B.（1994）. Psychological Operations in Desert Shield, Desert Storm and Urban Freedom. *Special Warfare*, 7, 22-29.

Jones, M., & Jones, E.（1999）. *Mass Media.* London: Macmillan Press.

Jowett, G. S.（1993）. Toward a Propaganda Analysis of the Gulf War, In B. Greenberg, & W. Gantz（Eds.）, *Desert Storm and the Mass Media*（pp. 74-85）. Cresskill, N.J.: Hampton Press.

Jowett, G. S., & O'Donnell, V.（1992）. *Propaganda and Persuasion*（2rd ed.）. Beverly Hills, CA: Sage.

Jowett, G. S., & O'Donnell, V.（1999）. *Propaganda and Persuasion*（3rd ed.）. Beverly Hills, CA: Sage. 中文本見陳彥希、林嘉玫、張庭譽譯（2003）。《宣傳與說服》。臺北：五南。

Kaplan, H.（1982）.With the American Press in Vietnam, *Commentary, 73, v*, 42-49.

Katz, E.（1980）. Media events: The Sense of Occasion. *Studies in Visual Anthropology*, 6, 84-89.

Katz, E., et al. (1981). In Defense of Media Events. In R. W. Haigh, et al. (Eds.), *Communication in the Twenty-First Century*. NY: Wiley.

Katz, E., et al. (1984). Television diplomacy: Sadat In Jerusalem. In G. Gerbner, & M. Siefert (Eds.), *World Communications: A Handbook*. NY: Longman.

Katz, E., & Liebes, T. (2007). "No More Peace!": How Disaster, Terror and War have Upstaged Media Events. *International Journal of Communication, 1*, 157-166.

Keane, J. (1991). *Media and Democracy*. Cambridge, Cambridgeshire: Polity Press.

Keeble, R. (1997). *Secret State, Silent Press.* Luton: University of Luton Press.

Keeble, R. (1998). The Myth of Saddam Hussein: New Militarism and the Propaganda Function of the Human Interest Story. In M. Kieran (Ed.), *Media Ethics* (pp.66-81). London: Routledge.

Keeton, P., & McCann, M. (2005). Information Operations, STRATCOM, and Public Affairs. *Military Review, 85 (6)*, 83-86.

Kellner, D. (1992). *The Persian Gulf TV War*. Boulder, Co.: Westview Press.

Kellner, D. (1995). *Media Culture: Cultural Studies, Identity and Politics Between the Modern and the Postmodern*. New York: Routledge.

Kellner, D. (2003). *Media spectacle*. New York: Routledge.

Kellner, D.（2004）. 9/11, Spectacles of Terror, and Media Manipulation. *Critical Discourse Studies, 1（1）*, 41-64.

Kellner, D.（2005）. *Media Spectacle and the Crisis of Democracy: Terrorism, War, and Election Battles.* London: Paradigm Publishers.

Kennedy, W. V.（1993）. *The Military and the Media: Why the Press cannot be Trusted to Cover a War.* Westport, Conn.: Praeger.

Kitson, F.（1971）. *Low Intensity Operations: Subversion, Insurgency, Peace-keeping.* London: Faber.

Knightley, P.（1975）. *The First Casualty: From the Crimea to Vietnam.* New York: Harcourt Brace Jovanovich.

Kramer, S. D.（2003）. All the News That's Fit to Stream. *Online Journalism Review* Retrieved August 25, 2008, from the World Wide Web://http://www.ojr.org/ojr/Kramer/p1048796517.php

Krohn, C. A.（2004）. The Role of Propaganda in Fighting Terrorism. *Army Magazine, 54,* 7-8.

Kurlantzick J.（2007）. *Charm Offensive: How China's Soft Power Is Transforming the World.* New Haven: Yale University Press.

Kurtz, H.（1993）. *Media Circus.* New York: Times Books.

Kurtz, H.（1998）. *Spin Cycle: Inside the Clinton Propaganda Machine.* New York: Free Press.

Kurtz, H.（2003, April 3）. The Ups and Downs of Unembedded Reporters. *Washington Post*, p.C1.

Kuusisto, R.（2002）. Heroic Tale, Game, and Business Deal？

Western Metaphors in Action in Kosovo. *The Quarterly Journal of Speech*, 88, 50-68.

Kuypers, J. A.（2006）. *Bush's War: Media Bias and Justifications for War in a Terrorist Age*. Lanham, Maryland: Rowman & Littlefield.

Lakoff, B.（2003）. *Moral Politics: How Liberals and Conservatives Think*. New York: Free Press.

Lamay, C.（1991a）. Buy the Numbers Ⅰ: The Bibliometrics of War. In *The Media at War: The Press and the Persian Gulf Conflict*（pp.41-44）. New York: Freedom Forum.

Lamay, C.（1991b）. Buy the Numbers Ⅱ: Measuring the Coverage. In *The Media at War: The Press and the Persian Gulf Conflict*（pp.45-50）. New York: Freedom Forum.

Lamp, C. J.（2005）. *Review of Psychological Operations: Lessons Learned from Recent Operational Experience*. Washington D. C.: National Defense University Press.

Lang, K., & Lang, G.（1966）. The Unique Perspective of Television. In B. Berelson, & M. Janowitz（Eds.）, *Public Opinion and Communication*. New York: The Free Press.

Lang, K., & Lang, G.（1982）. *Television and Politics Re-Viewed*. London: Sage.

Lasswell, H. D.（1927）. *Propaganda Technique in the World War*. New York: Knopf.

Lasswell, H. D.（1937）. Propaganda. In E. R. A. Seligman, & A. Johnson（Eds.）, *Encyclopedia of the Social Sciences, vol.12*（pp.521-528）. New York: Macmillan.

Lasswell, H. D.（1950）. *Politics: Who Gets what, When, How.* New York: Peter Smith.

Lasswell, H. D.（1972）. Political and Psychological Warfare. In D. Lerner（Ed.）, *Propaganda in War and Crisis*（pp.261-273）. New York: ARNO Press.

Lasswell, H. D., & Blumenstock, D.（1970）. *World Revolutionary Propaganda.* Westport, CT: Greenwood Press.

Lazarsfeld, P. F.（1941）. Remark on Administrative and Critical Communications Research. *Study in Philosophy and Social Science, 9（1）*, 2-16.

Lee, A. M., & Lee, E. B.（1972）. *The Fine Art of Propaganda: Prepared for the Institute for Propaganda Analysis*（Reprinted）. New York: Octagon Books.

Lee, M. A., & Solomon, N.（1991）. *Unreliable Sources: A Guide to Detecting Bias in News Media.* New York : Carol Pub. 中文本見楊月蓀譯（1995）。《不可靠的新聞來源：透視新聞真相》。臺北：正中。

Lerner, D.（1972）.（Ed.）. *Propaganda in War and Crisis.* New York: ARNO Press.

Levidow, L.（1994）. The Gulf Massacre as Paranoid Rationality. In G. Bender, & T. Druckrey（Eds.）, *Culture on the Brink: Ideologies of Technology*（pp.317-327）. Seattle: Bay Press.

Lewis, S.（1996）. *News and Society in the Greek Polis.* London: Duckworth.

Libicki, M. C.（1996）. *What is Information Warfare？* Washington, D. C.: National Defense University Press.

Liebes, T., & Curran, J. (1998). *Media, Ritual and Identity.* London: Routledge.

Linebarger, P. M. A. (1954). *Psychological Warfare.* New York: Duell, Sloan, & Pearce.

Linebarger, P. M. A. (1972). Warfare Psychologically Waged. In D. Lerner (Ed.), *Propaganda in War and Crisis* (pp.267-273). New York: ARNO Press.

Lippmann, W. (1922). *Public Opinion.* New York: The Free Press.

Lord, C. (1989). The Psychological Dimension in National Strategy. In C. Lord, & F. R. Barnett (Eds), *Political Warfare and Psychological Operations: Rethinking the US Approach* (pp.13-37). Washington, D.C.: National Defense University Press & National Strategy Information Center.

Lord, C. (2007). On the Nature of Strategic Communications. *Joint Force Quarterly, 46,* 87-89.

Louw, P. E. (2001). *The Media and Cultural Production.* London: Sage.

Louw, P. E. (2003). The "War Against Terrorism": A Public Relations Challenge for the Pentagon, *Gazette: The Internal Journal for Communication Studies, 65 (3),* 211-230.

Lovejoy, J. K. (2002). Improving Media Relations. *Military Review (Jan.-Feb.),* 49-58.

Lull, J. (2000). *Media, Communication, Culture: A Global Approach.* Uk: Polity Press.

Luostarinen, H. (1992). Source Strategies and the Gulf War. *The*

Nordicom Review, 2, 91-99.

MacArthur, J. R.（1992）. *Second Front: Censorship and Propaganda in the Gulf War.* New York: Hill and Wang.

Maclear, M.（1981）. *The Ten Thousand Day War: Vietnam, 1945-1975.* New York: Avon Books.

Madden T. F.（2002）. The Real History of the Crusades. Retrieved August 19, 2010, from the World Wide Web://http://crisismagazine.com/april2002/cover.htm

Makelainen, M.（2003a）. Moitoring Iraq: War of the Airwaves. Retrieved August 22, 2008, from the World Wide Web: //http:// www. dxing. info/ articles/iraq/dx

Makelainen, M.（2003b）. Hock and Awe on the Air: US Steps up Propaganda War. Retrieved August 22, 2008, from the World Wide Web://http://www.dxing.info/profiles/clandestine_information_iraq.dx.

Mandeville, L., Combelles, P., & Rich, D.（1996）. French Public Opinion and the New Mission of the Armed Forces. In P. Manigart (Ed.), *Future Roles, Missions, and Structures of Armed Forces in the New World Order: The Public View.* New York: Nova Science Publishers.

Manheim, J. B.（1994）. Strategic Public Diplomacy: Managing Kuwait's Image During the Gulf Conflict. In W. L. Bennett & D. L. Paletz (Eds.), *Taken by Storm: The Media, Public Opinion, and U.S. Foreign Policy in the Gulf War*（pp.131-148）. Chicago: University of Chicago Press.

Martin, L. J.（1958）. *International Propaganda.* Minneapolis:

University of Minnesota Press.

Martin, L. J.（1971）. Effectiveness of International Propaganda. *Annals of the American Academy of Political and Social Science, 398*, 61-70.

Martin, L. J., & Chaudhary, A. G.（1983）. Goals and Roles of Media Systems. In L. J. Martin, & A. G. Chaudhary（Eds.）, *Comparative Mass Media Systems*（pp.1-32.）. N.Y.: Longman.

McChesney, R. W.（2004）. *The Problem of the Media: U.S. Communication Politics in the 21st Century.* N.Y.: Monthly Review Press.

McCombs, M.（2004）. *Setting the Agenda: The Mass Media and Public Opinion.* Cambridge, UK: Polity Press.

McLaine, I.（1979）. *Ministry of Morale: Homefront Morale and the Ministry of Information in World War II*. London: Allen & Unwin.

McIntosh, S. E.（2007）. Building a Second-Half Team: Securing Cultural Expertise for the Battlespace. *Air & Space Power Journal, 21（1）*, 61-70.

McLuhan, M.（1964）. *Understanding Media: The Extensions of Man.* London: Routledge and Kegan Paul.

McLuhan, M., & Fiore, Q.（1968）. *War and Peace in the Global Village.* New York: McGraw Hill.

McNair, B.（1998）. Journalism, Politics and Public Relations. In M. Kieran (Ed.), *Media Ethics*（pp.49-65）. London: Routledge.

McNair, B.（1999）. *An Introduction to Political Communication.*

London: Routledge.

McQuail, D.（1983）. *Mass Communication Theory: An Introduction*. London: Sage.

Mercer, D., Mungham, G., & Williams, K.（1987）. *The Fog of War*. London: Heinemann.

Merrill, J. C., & Lowenstein, R. L.（1971）. *Media, Message, and Men: New Perspectives in Communication*. New York: David McKay.

Messaris, P.（1996）. *Visual Persuasion: The Role of Images in Advertising*. Thousand Oak: Sage.

Messinger, G.（1992）. *Propaganda and the State in the First World War*. Manchester: Manchester University Press.

Metz, S.（2000）. *Armed Conflict in the 21st Century: The Information Revolution and Post-Modern Warfare*. Carlisle, Barracks, PA: Strategic Studies Institute（SSI）, U.S. Army War College.

Miles, H.（2005）. *Al-Jazeera: The Inside Story of the Arab News Channel That Is Challenging the West*. New York: Grove Press.

Miracle, T. L.（2003）. The Army Embeded Media. *Military Review（Sep.-Oct.）*, 41-45.

Mould, D. H. (1996). Press Pools and Military--Media Relations in the Gulf War: A Case Study of the Battle of Khafji, January 1991. *Historical Journal of Film, Radio & Television, 16(2)*, 133-159.

Morgenthau, H. J.（1967）. *Politics among Nations: The Struggle for Power and Peace*. New York: Alfred A. Knopf.

Morris, J. S.（2005）. The Fox News Factors. *The Harvard International Journal of Press/Politics, 10*（3）, 56-79.

Moskos, C. C., Williams, J. A., & Segal, D. R.（2000）.（Eds.）. *The Postmodern Military: Armed Forces After the Cold War*. New York: Oxford University Press.

Mott, F. L.（1962）. *American Journalism: A History 1690-1960*（3rd ed.）. New York: Macmillan.

Mowlana, H.（1986）. *Global Information and World Communication*. New York: Longman.

Mueller, J.（1973）. *War, Presidents and Public Opinion*. New York: John Wiley.

Mungham, G.（1987）. Grenada: News Blackout in the Caribbean. In D. Mercer, G. Mungham, & K. Willams（Eds.）, *The Fog of War*（pp.291-310）. London: Heinemann.

Nelson, M.（1997）. *War of the Black Heavens:The Battles of Western Broadcasting in the Cold War*. New York: Syracuse University Press.

Newsom, D., & Scott, A.（1981）. *This is PR: The Reality of Public Relations*. Belmont, CA: Wadsworth.

Nicholas, S.（1996）. *The Echo of War: Home Front Propaganda and Wartime BBC, 1939-45*. Manchester: Manchester University Press.

Nye, J. S.（2004）. Soft Power: *The Means to Success in Word Politics*. New York: Public Affairs.

Oates, S., & Williams, A.（2006）. Comparative Aspects of Terrorism Coverage: Television and Voters in the 2004 U.S.

and 2005 British Elections. Retrieved August 12, 2008, from the World Wide Web://http://www.media-politics.com/publications.htm.

Oates, S.（2008）. *Introduction to Media and Politics.* London: Sage.

Offley, E.（1999）. The Military-Media Relationship in the Digital Age. In R. L. Bateman III（Ed.）, *Digital War: A View from the Front Lines*（pp.257-291）. Novato, California: Presidio Press.

O'Heffernan, P.（1994）. A Mutual Exploitation Model of Media Influence in U.S. Foreign Policy. In W. L. Bennett & D. L. Paletz (Eds.), *Taken by Storm: The Media, Public Opinion, and U.S. Foreign Policy in the Gulf War*（pp.231-249）. Chicago: University of Chicago Press.

O'Shaughnessy, J., & O'Shaughnessy, N. J.（2004）. *Persuasion in Advertising.* New York: Routledge.

Qualter, T. H.（1962）. *Propaganda and Psychological Warfare.* New York: Random House.

Paddock, A. H., Jr.（1989）. Military Psychological Operations. In C. Lord, & F. R. Barnett（Eds）, *Political Warfare and Psychological Operations: Rethinking the US Approach*（pp.45-76）. Washington, D. C.: National Defense University Press & National Strategy Information Center.

Paletz, D. L., & Schmid, A. P.（1992）. *Terrorism and the Media.* Newbury Park, CA: Sage.

Payne, K.（2008）. Waging Communication War. *Parameters: US Army War College, 38（2）*, 37-51.

Philo, G., & McLaughlin, G. (1995). The British Media and the Gulf War. In G. Philo (Ed.), *Glasgow Media Group Reader, Vol. II: Industry, Economy, War and Politics* (pp.146-158). London: Routledge.

Ploughman, M. D. (1999). *War Making in American Democracy: A Struggle over Military Strategy, 1700 to the Present*. Kansas City: University Press of Kansas.

Pollack, K. M. (2002). *The Threatening Storm: The Case for Invading Iraq*. New York: Random House.

Poster, M. (1995). *The Second Media Age*. Cambridge: Polity.

Postman, N. (1979). *Teaching as a Conserving Activity*. New York: Dell Publishing.

Postman, N. (1998). *Conscientious Objections: Stirring up Trouble about Language, Technology, and Education*. New York: Alfred A. Knopf.

Pratkains, A. R., & Greenwald, A. G. (1991). *Age of Propaganda: The Everyday Use and Abuse of Persuasion*. New York: Freeman.

Price, M. E. (2002). *Media and Sovereignty: The Global Information Revolution and Its Challenge to State Power*. Massachusetts: Massachusetts Institute of Technology.

Price, V. (1992). *Public Opinion*. Newbury Park, CA: Sage.

Rathmell, A. (1998). Mind Warriors at the Ready. *The World Today (Nov.)*, 289-291.

Read, J. M. (1941). *Atrocity Propaganda, 1914-1919*. New Haven, Conn.: Yale University Press.

Read, D.（1992）. *The Power of News: The History of Reuters, 1849-1989*. Oxford: Oxford University Press.

Reese, S., & Buckalew, B.（1995）. The Militarism of Local Television: The Routine Framing of the Persian Gulf War. *Critical Studies in Mass Communication, 12*, 40-59.

Ricks, T. E.（2003, April 18）. Rumsfeld, Myers Again Criticize War Coverage. *Washington Post*, p. A28.

Risberg, R. H.（2009）. Improving the United States' Strategic Communication Strategy. In J. L. Caton, B. R. Clark., J. L.Groh, & D. M. Murphy（Eds.）, *Information As Power（Volume Three）: An Anthology of Selected United States Army War College Student Papers*（pp.39-60）. Carlisle Barracks, Pennsylvania: U.S. Army War College.

Riseman, D., Glazer, N., & Deney, R.（1950）. *The Lonely Crowd: A Study of the Changing American Character*. New Haven: Yale Univ. Press.

Rivers, W. L.（1970）. *The Adversaries*. Boston: Beacon Press.

Rivers, W. L.（1982）. *The Other Government: Power and the Washington Media*. New York: Universe.

Robinson, J. R.（2009）. Mass Media Theory, Leveraging Relationships and Reliable Strategic Communication Effects. In J. L. Caton, B. R. Clark., J. L.Groh, & D. M. Murphy（Eds.）, *Information As Power（Volume Three）: An Anthology of Selected United States Army War College Student Papers*（pp.7-24）. Carlisle Barracks, Pennsylvania: U.S. Army War College.

Rogers, E. M., & Dearing, J. W.（1988）. Agenda-Setting Research: Where Has It Been, Where Is It Going? In J. A. Anderson（Ed.）, *Communication Yearbook*（pp. 555-594）. Newbury Park, Calif.: Sage.

Rogers, E. M.（1994）. *A history of communication study: A Biographical Approach*. New York: Free Press.

Rosengren, K. E.（2000）. *Communication: An Introduction*. CA: Sage.

Roshco, B.（1975）. *Newsmaking*. Chicago: The University of Chicago Press. 中文本見姜雪影譯（1994）。《製作新聞》。臺北：遠流。

Rozell, M. J.（1993）. Media Coverage of the Persian Gulf War. In M. L. Whicker, J. P. Pfiffner, & M. R. Moore（Eds.）, *The Presidency and the Persian Gulf War*. Westport, CT: Praeger Publishers.

Rugh, W.（2006）. *American Encounters with Arabs*. Westport, CT: Praeger Security International.

Rutenberg, J.（2003, April 2）. Ex-generals Defend Their Blunt Comments. *New York Times*, p.B9.

Salzman, J.（1998）. *Making the News: A Guide for Nonprofits & Activists*. Boulder, Colorado: Westview Press.

Sandler, S.（1999）. *Cease Resistance: It's Good for You: A History of U.S. Army Combat Psychological Operations*.（此書未出版，係屬美軍心理作戰軍官班內部課程書籍）

Scanlon, J. D.（2007）. In Defense of Military Public Affairs Doctrine. *Military Review, 87（3）*, 92-96.

Schlesinger, P., Murdock, P. G., & Elliott, P.（1983）. *Televising "Terrorism"：Political Violence in Popular Culture*. London: Comedia.

Schlesinger, P.（1989）. *From Production to Propaganda？Media, Culture, and Society*, *11*, 283-306.

Schramm, W., & Roberts, F.（1971）. *The Process and Effects of Mass Communication*. Urbana, IL: University of Illinois Press.

Schudson, M.（1978）. *Discovering the news：A Social History of American Newspapers*. New York：Basic Books.

Schwartz, T.（1973）. *The Responsive Chord*. New York: Basic Books.

Schwartzkopf, H. N., & Petre, P.（1992）. *The Autobiography: It Doesn't Take A Hero*. London: Bantam Press.

Seib, P.（1997）. *Headline Diplomacy: How News Coverage Affects Foreign Policy*. Westport, CO: Praeger.

Seib, P.（2004）. *Beyond the Front Lines: How the News Media Cover a World Shaped by War*. New York: Palgrave Macmillan.

Severin, W. J., & Tankard, J. W.（2001）. *Communication Theories: Origins, Methods, and Uses in the Mass Media*. New York: Longman.

Shanker, S., & Herting, M.（2009）. The Military-Media Relationship: A Dysfunctional Marriage？*Military Review*, *89*（5）, 2-9.

Shanker, T., & Schmitt, E.（2003, February 24）. Firing Leaflets and Electrons. *New York Times*. p. A1.

Sharkey, J.（1991）. *Under Fire: U.S. Military Restrictions on the Media from Grenada to the Persian Gulf*. Washington, D.C.: The Center for Public Integrity.

Shaw, D. L., Hamm, B. J., & Terry, T. C.（2006）. Vertical Versus Horizontal Media: Using Agenda-setting and Audience Agenda-melding to Create Public Information Strategies in the Emerging Papyrus Society. *Military Review, 86（6）*, 13-25.

Shepard, A. C.（2004）. *Narrowing the Gap: Military, Media and the Iraq War*. Chicago: Robert R. McCormick Tribune Foundation.

Shoemaker, P. J., & Reese, S. D.（1996）. *Mediating the Message: Theories of Influences on Mass Media Content*. New Yorker: Longman.

Shultz, R. H., & Godson, R.（1984）. *Dezinformatsia: Active Measures in Soviet Strategy*. Washington, D.C.: Pregamon-Brassey.

Siebert, F. S., Peterson, T., & Schramm, W.（1956）. *Four Theories of the Press*. Urbana: University of Illinois Press.

Sloan, E.（2008）. *Military and Modern Warfare: A Reference Handbook*. Washington, D.C.: Pentagon Press.

Smith, H.（1988）. *The Power Game: How Washington Work*. New York: Random House.

Smith, P. A., Jr（1989）. *On Political War*. Washington, D.C.: National Defense University Press.

Solery, L. C.（1989）. *Radio Warfare*. New York: Praeger.

Soley, L. C., & Nichols, J. S.（1987）. *Clandestine Radio Broadcasting: A Study of Revolutionary and Counterrevolutionary Electronic Communication.* Westport, CT: Praeger.

Sorenson, T. C.（1968）. *The Word War: The Story of American Propaganda.* New York: Harper & Row.

Sorenson, T. C.（2006）. We Become Propagandaists. In G. S. Jowett, & V. O'Donnell（Eds.）, *Readings in Propaganda and Persuasion: News and Classic Essays.*（pp.83-110）. Thousand Oaks, CA: Sage.

Speier, H.（1972）. Morale and Propaganda. In D. Lerner（Ed.）, *Propaganda in War and Crisis*（pp.3-25）. New York: ARNO Press.

Sperry, S. L.（1981）. TV News as Narrative. In R. Adler（Ed.）, *Understanding Television*（pp.295-312）. New York: Praeger.

Sproule, J. M.（1988）. The New Managerial Rhetoric and the Old Criticism. *Quarterly Journal of Speech, 74,* 468-486.

Stech, F. J.（1994）. Preparing for More *CNN* Wars. In J. N. Petrie（Ed.）, *Essays on Strategy*（xii）. Washington, D.C.: National Defense University Press.

Straubhaar, J., & LaRose, R.（1997）. *Communications Media in the Information Society.* Belmont, CA: Wadsworth.

Straubhaar, J. & LaRose, R.（2002）. *Media Now: Communications Media in the Information Age.* Belmont: Wadsworth.

Strentz, H.（1989）. *News Reporters and News Sources: Accomplices in Shaping and Misshaping the News.* Ames: Iowa State University Press.

Strobel, W. P. (1997). *Late-Breaking Foreign Policy: The News Media's Influence on Peace Operations*. Washington, D. C.: United States Institute of Peace Press.

Sturken, M. (1997). *Tangled Memories: The Vietnamwar, the AIDS Epidemic, And the Politics of Remembering*. Berkeley: University of California Press.

Taber, R. (1970). *The War of the Flea: A Study of Guerrilla Warfare Theory and Practice*. London: Paladin.

Tang, T.（2007）。《全球新聞霸主 CNN》。臺北：華立文化。

Taylor, L., & Willis, A. (1999). *Media Studies: Texts, Institutions and Audiences*. U.K: Blackwell Publishers. 中文本見簡妙如等譯（1999）。《大眾傳播媒體新論》。臺北：韋伯文化。

Taylor, P. M. (1992). *War and the Media: Propaganda and Persuasion in the Gulf War*. Manchester, UK: Manchester University Press.

Taylor, P. M. (1995). *Munitions of the Mind: A History of Propaganda from the Ancient World to the Present Day*. Manchester, UK: Manchester University Press.

Taylor, P. M. (1997). *Global Communications: International Affairs and the Media since 1945*. London: Routledge.

Taylor, P. M. (2003). Jourrnalism under Fire: The Reporting of War and International Crises. In S. Cottle (Ed.), *News, Public Relations and Power* (pp.63-79). London: Sage.

Thompson, E. P. (1980). Protest and Survive. In E. P. Thompson, & D. Smith (Eds.), *Protest and Survive*.

Harmondsworth: Penguin.

Thum, G., & Thum, M.（2006）. War Propaganda and the American Revolution. In G. S. Jowett, & V. O'Donnell（Eds.）, *Readings in Propaganda and Persuasion: News and Classic Essays.*（pp.73-82）.Thousand Oaks, CA: Sage.

Thussu, D. K.（2000）. *International Communication: Continuity and Change.* London: Arnold.

Thussu, D. K., & Freedman, D.（2003）. Introduction. In D. K Thussu, & D. Freedman（Eds.）, *War and the Media: Reporting Conflict 24/7*（pp. 1-12）. London:Sage.

Toffler, A., & Toffler, H.（1993）. *War and Anti-War.* New York: Little, Brown & Company. 中文本見傅凌譯（1994）。《新戰爭論》。臺北：時報文化。

Toth, E. L.（1992）. The Case of Pluralistic Studies of Public Relations: Rhetorical, Critical, and Systems perspectives. In E. L. Toth, & R. Heath (Eds.), *Theoretical and Critical Approached to Public Relations.* Hillsdale, N. J.: Lawrence Erlbaum Associates, Publishers.

Toth, E. L., & Heath, R. L.（1992）.（Eds.）. *Rhetorical and Critical Approaches to Public Relations.* Hillsdale, N. J.: Lawrence Erlbaum Assocation.

Tuch, H.（1990）. *Communicating with the World: U. S. Public Diplomacy Overseas.* New York: St. Martin's Press.

Tucker, K., & Derelian, D.（1989）. *Public Relations Writing: A Planned Approach for Creating Results.* Englewood Cliffs, NJ: Prentice-Hall.

Tumber, H., & Palmer, J.（2004）. *Media at War: The Iraq Crisis.* London: Sage.

U.S. Department of Defense（1992）. *Conduct of the Persian Gulf War.* Washington, D. C.: U.S. Department of Defense.

van Dijk, T. A.（1988a）. *News as Discourse.* London: Lawrence Erlbaum Associates.

van Dijk, T. A.（1988b）. *News Analysis: Case Study of International and National News in the Press.* Hillsdale, N. J.: Lawrence Erlbaum Associates.

Vaughn, S. L.（1980）. *Holding Fast the Inner Lines: Democracy, Nationalism, and the Committee on Public Information.* Chapel Hill: University of North Carolina Press.

Venable, B. E.（2002）. The Army and the Media. *Military Review（Nob.-Dec.）*, 66-77.

Vincent, R. C.（1992）. CNN: Elites Talking to Elites. In H. Mowlana, G.. Gerbner, & H. I.Schiller（Eds.）, *Triumph of the Image: the Media's War in the Persian Gulf-a Global Perspective*（pp.181-201）. Boulder, CO: Westview Press.

Virilio, P.（1989）. *War and Cinema: The Logistics of Perception.* London: Verso.

Volkmer, I.（1999）. *News in the Global Sphere: A Study of CNN and Its Impact on Global Communication.* Luton: University of Luton Press.

Weaver, P. H.（1975）. Newspaper News and TV News. In R. Adler（Ed.）, *TV as a Social Force*（pp. 81-94）. New York: Praeger.

Webster, F.（2003）. Information Warfare in an Age of Globalization, In D. K.Thussu, & D. Freedman（Eds.）, *War and the Media: Reporting Conflict 24/7*（pp. 57-69）. London: Sage.

Welch, D. A.（2006）.Restructuring the Means of Communication in Nazi Germany. In G. S. Jowett, & V. O'Donnell（Eds.）, *Readings in Propaganda and Persuasion: News and Classic Essays*（pp.121-148）.Thousand Oaks, CA: Sage.

Whaley, B.（1980）. Deception-its Decline and Revival in International Conflict. In H. D. Lasswell, D. Lerner, & H. Speier（Eds.）, *Propaganda and Communication inWorld History. Vol 2: Emergence of Public Opinion in the West*（pp.339-367）. Honolulu: University Press of Hawaii.

Wheeler, M.（2007）. *Anatomy of Decfit: How the Bush Administration Used the Media to Sell the Iraq War and Out a Spy*. Berkeley, CA: Vaster.

White, M.（2003, April 11）. Blair and Bush Broadcast TV Messages to Iraqis. *Guardian*.

Wicks, R. H., & Walker, D. C.（1993）. Difference Between CNN and the Broadcast Network in Live War Coverage. In B. Greenberg, & W. Gantz（Eds.）, *Desert Storm and the Mass Media*（pp. 99-112）. Cresskill, N. J.: Hampton Press.

Wilcox, D. L., Ault, P. H., & Agee, W. K.（1998）. *Public Relations: Strategies and Tactics*. New York: Longman.

Williams, J.（1972）. *The Home Fronts: Britain, France and Germany 1914-1918*. London: Constable.

Williams, P.（1995）. The Pentagon Position on Mass Media, In

R. E. Hiebert, & C. Reass (Eds.), *Impact of Mass Media: Current Issues* (pp.327-334). New York: Longman.

Wolfsfeld, G. (1997). *Media and Political Conflict: News from the Middle Eas*. Cambridge: Cambridge University Press.

Woodward, G. C. (1993). The Rules of the Game: The Military and the Press in the Persian Gulf War. In R. E. Denton Jr. (Ed.), *The Media and the Persian Gulf War. Westview*, CN: Praeger.

Wood, J. (1992). *History of International Broadcasting*. London: P. Peregrinus Ltd.

Young, P., & Jesser, P. (1997). *The Media and the Military: From the Crimea to Desert Strike*. South Melbourne: Macmillan Education.

國家圖書館出版品預行編目(CIP)資料

宣傳與戰爭：從「宣傳戰」到「公關化戰爭」/方鵬程著.--
初版.-- 臺北市：元華文創股份有限公司,2025.03
　面；　公分

ISBN 978-957-711-428-0 (平裝)

1.CST: 戰略　2.CST: 宣傳　3.CST: 公共關係

592.48　　　　　　　　　　　　　　　　　113020035

宣傳與戰爭——從「宣傳戰」到「公關化戰爭」

方鵬程　著

發 行 人：賴洋助
出 版 者：元華文創股份有限公司
聯絡地址：100 臺北市中正區重慶南路二段 51 號 5 樓
公司地址：新竹縣竹北市台元一街 8 號 5 樓之 7
電　　話：(02) 2351-1607　　傳　　真：(02) 2351-1549
網　　址：https://www.eculture.com.tw
E-mail：service@eculture.com.tw
主　　編：李欣芳
責任編輯：立欣
行銷業務：林宜葶

排　　版：菩薩蠻電腦科技有限公司
出版年月：2025 年 03 月 初版
定　　價：新臺幣 620 元

ISBN：978-957-711-428-0 (平裝)

總經銷：聯合發行股份有限公司
地　　址：231 新北市新店區寶橋路 235 巷 6 弄 6 號 4F
電　　話：(02)2917-8022　　傳　　真：(02)2915-6275

版權聲明：

　　本書版權為元華文創股份有限公司(以下簡稱元華文創)出版、發行。相關著作權利(含紙本及電子版)，非經元華文創同意或授權，不得將本書部份、全部內容複印或轉製、或數位型態之轉載複製，及任何未經元華文創同意之利用模式，違反者將依法究責。

　　本著作內容引用他人之圖片、照片、多媒體檔或文字等，係由作者提供，元華文創已提醒告知，應依著作法之規定向權利人取得授權。如有侵害情事，與元華文創無涉。

■本書如有缺頁或裝訂錯誤，請寄回退換；其餘售出者，恕不退貨■